清华大学出版社

北 京

内 容 简 介

本书是一本 Arduino 基础教程，旨在帮助读者实现 Arduino 开发快速入门。全书详略得当，可以帮助读者快速掌握 Arduino 基础知识；本书后半部分着力讲解各种相关器件的使用，让读者可以在最短时间内实现自己的电子设计构想。

全书共 16 章，分为 3 篇。内容涉及 Arduino 认识、电路设计软件 Fritzing、Ardunio IDE 的安装和使用、编程语言基础、通用元器件、LED、蜂鸣器、按钮、电位器、光敏电阻、火焰传感器、湿度传感器、红外线收发、液位传感器、LCD、麦克风、超声波、RFID、RTC、伺服电机、步进电机等。最后，本书还讲解了一个创新性实战案例——打地鼠，帮助读者扩展思路，启发创意。

由于本书内容从 Arduino 基础部分开始，所以非常适合入门读者学习。同时，在讲解的时候涉及了大量各种器件的应用，所以本书也适合作为电子设计人员阅读和参考。

图书在版编目（CIP）数据

Arduino 入门很简单 / 杨佩璐，任昱衡编著. —北京：清华大学出版社，2015（2023.8 重印）
（入门很简单丛书）
ISBN 978-7-302-38873-9

Ⅰ. ①A… Ⅱ. ①杨… ②任… Ⅲ. ①单片微型计算机 Ⅳ. ①TP368.1

中国版本图书馆 CIP 数据核字（2015）第 004763 号

责任编辑：杨如林
封面设计：欧振旭
责任校对：胡伟民
责任印制：杨 艳

出版发行：清华大学出版社
网　　址：http://www.tup.com.cn, http://www.wqbook.com
地　　址：北京清华大学学研大厦 A 座　　邮　　编：100084
社 总 机：010-83470000　　邮　　购：010-62786544
投稿与读者服务：010-62776969，c-service@tup.tsinghua.edu.cn
质 量 反 馈：010-62772015，zhiliang@tup.tsinghua.edu.cn
印 装 者：大厂回族自治县彩虹印刷有限公司
经　　销：全国新华书店
开　　本：185mm×260mm　　印　　张：20　　字　　数：500 千字
版　　次：2015 年 3 月第 1 版　　印　　次：2023 年 8 月第 9 次印刷
定　　价：49.80 元

产品编号：062970-01

前　言

Arduino 是一款开源免费的软硬件平台。Arduino 具备价格低廉、支持海量的传感器、控制器和致动器等设备，以及跨平台、快速开发等重要优点，因而被广泛用于消费性电子产品中。随着国内物联网技术转入实际应用，Arduino 还被广泛应用于智能家居控制领域。同时，由于 Arduino 开发迅速，很多创业团队大量采用 Arduino 开发原型机。相比传统 C51 复杂的开发过程，Arduino 更简单、方便、快速，也被越来越多的高校作为电子设计首选平台。

由于 Arduino 的硬件和软件全部采用开源策略，所以它支持海量的周边设备，并具备与之配套的第三方代码库。这造就了 Arduino 的最大优势，但对 Arduino 开发者和初学者却造成了极大困扰：初学者为海量的资源所迷惑，而开发者为寻找满足需要的设备型号和对应的配套库而头疼不已。

本书充分考虑了 Arduino 发展和应用现状，在内容涉及面扩展到各类常用和热门器件，以帮助初学者扩展视野，发现 Arduino 真正的价值。而在开发角度，本书广泛涉及官方和第三方的各种代码库，给开发者提供更多的建议。

本书特色

1．快速入门

Arduino 结构简单，适合电子产品快速开发，尤其是消费性电子产品。本书充分考虑这一点，合理组织内容，让读者只要通过阅读本书内容，就可以快速掌握 Arduino，开始设计产品，实现自己的创意和想法。

2．涉及大量器件

由于 Arduino 可以控制各种周边设备，可能被读者应用于不同的领域，与各种设备连接。考虑到这一点，本书全力讲解几十种常见的元器件，对热门器件进行重点讲解，如 RFID 和控制电机。

3．讲解第三方代码库

Arduino 全面开源，很多志愿者提供了海量的第三方代码库。本书精挑细选高性能代码库结合元器件进行充分讲解。这样，大家在实际开发中会有更多的选择。

4．注重实践性

本书所有的器件和代码库都配有大量的完整实例。读者可以根据内容动手连接、调试和测试。这样，读者可以更好地掌握 Arduino。

5．传播创新思想

Arduino 广泛适用于电子消费产品和创意电子设备。本书在讲解的时候，注重传达创新思想。最后一篇的实战案例，以迭代的思路实现了一个创意游戏——打地鼠。读者可以以此扩展出自己的有想法的实例。

6．提供多种技术交流方式

Arduino 的学习过程是快乐和痛苦并存的过程。和志同道合者一起分享制作的创意，交流学习心得，一起解决难题，就变得尤为重要。为了方便读者学习和沟通，本书提供了多种沟通交流方式。大家可以加入万卷图书 QQ 群 336212690，也可以在论坛 www.wanjuanchina.net 发帖讨论，还可以发邮件至 book@wanjuanchina.net 寻求帮助。

本书内容及体系结构

第 1 篇　Arduino 开发基础（第 1～4 章）

本篇主要内容包括：Arduino 概述、电路设计软件 Fritzing、Arduino IDE 的安装与使用和 Arduino 编程语言基础。通过本篇的学习，读者可以对 Arduino 的设计理念、型号，以及设计软件和语言有最基本的掌握。

第 2 篇　Arduino 元器件（第 5～15 章）

本篇主要内容包括：通用元器件介绍、发光二极管 LED、蜂鸣器、按钮、电位器、光敏电阻和常见传感器、LCD、声音模块、RFID、实时时钟和控制电机。通过本篇的学习，读者可以掌握最常用的 Arduino 周边设备的工作原理和使用方法。

第 3 篇　Arduino 实战案例（第 16 章）

本篇只包含一个章节，这个章节中实现了一个打地鼠的游戏。通过本篇的学习，读者可以将之前使用的器件组合起来使用，并且可以学习一些软件开发方面的思想。

本书配套资源获取方式

本书涉及的相关资源需要读者自行下载。请登录清华大学出版社的网站 http://www.tup.com.cn，搜索到本书页面后按照提示下载即可。另外，读者也可以到 www.wanjuanchina.net 社区的相关版块下载。

学习建议

动手操作：学习 Arduino 不只是要学习理论知识，而且要学会连接电路，所以，必须动手完成书中的每一个实例。

- 要有耐心：有一些器件有非常多的针脚，将它们在面包板上正确地连接并不容易，所以必须要有耐心。
- 保持细心：电子设计不同于编程，如果出现错误很可能损坏硬件，甚至危害人身安全，所以在实际操作过程中一定要注意书中给出的提示信息。
- 参与交流：独自学习的道路最为坎坷。这时，能找到几个朋友一起学习就幸福多了。多参与我们的技术群和论坛讨论，可以扩展视野，交流经验，了解别人的学习心得。

本书读者对象

- 电子设计爱好者；
- 大中专院校的学生；
- 电子产品设计人员。

本书作者

本书由山东中医药大学理工学院的杨佩璐及中国电子商务协会电子商务研究的任昱衡共同主笔编写。其中，杨佩璐编写了本书的第 1～8 章，任昱衡编写了本书的第 9～16 章。其他参与编写的人员有丁士锋、胡可、姜永艳、靳鲲鹏、孔峰、马林、明廷堂、牛艳霞、孙泽军、王丽、吴绍兴、杨宇、游梁、张建林、张起栋、张喆、郑伟、郑玉晖。

阅读本书的过程中若有任何疑问，都可以发邮件或者在论坛和 QQ 群里提问，会有专人为您解答。最后顺祝各位读者读书快乐！

作者

目　录

第1篇　Arduino开发基础

第 2 篇 Arduino 元器件

第 1 篇　Arduino 开发基础

第 1 章　Arduino 概述

已经购买或者正在图书馆阅读本书的读者一定对 Arduino 有所了解或者手上已经有了一块 Arduino 的开发板。但是，Arduino 可不单单是一个信用卡大小的电路板。作为全书的第一章，将带读者认识 Arduino 的方方面面。

1.1　Arduino 的起源

Arduino 开始于 2005 年伊夫雷亚交互设计院（Interaction Design Institute Ivrea）的一个学生项目。当时，学生们基于一个名为 BASIC Stamp 的集成芯片编程，这个集成芯片价格高达 100 美元。这对于学生来说真的太昂贵了。随后，伊夫雷亚交互设计院的教师 Massimo Banzi 和西班牙的微处理器设计师 David Cuartiellis 以及 Banzi 的学生 David Mellis 设计了 Arduino 开发板。现在，Arduino 是一个开源项目，它的所有设计资料都可以在其官网免费得到。Arduino 官方开发板的价格在 30 美元左右，而相关的“克隆”版本已经低至 9 美元，这使得 Arduino 迅速在学生和电子爱好者之间流行起来。

1.2　术语 Arduino 的含义

严格地来说，Arduino 这个术语不只是这个开发板的名字。这个术语涉及硬件、软件、开发团队、设计原理，以及用户群体的互助精神。从笔者的实际生活体验来看，通常中所说的 Arduino 在 90%的情况下是指 Arduino 的硬件开发板。可能是硬件更显而易见吧。那么，下面就来简单介绍一下 Arduino 的硬件开发板。

1.2.1　Arduino 的硬件

Arduino 的硬件开发板有许多种型号，对应的具体内容将在稍后的内容中介绍。虽然有多种不同型号的开发板，但是它就是一个单片机集成电路，它的核心就是一个单片机，开发板上的其他电路用来供电和转换信号。官方 Arduino 使用的是 megaAVR 系列的芯片，特别是 ATmega8、ATmega168、ATmega328、ATmega1280 以及 ATmega2560 使用的居多，还有一小部分使用的是 Arduino 兼容的处理器。

大多数 Arduino 开发板包括一个 5V 的线性稳压器和一个 16MHz 的晶体振荡器。当然，也有一些开发板不一定符合这些规格。例如，LiLyPad 就运行在 8MHz 的晶体振荡器上，而且没有板载的稳压器。

Arduino 使用的单片机已经预编程好了启动加载器，它可以很容易地将程序加载到芯片的闪存中，而其他设备（如常见的 51 单片机）则需要专门的编程器编程。

Arduino 一个非常重要的特性就是标准化的外置接口，这使得各种通用扩展模块（也就是盾板）可以很容易和 Arduino 连接。

可能会有很多读者不明白单片机和电脑 CPU 到底有什么区别，这里给读者“普及”一下。单片机其实类似于整个电脑的核心。电脑的核心就是 CPU、内存和外存，虽然一些单片机看起来还不如一个电脑 CPU 大，但是它真的是一个完整的微型电脑，只不过相比我们的 PC 来说，各种规格都低一些罢了。所以，一个单片机可要比一个 CPU 高级多了。如图 1.1 所示是 Arduino 的明星开发板 Arduino UNO 第三版。

图 1.1　Arduino UNO R3

图 1.1 中右下方那个“长着 28 条腿的毛毛虫”就是单片机，它的型号是 ATmega328。当然，也有使用 SMD 封装形式的 Arduino UNO 开发板，如图 1.2 所示。

图 1.2　Arduino UNO SMD

图 1.2 中右下方的“小方块”就是 SMD 封装形式的 ATmega328。不过有消息说使用

这种封装形式不是为了节省空间，而是 DIP 封装的 ATmega328 全球稀缺导致的。

1.2.2　Arduino 的软件

Arduino 流行起来的因素不仅仅是由于硬件便宜，为 Arduino 量身定做的 Arduino IDE 也是重要因素之一。Arduino IDE 是专门为 Arduino 开发板量身定做的集成开发环境，它的主界面如图 1.3 所示。

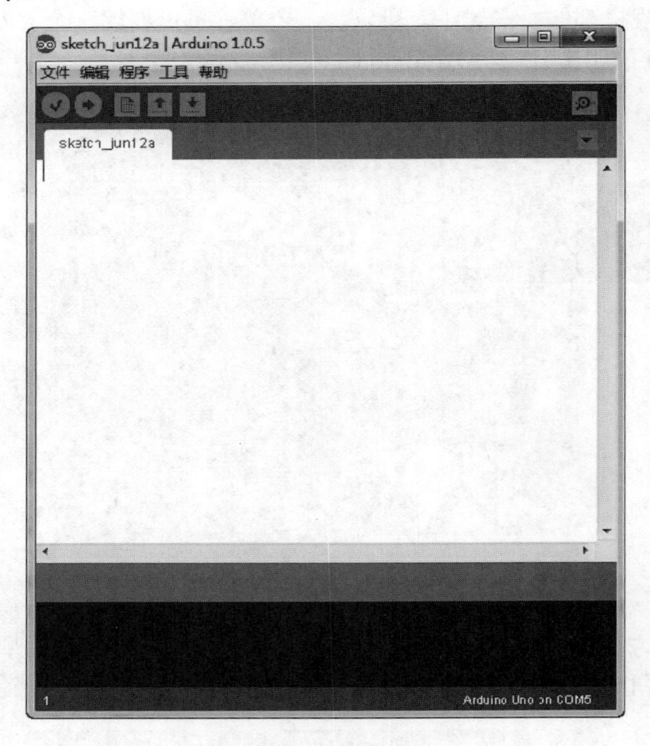

图 1.3　Arduino IDE 主界面

Arduino IDE 除了提供基本的编辑代码能力之外，还提供了示例程序、官方函数库、程序下载器，以及串口监视器等功能。在第 3 章中将会详细介绍 Arduino IDE，此处不再赘述。

1.2.3　Arduino 的社区

除了个人使用的 Arduino 开发板和 Arduino IDE 之外，Arduino 还为用户提供了 Arduino 社区。在社区中，都是 Arduino 的爱好者，可以分享自己的想法、交流心得以及进行求助等，它的网址是 http://forum.arduino.cc/。

以上是对我们常说的 Arduino 这个术语的介绍。此时，读者应该明白，Arduino 不只是代表硬件，它是由硬件、软件、开发团队、设计原理，以及用户群体的互助精神结合而来的。

1.3　Arduino 的硬件产品——主板

主板是 Arduino 的核心之一，其他的如 Arduino IDE、盾板，以及附件都是以它为中心建立的。Arduino 官方目前提供了超过 15 个类型的主板。它们具有不同的硬件配置及设计方向，这样可以使主板满足各种电子设计的需求。

1.3.1　Arduino UNO

UNO 在意大利语中是 1 的意思，它被用来标识即将到来的 Arduino 1.0。Arduino Uno 开发板基于 ATmega328。它拥有 14 个数字输入输出针脚（其中 6 个具有 PWM 输出能力）、6 个模拟输入针脚、16MHz 晶体振荡器、一个 USB 连接器、柱式电源插座、ICSP 插座，以及复位按钮。它的外形如图 1.4 所示。

图 1.4　Arduino UNO R3

它支持使用连接到电脑的 USB、直流适配器或者电池供电。Arduino UNO 与所有其他开发板的不同之处在于，它使用 Atmega16U2 作为串行转 USB 的转换器。

Arduino UNO 是之后其他版本的参考板，到目前为止共经历了 3 个版本。在第二版中，ATmega8U2 的 HWB 脚连接了一个下拉电阻，使得进入 DFU 模式更加简单。在第三版中，进行了如下改进：

- 加入了 SDA、SCL 及 IOREF 针脚；
- 更健壮的重置电路；
- 使用 ATmega16U2 替换了 ATmega8U2。

在后续的内容中，将都以 Arduino UNO 作为核心。在 1.6 节中将会介绍 Arduino UNO 的各项细节，因此，这里不做过多介绍。它有 32KB 闪存（类似于电脑中的硬盘）、2KB SRAM（类似于电脑中的内存），以及 1KB EEPROM（类似于电脑中的硬盘，只不过数据是按位存取的）。

1.3.2　Arduino Leonardo

Arduino Leonardo 是基于 ATmega32U4 的微控制器。它与 UNO 的主要差别是，它有 20 个数字输入输出针脚。其中，7 个具有 PWM 输出能力，12 个具有模拟输入能力。它的外形如图 1.5 所示。

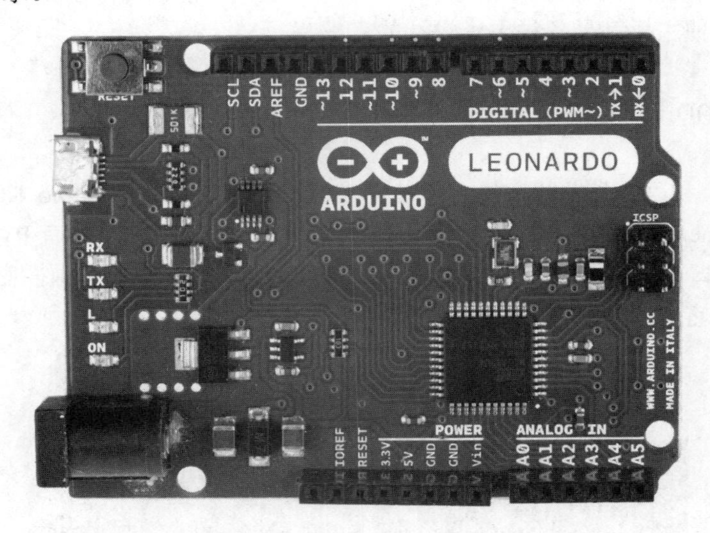

图 1.5　Arduino Leonardo

Arduino Leonardo 与其他所有产品的不同之处在于，ATmega32U4 内建 USB 通信功能，所以不需要使用额外的适配器。这就使得它可以作为虚拟串行端口充当鼠标或者键盘。它拥有 32KB 闪存、2.5KB SRAM，以及 1KB EEPROM。

1.3.3　Arduino Due

Arduino Due 是一个基于 Atmel SAM3X8E ARM Cortex-M3 CPU 的微控制器。它是第一个基于 32 位 ARM 核心微控制器的 Arduino 板。其外形如图 1.6 所示。

图 1.6　Arduino Due

从图中可以看出，它有比 Leonardo 还多的针脚。它有 54 个数字输入输出针脚。其中，12 个具有 PWM 输出能力。还有 12 个模拟输入、4 个 UART、2 个 DAC、2 个 TWI、一个 SPI 接头、一个 JTAG 接头，以及一个擦除按钮。

Due 工作在 84MHz 的频率下，并且有 USB OTG 能力。需要注意的是，Due 的工作电压是 3.3V，而不是通常的 5V，使用高于 3.3V 的电压会损坏板子。

1.3.4　Arduino Yún

Arduino Yún 是一个基于 ATmega32U4 和 Atheros AR9331 的微控制器版。它上面的 Atheros 处理器支持基于 OpenWrt 的 Linux 发行版，名为 OpenWrt-Yun。它的外形如图 1.7 所示。

图 1.7　Arduino Yún

这个板子内建有英特网和 WiFi 支持。它有一个 USB-A 端口、micro-SD 卡插槽、20 个数字输入输出针脚（7 个具有 PWM 输出能力，12 个可以作为模拟输入）、3 个重置按钮，以及一个微型 USB 端口。它拥有 64MB DDR2 RAM 以及 16MB 的闪存。它的存储容量可以通过 Micro-SD 卡进行扩展。

1.3.5　Arduino Tre

Arduino Tre 是第一个在美国制造的 Arduino 板。它使用的是 1GHz 的 Sitara AM335x 处理器，拥有高出 Arduino Uno 或 Leonardo 100 多倍的性能。这使得 Arduino Tre 可以运行高性能的桌面程序、高强度的运算和高速通信。它的外形如图 1.8 所示。

实际上，Arduino Tre 是一个基于 Sitara 处理器的 Linux Arduino，加上一个完整的基于 AVR 的 Arduino。由于集成了完整的 AVR Arduino，所以 Arduino Tre 可以使用所有现存的盾板，这使得它可以开发许多高性能应用，如 3D 打印机、遥测技术，以及其他需要主机控制加实时操作的应用。Arduino Tre 除了配备强大的处理器之外，还拥有 DDR3L 512MB 的 SRAM、100M 以太网接口、一个 USB 2.0 设备端口、4 个 USB 2.0 主机端口、HDMI、立体声输入输出、MicroSD 插槽，以及 23 个数字输入输出端口。

图 1.8 Arduino Tre

1.3.6 Arduino Micro

Arduino Micro 是一个基于 ATmega32U4 的微控制器板，它是与 Adafruit 联合开发的。它的外形如图 1.9 所示。

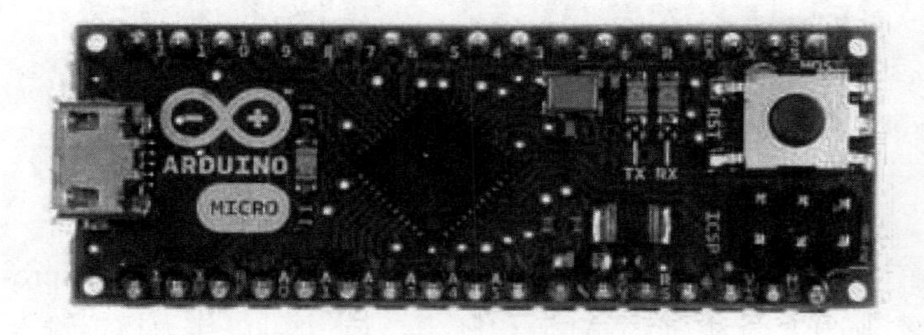

图 1.9 Arduino Micro

Arduino Micro 的硬件配置与 Leonardo 类似，内建 USB 通信。它有 20 个数字输入输出针脚，其中 7 个针脚具有 PWM 输出能力，12 个具有模拟输入能力。它与 Leonardo 最大的区别是板子面积缩小了很多。

1.3.7 Arduino Robot

Arduino Robot 是官方推出的第一个原型板子，它由马达板和控制板两块板子组成，每个板子上都有一个处理器。马达板负责控制马达，控制板负责读取传感器并决定如何操作，并且这两块板子都可以通过 Arduino IDE 编程。它的外形如图 1.10 所示。

马达板和控制板都基于 ATmega32U4 处理器，它上面有一些针脚映射到了板载传感器和制动器。它的编程方式与 Arduino Leonardo 类似，两个处理器都内建有 USB 通信。

图 1.10　Arduino Robot

1.3.8　Arduino Esplora

Arduino Esplora 是源自 Arduino Leonardo 的微控制器板。与之前所有 Arduino 板不同的是，它提供了许多内建、可以直接使用的板载传感器。它的外形如图 1.11 所示。

图 1.11　Arduino Esplora

Arduino Esplora 是为那些想要直接使用 Arduino 而不需要首先学习电子知识的用户设计的。Esplora 上已经内建有许多传感器，包括声光输出、游戏摇杆、滑动变阻器、温度传感器、加速度计、麦克风，以及光敏元件。除此之外，它仍然具有连接两个 Tinkerkit 输入输出连接器和 TFT LCD 屏幕的能力。它使用的处理器是与 Arduino Esplora 相同的 ATmega32U4。

1.3.9　Arduino Mega 系列

Arduino Mega 系列共有 3 个型号，分别是 Arduino Mega、Arduino Mega 2560 和 Arduino Mega ADK。

1. Arduino Mega

Arduino Mega 是基于 ATmega1280 的微控制器板。它拥有 54 个数字输入输出端口（其中 14 个具有 PWM 输出能力）、16 个模拟输入针脚、4 个 UART 端口、16MHz 的晶体振荡器、一个 USB 连接器、一个柱式电源插座，以及一个 ICSP 插头。它的外形如图 1.12 所示。

图 1.12　Arduino Mega

Arduino Mega 可以通过连接在电脑上的 USB 电缆、交流转直流适配器，以及电池供电。Arduino Mega 兼容为 Arduino Due 设计的盾板。

2. Arduino Mega 2560

Arduino Mega 2560 是为替代 Arduino Mega 而设计的。它的外形如图 1.13 所示。

图 1.13　Arduino Mega 2560

Arduino Mega 2560 与 Arduino Mega 最大的不同是，它使用了 ATmega2560 处理器，除此之外，其他配置与 Mega 相同。

3. Arduino Mega ADK

Arduion Mega ADK 在 Mega 2560 的基础上增加了一个 USB 接口，这个接口基于 MAX3421e 集成电路，可以连接基于 Android 的电话。它的外形如图 1.14 所示。

图 1.14　Arduino Mega ADK

与 Mega 2560 和 UNO 类似，Mega ADK 也使用 ATmega8U2 作为 USB 到串行的转换器。

1.3.10　Arduino Ethernet

Arduino Ethernet 是基于 ATmega328 的微控制器板。它比 UNO 多了一个 RJ45 接口，并且它的 10~13 针脚保留做为与 Ethernet 模块连接的接口，所以可以使用的针脚减少到了 9 个，其中 4 个具有 PWM 输出能力。它的外形如图 1.15 所示。

图 1.15　Arduino Ethernet

Arduino Ethernet 与其他所有板子的不同之处在于，它没有板载的 USB 到串口驱动芯片，但是有一个 Wiznet 因特网接口。板载的 Micro-SD 卡插槽可以用来存储网上的文件。

1.3.11　Arduino Mini

Arduino Min 最初是基于 ATmega168 的微控制器板，现在已经改用 ATmega328，设计它的主要目的是在面包板和空间受限的地方使用。正如它的名字所预示的，它是 Arduino 中的迷你版。如图 1.16 所示是它的外形。

图 1.16　Arduino Mini

Arduino Mini 有 14 个数字输入输出针脚（其中 6 个具有 PWM 输出功能）和 8 个模拟输入针脚。由于 Arduino Mini 没有板载的编程接口，因此需要使用 USB 转串行适配器或者其他 USB 或 RS232 到 TTL 串行适配器来为它编程。

1.3.12　LiLyPad Arduino 系列

LiLyPad Arduino 系列共包含 4 个型号，下面将分别进行介绍。

1. LiLyPad Arduino

LiLyPad Arduino 是为可穿戴和电子织物而设计的。它有 14 个数字输入输出针脚（其中 6 个拥有 PWM 输出能力）和 6 个模拟输入针脚，可以被缝在织物上。它的外形如图 1.17 所示。

LiLyPad Arduino 基于的是 ATmega168V（V 表示低电压版）或者 ATmega328V。它拥有 16KB 闪存、1KB SRAM 和 512 byte 的 EEPROM，运行在 8MHz 的频率上。

2. LilyPad Arduino Simple

LilyPad Arduino Simple 相对 LiLyPad Arduino 来说只有 9 个数字输入输出针脚(其中 5 个拥有 PWM 输出能力），但是，增加了一个 JST 连接器并且内建了里聚合物电池充电电路。它的外形如图 1.18 所示。

LilyPad Arduino Simple 与 LilyPad Arduino 不同，它是基于 ATmega328 的。

3. LilyPad Arduino SimpleSnap

LilyPad Arduino SimpleSnap 与 LilyPad Arduino Simple 类似。其外形如图 1.19 所示。

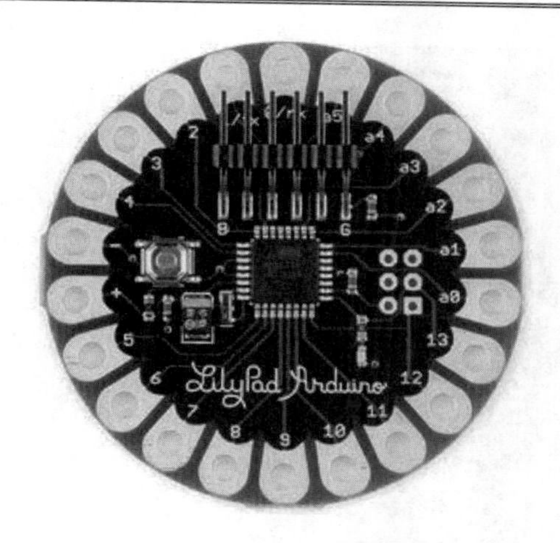

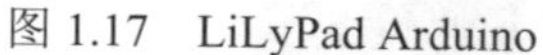
图 1.17　LiLyPad Arduino

图 1.18　LilyPad Arduino Simple

与 LilyPad Arduino Simple 最大不同在于，它内建有锂聚合物电池，并且在通孔上安装了导电纽扣。

4. LilyPad Arduino USB

LilyPad Arduino USB 是基于 ATmega32u4 的微控制器板，它有 9 个数字输入输出针脚（其中 4 个具有 PWM 输出能力，4 个作为模拟输入）、8MHz 晶体振荡器、微型 USB 接口，以及 JST 连接器。它的外形如图 1.20 所示。

图 1.19　LilyPad Arduino SimpleSnap

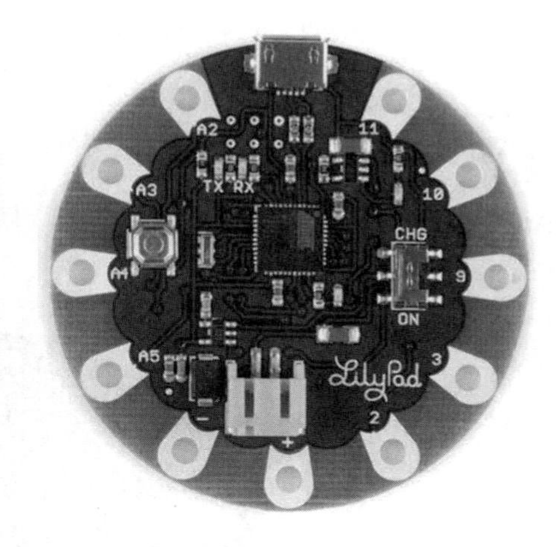

图 1.20　LilyPad Arduino USB

LilyPad Arduino USB 与 LilyPad 的不同之处在于，ATmega32u4 内建了 USB 通信，这使得它可以连接到电脑充当鼠标和键盘。

1.3.13　Arduino Nano

Arduino Nano 是一个小巧、完整、面包板友好的基于 ATmega328（第 3 版）或 ATmega168（第 2 版）的微控制器板。它的正面和反面外形如图 1.21 所示。

图 1.21　Arduino Nano 正面和反面

Arduino Nano 虽然面积减少了，但是功能并没有大的精简。它只去掉了直流电源插头，并且使用 Mini-B 型 USB 接口替换了标准接口。

1.3.14　Arduino Pro 系列

Arduino Pro 系列共包含 Arduino Pro 和 Arduino Pro Mini 两个型号，下面将分别进行介绍。

1. Arduino Pro

Arduino Pro 是基于 ATmega168 或 ATmega328 的微控制器板，它有 3.3V/8MHz 版和 5V/16MHz 版。其外形如图 1.22 所示。

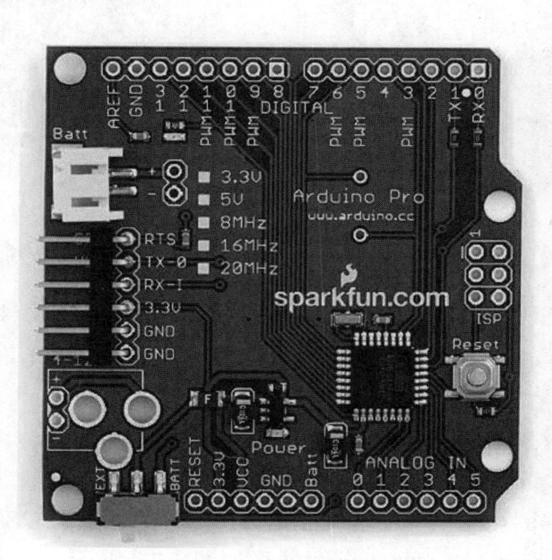

图 1.22　Arduino Pro

Arduino Pro 与 Arduino UNO 的不同之处是，它拥有一个电池供电插头、一个电源开关和一个 6 针插头。6 针插头可以连接到 FTDI 电缆为 Pro 提供电量和通信能力。

Arduino Pro 的目的是项目或者展览中半永久式地安装，因此它没有预安装的插座，这样就可以使用各种类型的连接件或者直接焊接电线。虽然 Arduino Pro 没有预装插座，但是针脚布局完全兼容 Arduino 盾板。3.3V 版本可以通过电池供电。

2. Arduino Pro Mini

就像它的名字所预示的，它是 Arduino Pro 的迷你版本。其外形如图 1.23 所示。

图 1.23　Arduino Pro Mini

与 Arduino Pro 不同，Pro Mini 只有基于 ATmega168 的版本，但是它也分为 3.3V/8MHz 和 5V/16MHz 版本。

1.3.15　Arduino Fio

Arduino Fio 是基于 Atmega328P 的微控制器板，运行在 3.3V/8MHz 下。它的外形如图 1.24 所示。

图 1.24　Arduino Fio

Arduino Fio 有 14 个数字输入输出针脚（其中 6 个拥有 PWM 输出能力）、8 个模拟输入针脚和装配插座的穿孔。它上面的 USB 内建有充电电路，因此可以使用 USB 给连接在电源插座的锂聚合物电池充电。在它的底部还有一个兼容 XBee 的插座。因此它的设计倾向于无线应用。

1.3.16　Arduino Zero

Arduino Zero 是由 Arduino UNO 衍生而来的 32 位扩展版本。它的外形如图 1.25 所示。

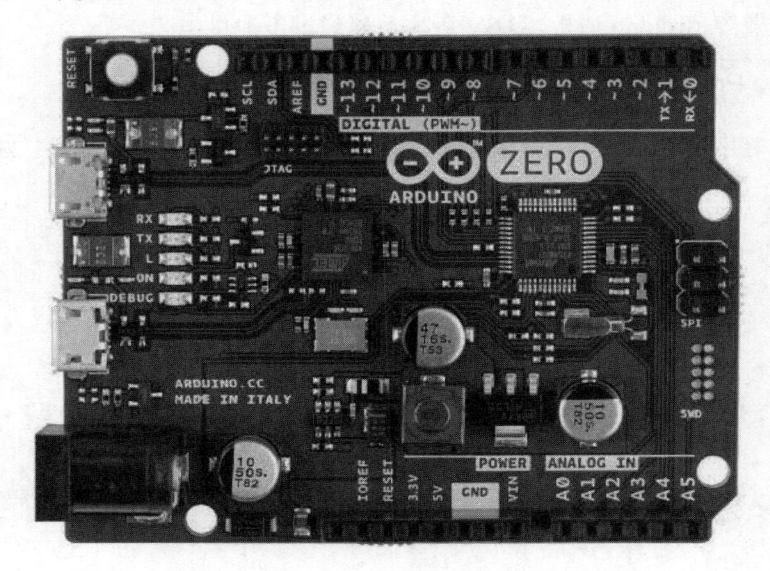

图 1.25　Arduino Zero

Arduino Zero 采用的是 Atmel SAMD21 为控制器，具有 256KB 闪存和 32KB 的 SRAM。此外，Arduino Zero 完全兼容 Arduino 盾板，并且提供了 Atmel 的嵌入式调试器。

Zero 开发板旨在让那些富有创造力的人们为智能物联网设备、可穿戴技术、高科技自动化、机器人技术，以及众多尚在酝酿中的项目提供实现创意的平台。

至此，对 Arduino 绝大部分主板都一一做了介绍，还没有购买主板的读者可以通过以上介绍选择合适的主板。已经购买主板的读者也可以在现有主板不满足自己需求的情况下对比升级。

1.4　Arduino 的硬件产品——盾板

Arduino 的盾板就是指可以直接插在 Arduino 主板上的集成模块，它在将自己融入电路的同时还将 Arduino 上的针脚以同样的布局延伸出来，这样就可以接驳更多的盾板。盾板通常用来实现一些比较复杂的功能，如 GSM、Ethernet、WIFI 等功能。本节就来介绍一下 Arduino 官方提供的几种盾板。

1.4.1　Arduino GSM 盾板

Arduino GSM 盾板可以使你的 Arduino 使用 GPRS 无线网络连接到因特网。它的外形如图 1.26 所示。

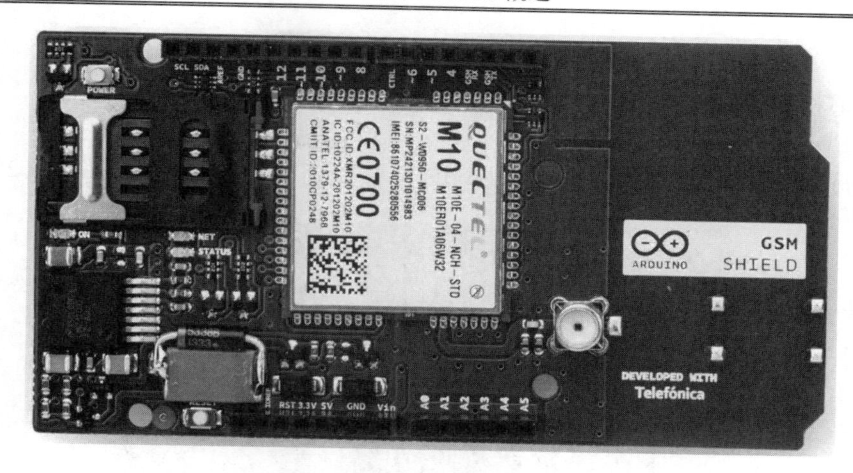

图 1.26　Arduino GSM 盾板

你只需要将它插入 Arduino 板，然后插入一个 SIM 卡，它就可以拨打电话或者发送 SMS 信息了。当然，由于 Arduino 的开源特性，它所有的文档都可以得到，如果有能力，读者完全可以自己做一个出来。

1.4.2　Arduino Ethernet 盾板

仅仅几分钟，就可以通过 Arduino Ethernet 盾板连接到因特网，它使用的是一个 RJ45 型的接口，即通常的网卡接口。它的外形如图 1.27 所示。

图 1.27　Arduino Ethernet 盾板

Arduino Ethernet 盾板基于 Wiznet W5100 ethernet 芯片，这个芯片提供了 TCP 和 UDP 协议支持，并且可以并行 4 路套接字连接。Arduino Ethernet 盾板还提供了微型 SD 卡插槽，可以提供文件存储功能。要为 Arduino Ethernet 盾板编程，可以使用官方提供的 Ethernet 库，它可以大大降低编程难度。

1.4.3　Arduino WiFi 盾板

Arduino WiFi 可以让 Arduino 板通过 WiFi 连接到因特网。它的外形如图 1.28 所示。

图 1.28　Arduino WiFi 盾板

Arduino WiFi 基于 SIP 封装的 HDG104，ATmega32UC3 提供对 TCP 和 UDP 的支持。为 Arduino WiFi 编程可以使用 Arduino 提供的 WiFi 库。

1.4.4　Arduino Wireless SD 盾板

Arduino Wireless SD 盾板允许 Arduino 板使用无线模块进行无线通信，它基于的是 Xbee 模块。其外形如图 1.29 所示。

图 1.29　Arduino Wireless SD 盾板

Arduino Wireless SD 模块在户内的通信范围超过 30 米，户外则可达到 90 米。它可以用来代替串行或 USB 通信，或者可以让它进入命令模式并且配置为各种广播和网状网络用途。它上面的 SD 卡可以通过 WiFi 存储信息。

1.4.5　Arduino Motor 盾板

Arduino Motor 盾板基于 L298，它是用来驱动像继电器、螺线管、直流电机和步进电机这样的感性负载。它的外形如图 1.30 所示。

图 1.30　Arduino Motor

Arduino Motor 可以同时互不影响地驱动两个直流电机，可以分别控制它们的转速和方向，并且可以测量每个马达消耗的功率。

1.4.6　Arduino Wireless Proto 盾板

Arduino Wireless Proto 盾板与 Arduino Wireless SD 盾板非常类似。其外形如图 1.31 所示。

图 1.31　Arduino Wireless Proto 盾板

Arduino Wireless Proto 盾板除了保留了 Xbee 的插座之外，其他位置均为穿孔锡盘，这样用户就可以根据自己的需求布置元件。

1.4.7　Arduino Proto 盾板

Arduino Proto 盾板就是一块完全的原型板。它的外形如图 1.32 所示。

图 1.32　Arduino Proto

Arduino Proto 除了将 Arduino 板的针脚做了延伸以外剩下的就只有穿孔锡盘了。这是留给设计和动手能力都非常强的用户使用的，这样的板子才能够发挥他们的聪明才智。

1.5　Arduino 硬件产品——新手套件

新手套件是为欠缺经验的 Arduino 爱好者准备的，它将通过让你亲手实践的方式来学会 Arduino 板的基本使用。如图 1.33 所示是 Arduino 新手套件提供的部分内容。

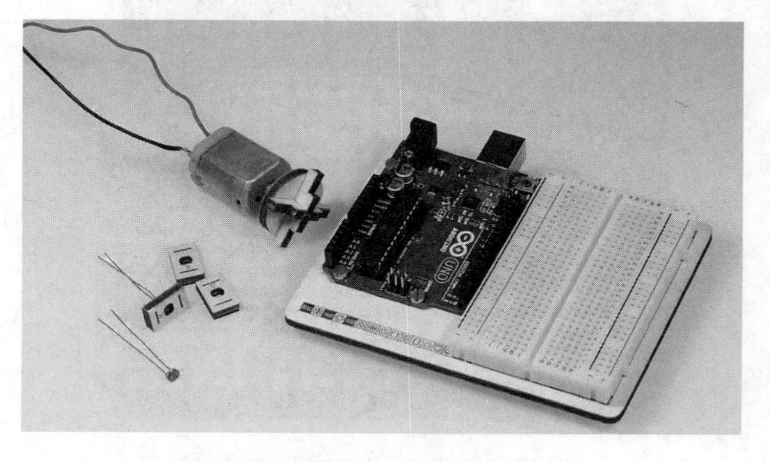

图 1.33　Arduino 新手套件的部分内容

这个套件会带你建立 15 个项目，这 15 个项目选择了最常见和最有用的电子器件来让你使用和认识。从开始的电子基础到更复杂的项目，新手套件将会帮助你使用传感器和致动器控制物理世界。如果你是新手，想融入电子世界，又想一步到位地学习 Arduino，那么，选择它是没错的。

1.6　Arduino 硬件产品——附件

Arduino 除了提供 Arduino 主板和盾板之外，还提供了一些常用的附件。官方主要提供了 TFT LCD 屏幕和 USB 转串行的适配器，接下来将介绍这两种附件。

1.6.1　TFT LCD 屏幕

LCD 屏幕在 Arduino 做的项目中一直占有很大的比重，因此，官方提供了这个附件。在这个 LCD 屏幕上，可以使用官方提供的 TFT 库来绘制文字、图片以及图像。它的正面及反面的外形如图 1.34 所示。

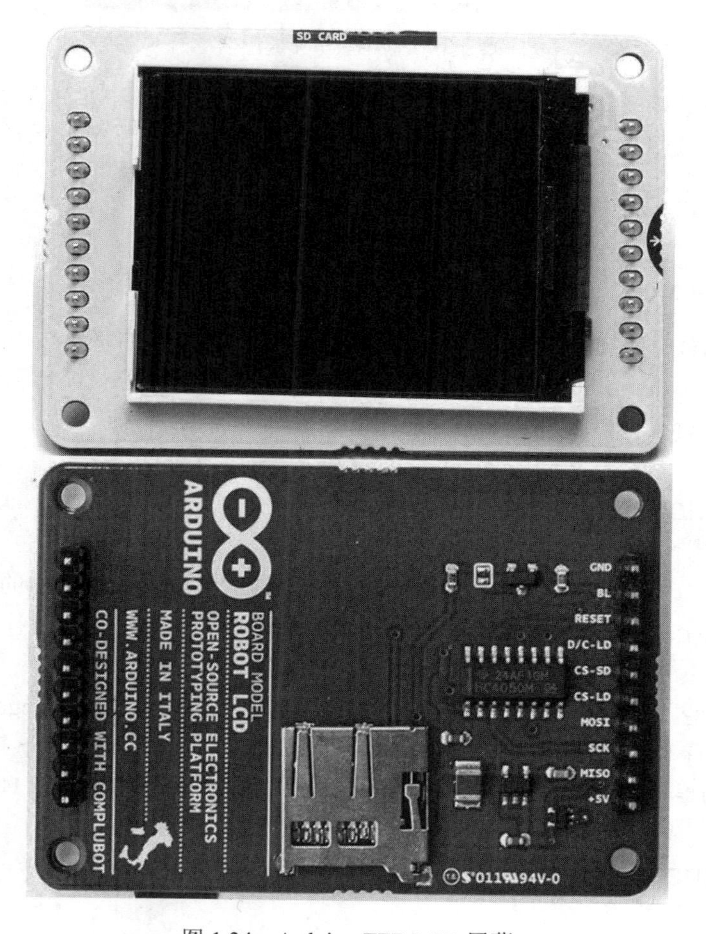

图 1.34　Arduino TFT LCD 屏幕

在板子的后面装有微型 SD 卡槽，它可以用来存储需要 LCD 显示的位图等信息。这个屏幕背后的插头是为适配 Arduino Esplora 而设计的，它可以直接插在 Esplora 上。当然，它也兼容其他任何基于 AVR 的 Arduino 板。

1.6.2　微型 USB/Serial 适配器

在 1.3 节中我们介绍了目前为止所有的 Arduino 主板型号，其中有些为了节省空间等因素而没有具备 USB 通信能力。Arduino 官方提供了 USB/Serial 适配器来减少为这类 Arduino 板编程的麻烦。它的外形如图 1.35 所示。

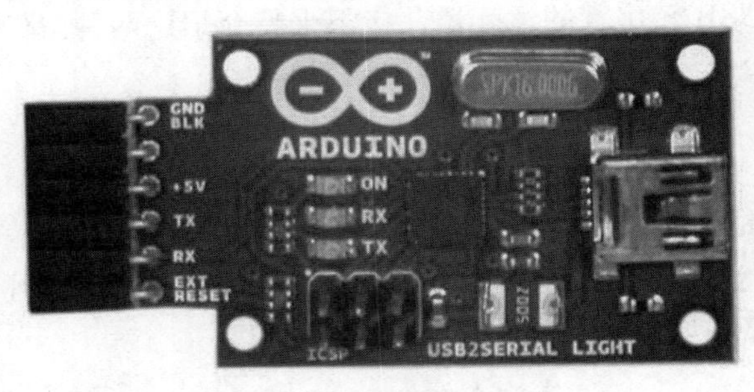

图 1.35　USB/Serial 适配器

这个板子将 USB 连接转换到 5V 串行 TX 和 RX，它可以直接连接在 Arduino Mini、Ethernet 等没有内建 USB 通信的板子上，允许它们与电脑通信。

1.7　Arduino UNO

Arduino UNO 是 Arduino 主板中的明星板，也是其他主板的基准板。在之后的所有章节中，我们都以 Arduino UNO 作为主板进行讲解。在本节，将带领读者了解 Arduino UNO 的硬件，以及 PWM、数字型号等基础的概念。

1.7.1　Arduino UNO 上的主要元器件

虽然我们手中的 Arduino UNO 已经装配好，通常也不会改动它上面的元件，但是一定有许多读者对它上面形形色色的器件感兴趣，图 1.36 就将其中比较大而且有特点的元器件做了标注。

在图中，标注了两个 ICSP 下载口，右侧的 ICSP 下载口是为 ATmega328 编程的，由于 UNO 本身具有 USB 通信能力，所以一般不会用到。左上角的 ICSP 下载口是为 USB 接口芯片用的，如果没有相关经验，一定不要冒险为它编程，否则会损坏 USB 通信功能。

1.7.2　Arduino UNO 上的端口

Arduino UNO 共有两排端口，按功能主要分为数字 I/O、模拟 I/O 口和电源接口。它们的位置如图 1.37 所示。

图 1.36　Arduino UNO 的主要元器件

图 1.37　Arduino 的接口

1. 数字I/O口

数字 I/O 口可以输入和输出数字信号。数字信号只有两种形态，高电平和低电平。高低电平是通过一个参考电压（AREF）确定的，高于 AREF 的电平即被认为是高电平，低于 AREF 的电平即被认为是低电平。Arduino 默认的参考电压大约是 1.1V，可以通过 AREF 端口设置外部参考电压。

接口 0 和 1 还被复用为 RX 和 TX 接口，它们可以用来传输数据，例如两个 Arduino 之间通信。

每个数字端口可以提供最高 40mA 电流和 5V 电压，这足够用来点亮一个 LED，但是不足以驱动电动机。因此，在使用过程中一定要注意它们的极限电压和电流。

在数字 I/O 口中，有一部分（针脚编号带有~）具有 PWM 输出能力。PWM 的中文译名是脉冲宽度调制，它是利用微处理器的数字输出来控制模拟电路的一种技术。使用 PWM 的最简单的例子就是控制 LED 的亮度，这在随后就会展示给大家。

2. 模拟I/O口

模拟 I/O 口可以输入模拟信号和数字信号，但是不能输出模拟信号。它可以测量连接在它上面的电压以供程序使用。模拟信号就是像每天的温度变化这样连续变化的信号，它随时可以变到任意的值。因此通过温度传感器和模拟 I/O 口，就可以检测温度。

3. 电源接口

电源端口部分有多个不同名字的接口，它们的功能介绍如下：

- IOREF：用于使盾板适配主板提供不同电压。因为有些主板提供 3.3V 电压而有些提供 5V 电压；
- RESET：复位端口，用来复位主板，功能与复位按钮相同；
- 3.3V 和 5V：两种规格的电压输出；
- 两个 GND：输入和输出电压的接地；
- Vin：外部电压输入端口，连接到这个端口的电源需要稳压，否则非常容易损坏板子。

1.8　Arduino 可以做什么

前面的内容详细地介绍了 Arduino 的方方面面，就差告诉读者它到底能做什么了。概括来说，它可以通过传感器和致动器来让我们控制物理世界。

其实 Arduino 能做什么完全是由你决定的。在本书后面的内容中，会见到各种各样的应用，如检测温度湿度、控制步进电机、控制 LED、控制 LCD、制作一个声控灯，甚至最后还完成了一个非常具有挑战性的打地鼠游戏。

所以，尽情在 Arduino 上发挥你的聪明才智吧，它总会满足你的所有需求。

第 2 章　电路设计软件 Fritzing

Fritzing 是一个开源硬件项目。相对于普通电路设计软件，它为使用者提供了更容易理解的电子器件，作为生产的原材料。这使得用户可以很容易地设计自己的电路。如果你经常混迹于各种 Arduino 社区，那么一定对一种非常生动明了的电路图印象深刻。它就是使用 Fritzing 制作的。本章的目的就是教会大家熟练使用这个工具。

2.1　Fritzing 基础

Fritzing 是一种创新的电路设计方式。它不仅使得普通用户很容易地设计自己的电路，而且为专业用户也提供了专业的原理图方式供他们使用。Fritzing 的设计并不只是活在电脑中，还可以直接将 Fritzing 的设计交给生产商来生产对应的 PCB。所以说，我们非常有必要来仔细探索一下这个强大的工具。

2.1.1　Fritzing 的下载与安装

Fritzing 是一个开源、免费的软件。它支持三大主流的操作系统，并且很容易获取到。Fritzing 当前最新的版本是 0.8.7b。由于 Fritzing 的开发是完全依赖社区的，所以更新的速度可能很快也可能很慢。建议读者在实际使用时，应尽量选择最新版本。

1. 下载对应的Fritzing

Fritzing 的官方网址是 http://fritzing.org，下载页面地址是 http://fritzing.org/download/。该页面会提示读者考虑进行捐助，有能力的读者可以进行捐助。

Fritzing 目前提供了 Windows 版、Mac OS X 版、Linux32 位版、Linux64 位版和源代码（Source）。读者可以根据自己使用的操作系统下载对应的版本，有能力的读者还可以研究它的源代码。本书主要以 Windows 操作系统为主，所以本章只介绍 Windows 版的安装，使用其他操作系统的读者可以查看对应安装包中的帮助文件辅助安装。

Windows 版本的安装包是一个 zip 格式的压缩文件。这个文件的命名通常是以版本号和运行平台命名的。例如，当前最新版 0.8.7b 对应的文件是 fritzing.0.8.7b.pc.zip。

2. 安装Fritzing

Fritzing 的安装方式非常简单，只需要将对应的 zip 文件解压缩到指定的位置即可。如图 2.1 所示即为 0.8.7b 版本解压缩后的所有文件。

其中的 Fritzing.exe 为 Fritzing 的主程序。双击它就可以打开 Fritzing 程序。Fritzing 的

欢迎页如图 2.2 所示。至此，Fritzing 就安装完毕了。

名称	修改日期	类型	大小
bins	2014/1/24 星期...	文件夹	
help	2014/1/24 星期...	文件夹	
lib	2014/1/24 星期...	文件夹	
parts	2014/1/24 星期...	文件夹	
pdb	2014/1/24 星期...	文件夹	
sketches	2014/1/24 星期...	文件夹	
translations	2014/1/24 星期...	文件夹	
Fritzing.exe	2014/1/24 星期...	应用程序	6,766 KB
LICENSE.CC-BY-SA	2011/2/17 星期...	CC-BY-SA 文件	21 KB
LICENSE.GPL2	2008/11/12 星期...	GPL2 文件	19 KB
LICENSE.GPL3	2008/11/12 星期...	GPL3 文件	36 KB
msvcp110.dll	2012/11/6 星期...	应用程序扩展	523 KB
msvcr110.dll	2012/11/6 星期...	应用程序扩展	855 KB
QtCore4.dll	2013/11/18 星期...	应用程序扩展	2,507 KB
QtGui4.dll	2013/11/18 星期...	应用程序扩展	8,326 KB
QtNetwork4.dll	2013/11/18 星期...	应用程序扩展	875 KB
QtSql4.dll	2013/11/18 星期...	应用程序扩展	195 KB
QtSvg4.dll	2013/11/18 星期...	应用程序扩展	278 KB
QtXml4.dll	2013/11/18 星期...	应用程序扩展	346 KB
README.txt	2014/1/6 星期一 ...	文本文档	3 KB

图 2.1　Fritzing 的文件

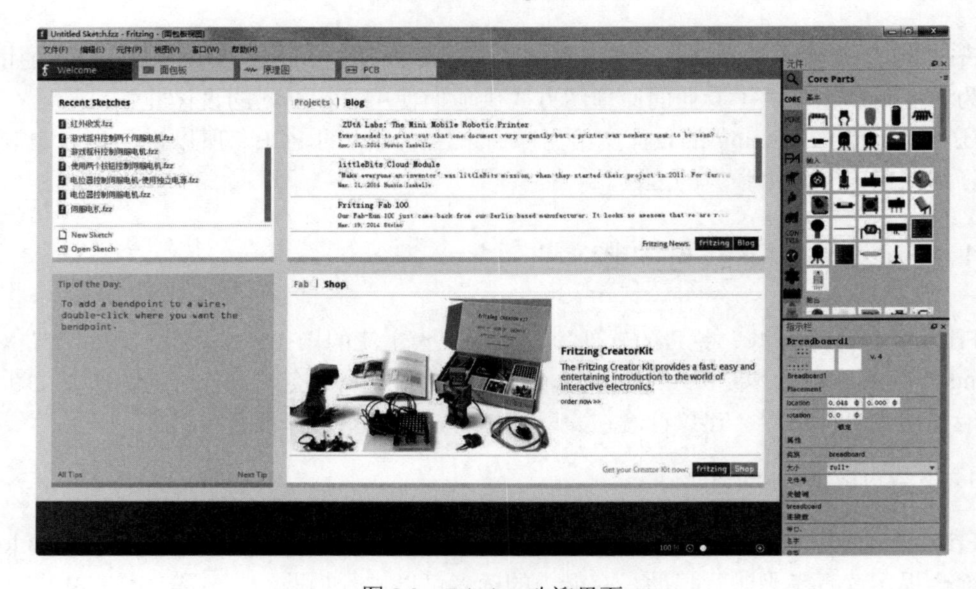

图 2.2　Fritzing 欢迎界面

2.1.2　认识 Fritzing 的主面板

Fritzing 的主界面是标准的设计软件布局。它由 6 个主要部分组成：菜单栏、主工作区、元件栏、指示栏、快捷操作栏和提示信息栏。下面将分别介绍这 6 个部分。

1. 菜单栏

菜单栏可以说是应用软件的标准配置，它将软件中的操作按照一定的规则分为几个大类。在这些大类下又有更详细的子菜单。这样的设计可以方便用户选择需要的操作。如图 2.3 所示为 Fritzing 的菜单栏。

文件(F)　编辑(E)　元件(P)　视图(V)　窗口(W)　布线(R)　帮助(H)

图 2.3　Fritzing 的菜单栏

Fritzing 自带有一些示例，可以通过选择“文件”|“打开例子”命令打开，如图 2.4 所示是一个 Arduino 的例子。

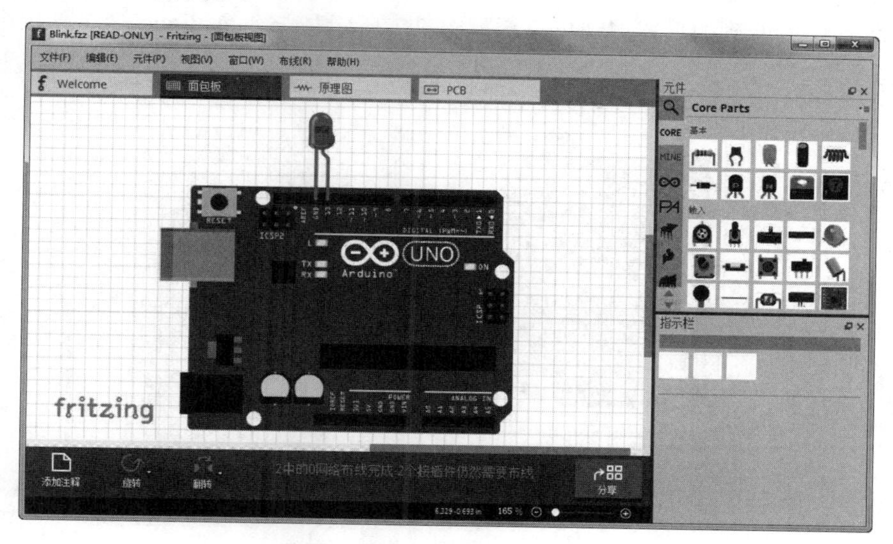

图 2.4　Fritzing 自带的示例

Fritzing 除了拥有 Arduino 的例子外还有 Fritzing Creator Kit 和 Fritzing Starter Kit 的例子，也就是说 Fritzing 不只是用来设计 Arduino 电路。

2. 主工作区

主工作区是面积最大，用户活动时间最长的一个区域，如图 2.5 所示。

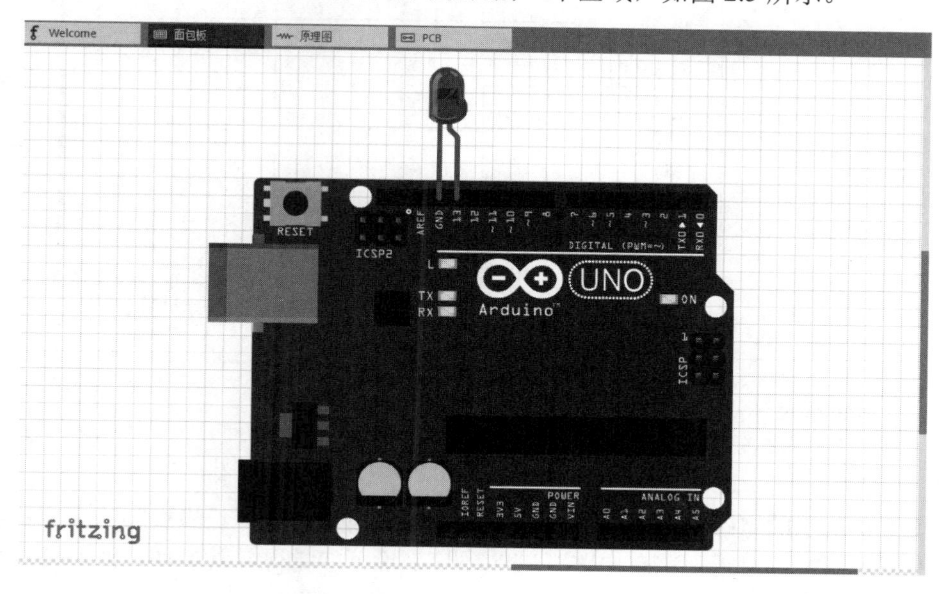

图 2.5　Fritzing 的主工作区

用户在该区域完成绝大部分的工作，它共有3种视图可供用户选择，如图2.6所示。

图2.6 Fritzing 的视图选择

面包板视图是在后续章节中最常使用的视图。在这个视图下，所有电子元器件都以我们在现实生活中所看到的形式展现出来。如图2.7所示是一个 Arduino 通过使用电位器控制 LED 亮度的电路。

图2.7 一个 Fritzing 的示例

从图2.7中可以看出，其中的器件与我们手上所拿的器件非常相似，而且 Arduino 端口排列顺序基本与我们的实际硬件一致。这就使得新手用户在即使不太明确电路原理的情况下，也可以参照面包板视图正确连接电路。而原理图视图对于无电路基础的用户来说就不是这么直观了，如图2.8所示。

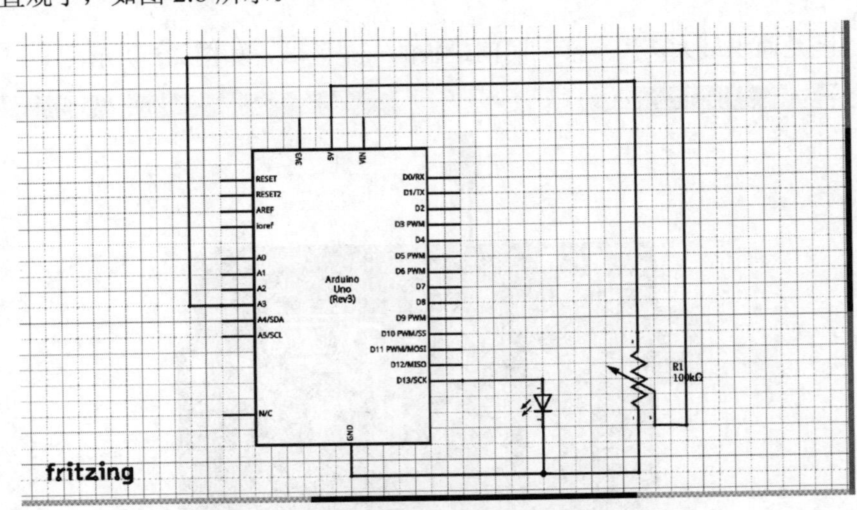

图2.8 原理图视图

将图2.8所示的电路与常见的元器件做比较，会很难将图中长满引脚的大方块与它相对应。但原理图视图对于那些有电路基础的用户来说可能觉得异常亲切，他们可以很容易地将上面的原理图转换为实际的电路。

PCB（Printed Circuit Board，印制电路板），它是重要的电子部件，主要用来在电子元器件之间建立起电气连接。在 PCB 视图中，用户可以将各个元器件按照自己的意愿进行放置和连线，如图 2.9 所示。

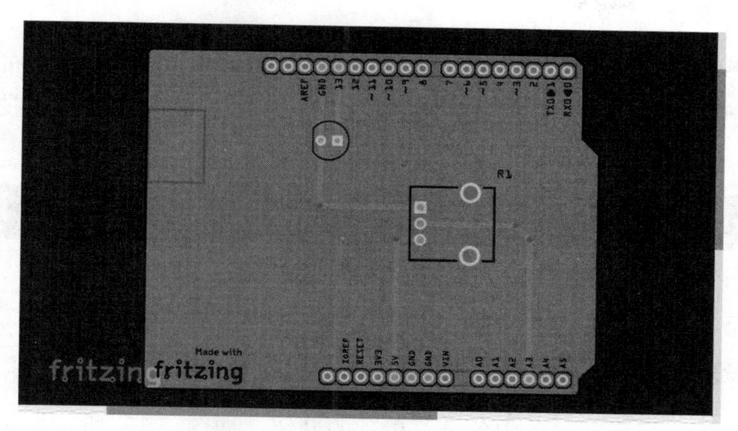

图 2.9　PCB 视图

该视图不同于其他视图的是，这个视图的设计可以直接导出为用于 PCB 制作的文件，将这些文件提供给制造商就可以生产自己的 PCB。

3. 元件栏

元件栏是 Fritzing 第二个频繁使用的栏目。它按照类型将电子元件组织在不同的标签中。用户可以很方便地从中选取合适的元件，如图 2.10 所示。

Fritzing 元件放置方式使用了直观的拖放方式，用户只需要选择期望的元件并将它拖放到主工作区即可。

4. 指示栏

指示栏用于显示电子元器件的属性和一些设置，如图 2.11 所示为常用的电阻的指示栏信息。

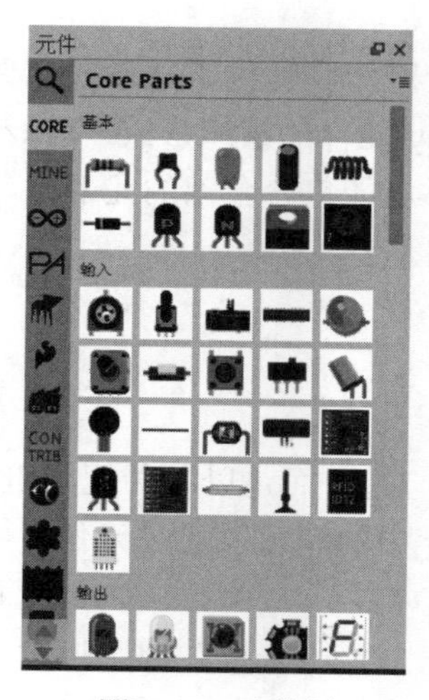

图 2.10　元件栏

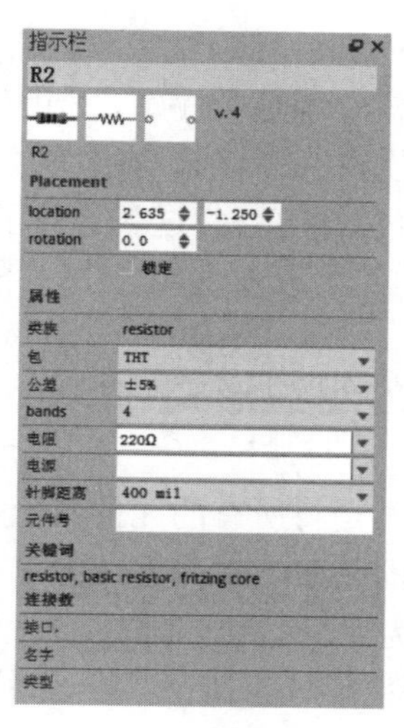

图 2.11　电阻的指示栏

在指示栏中通常会显示元件的名称、视图、位置、属性、关键词和连接数。其中，常用的是属性部分。在这里，可以修改元件的属性，如电阻的大小、精度和封装形式等。

5. 快捷操作栏

快捷操作栏中显示一些对应视图下常用的操作，如旋转、翻转、自动布线和导出 PCB 等功能。不同视图下显示的快捷按钮有所不同，如图 2.12 所示为面包板视图下的快捷操作栏。

图 2.12　面包板视图下的快捷操作栏

6. 提示信息栏

提示信息栏用于显示子菜单中各个菜单项的介绍，如图 2.13 所示为对选择“文件”|“打开…”菜单项的介绍。

打开一个Fritzing设计(.fzz, .fz), 或载入Fritzing元件or load a Fritzing part(.fzpz),或Fritzing元件库(.fzb, .fzbz)

图 2.13　提示信息栏

同时，提示信息栏还提示光标的坐标和当前草图的缩放值，如图 2.14 所示。草图可以通过拉动滑动条上的滑块跳转，也可以单击滑动条两侧的+、–号微调。

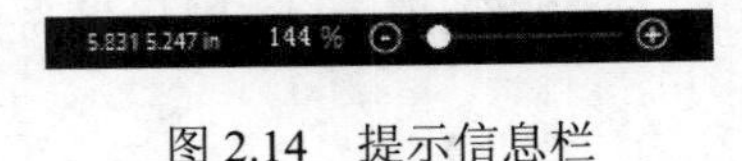

图 2.14　提示信息栏

2.2　Fritzing 的元件库

Fritzing 的核心就是元件库。Fritzing 官方和社区为我提供了大量的元件。所以，元件的组织和分类是势在必行的。本节就会介绍 Fritzing 元件的组织形式。Fritzing 官方以及社区的元器件时时都在更新，这就导致了 Fritzing 不可能包含全部的元器件。本节也会教大家如何导入新的元件以及将库导出，下面就来学习这些内容。

2.2.1　元件的组织形式

Fritzing 并不是将所有的元件都无规律地放在一起，而是以各种规则组织为不同的库。Fritzing 最主要的是 CORE 库和 MINE 库。Fritzing 中的库可以通过元件栏中的标签选择，如图 2.15 所示为库标签的一部分。

其中的放大镜标签实质上是一个特殊的库。它主要用来按关键字搜索元件，然后将搜索的结果作为一个库。CORE 和 MINE 库是按照性质来划分的，如图 2.16 所示是 CORE 库中的部分元件。可以明显地看出这些元件都是一些基本的和通用的元件。其他的库通常是按照系列或者制造商来分类的，如图 2.17 所示是 Arduino 库中的元件，可以看出该库是以系列来分类的，它们都是 Arduino 系列的。

图 2.15　Fritzing 的库标签

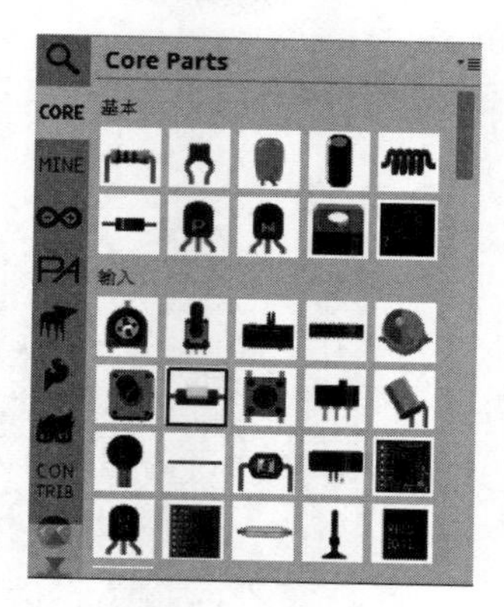

图 2.16　CORE 库

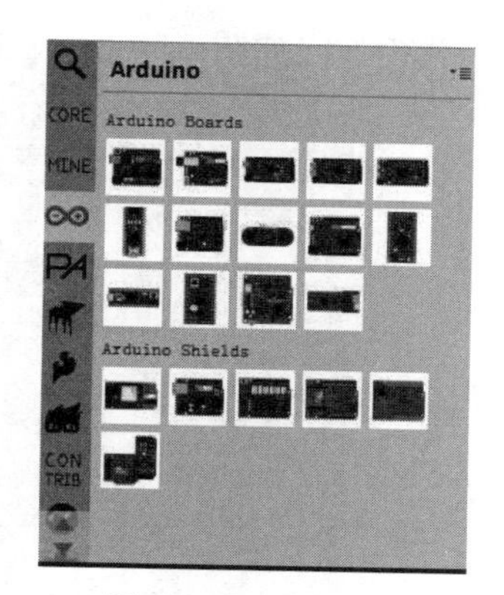

图 2.17　Arduino 库

2.2.2　导入元件库

得益于开源和开放的优势，Fritzing 的元件增加和更新的速度还是比迅速的。而 Fritzing 每个版本又不可能包含所有的元件，并且包含太多元器件也会造成软件相应缓慢。那么，在后期势必需要有方法来更新或者添加元件，Fritzing 提供了导入功能来实现。

1. 下载元件库

Fritzing 可以导入的文件类型一般是以 fzpz、fzb 或者 fzbz 为后缀的，这是 Fritzing 的格式。Fritzing 官方和社区都在不断地更新和添加元件库，下面的两个网址提供了一些比较常用的元件库：

- https://code.google.com/p/fritzing/issues/detail?id=2753；
- https://code.google.com/p/fritzing/issues/detail?id=875。

当然，还可以从其他途径找到元件库，这里就不一一列举。

2. 导入元件库

在 Fritzing 的菜单栏中并没有提供导入元件库的选项，导入元件库需要单击元件栏中的，就会弹出如图 2.18 所示的菜单。

选择其中的“导入...”命令就会打开一个浏览窗口。在浏览窗口中，选择要导入的元件库文件即可。在 Windows 操作系统下还有一种导入的方法，就是直接双击打开元件库文件，系统会自动使用 Fritzing 打开这个库文件，但是这要求已经将后缀与程序做了关联。

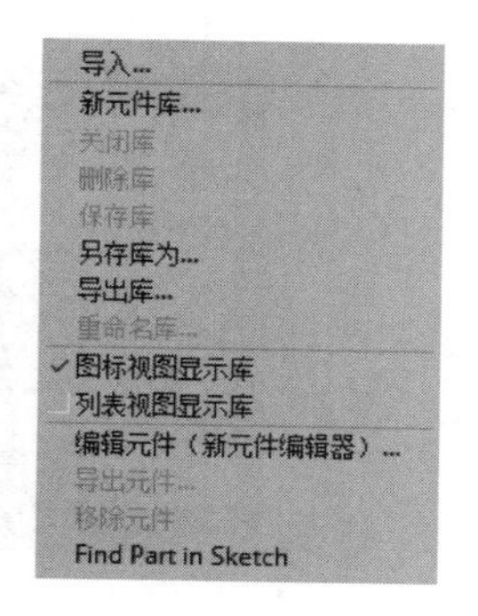

图 2.18　元件栏子菜单

2.2.3　导出元件库

导出元件库是与导入元件库对应的。在互联网下载到的库文件是别人导出的元件库，而我们自己制作的库（制作方法见 2.3 节）也可以导出后分享给他人。如图 2.19 所示为一些自制的元件。

同导出元件库类似，首先单击导航标签将要导出的元件库作为当前库，然后单击元件栏中的▪，就会弹出如图 2.20 所示的菜单。

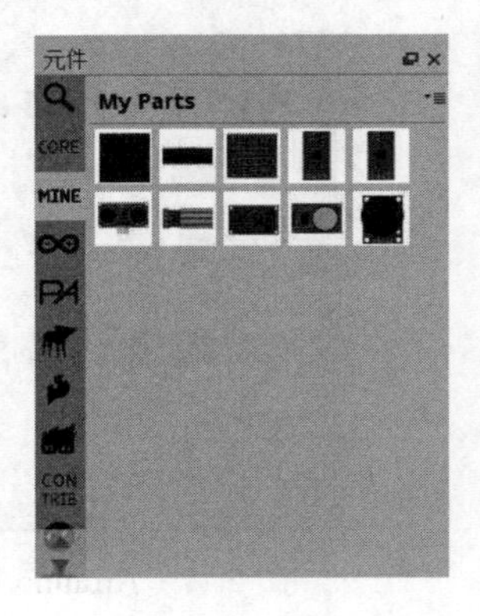

图 2.19　一些自制元件

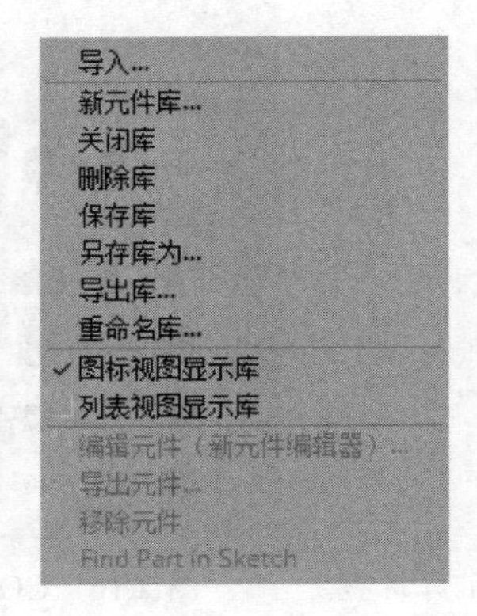

图 2.20　弹出菜单

在弹出菜单中，“另存库为...”和“导出库...”命令都可以将库导出。它们的不同之处在于，“导出库...”会将库进行压缩后保存，这样更有利于在互联网上传播。在选择其中一个命令后，就会弹出一个导航窗口。它可以帮我们将导出的库保存到指定的位置。

2.3　编 辑 元 件

在使用 Fritzing 的过程中，并不是所有的元件都与我们手上的相对应。虽然电路模块也是由基本元件组合构成的，我们完全可以在面包板上实现。如图 2.21 所示为一个 4*4 的按钮矩阵在面包板上的实现。

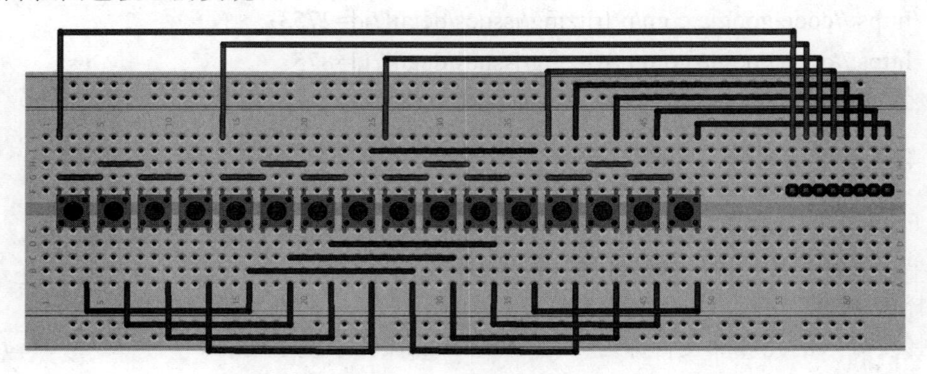

图 2.21　在面包板上实现的按钮矩阵

当然，也可以画成和实际模块类似的布局，如图 2.22 所示。

但是，我们的设计应该不会比如图 2.23 所示的形式更好。图 2.23 所示的元件在目前的 Fritzing 中是不包含的，而且在互联网上也很难找到。那么为了使我们的设计更加符合 Fritzing 的理念，最好的选择就是自己动手来做一个。

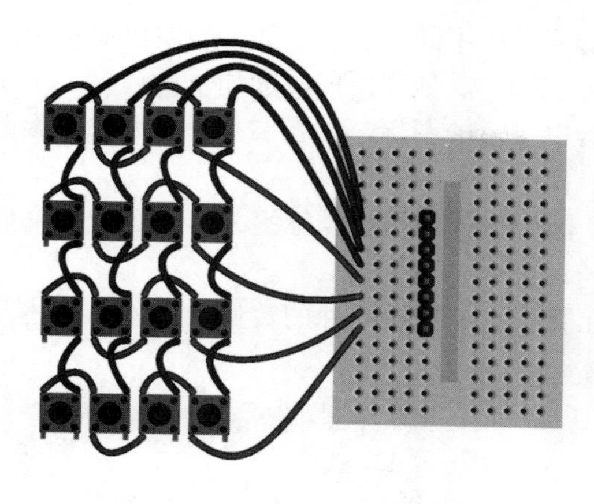

图 2.22　一种更佳的设计

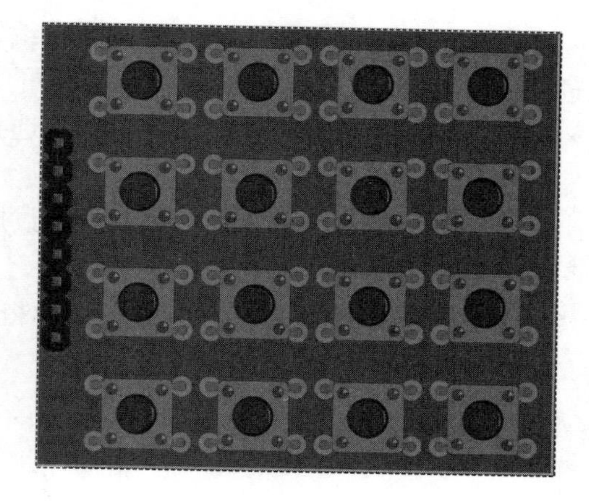

图 2.23　最好的 4*4 按钮实现

在 2.1.2 节中我们曾介绍过 Fritzing 共有 3 个视图：面包板视图、原理图视图和 PCB 视图。所以一个完整的元件需要拥有这 3 种视图（有些不是必须要 3 个视图，例如面包板只有一个视图），下面就来介绍怎样创建一个 4*4 的按钮矩阵。

2.3.1　Fritzing 的元件编辑器

在当前版本中（0.8.7），Fritzing 规定了不可以从头开始制作一个元件，所以打开元件编辑器需要以一个元件为基础。下面以按钮为基础来总体介绍一下 Fritzing 的元件编辑器。在一个元件上单击右键就会弹出如图 2.24 所示的菜单。

图 2.24　弹出菜单

选择其中的“编辑（新元件编辑器）”命令，即可打开以选中元件为基础的元件编辑器，如图 2.25 所示。

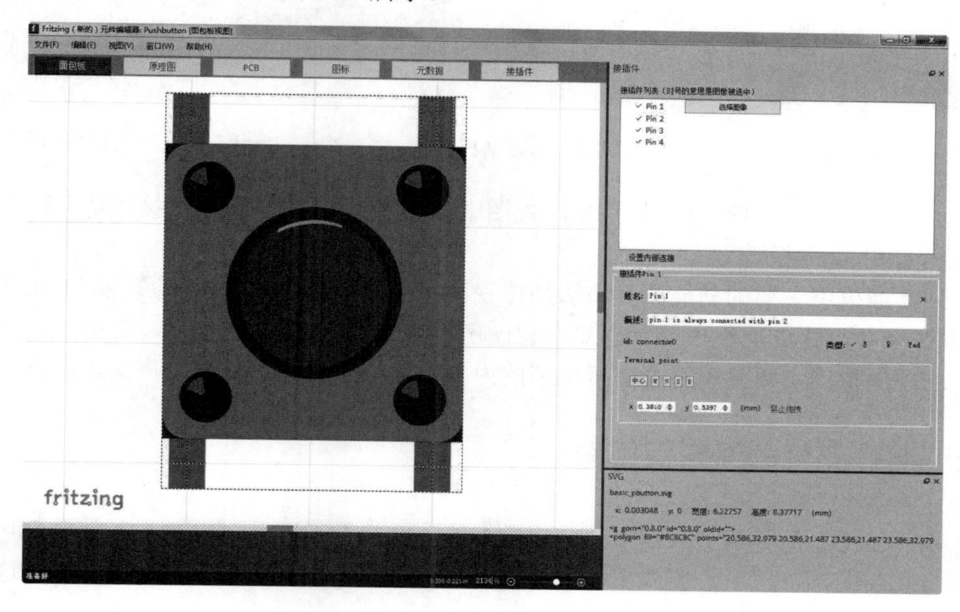

图 2.25　元件编辑器

从图2.25中可以看出Fritzing的元件编辑器有6种不同的视图，其中的面包板视图、原理图和PCB视图分别对应于Fritzing中的各个视图，其他视图的功能如下所述。

- 图标视图：用来编辑元件在器件选择器中显示的图标，如图2.26中所示的器件图标；
- 元数据视图：用来编辑器件的元数据，例如器件的描述、标签、作者等信息，如图2.27所示；
- 接插件视图：用来展示接插件元件的元数据，例如接插件的数量、名称、描述及ID信息，如图2.28所示。

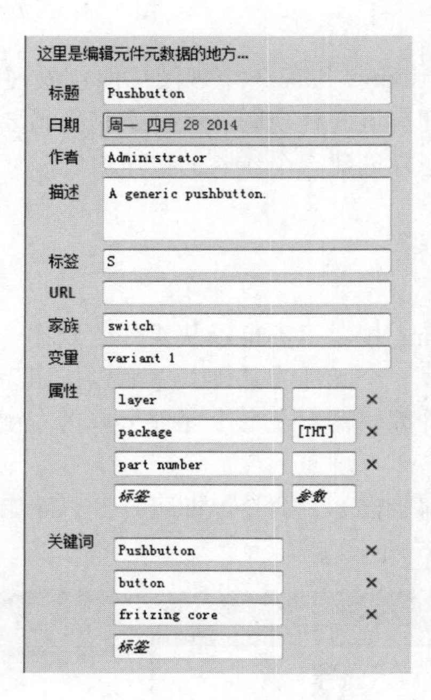

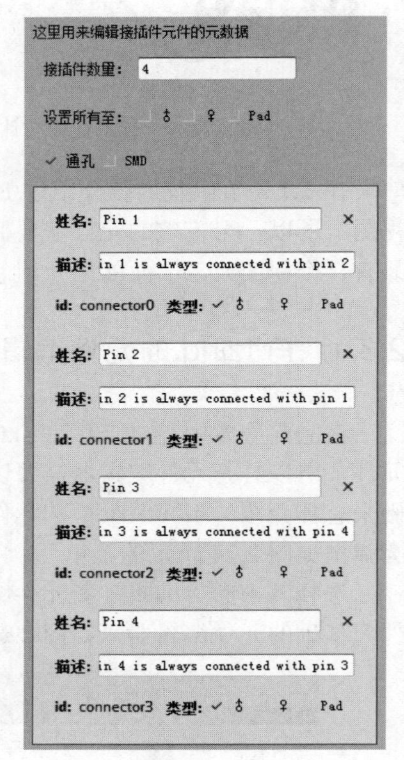

图2.26　一些图标示例　　图2.27　元数据视图　　图2.28　接插件视图

在面包板视图、原理图视图和PCB视图中，还有如图2.29所示的接插件面板和如图2.30所示的SVG面板。

接插件面板中主要的功能就是将接插件视图中的接插件与面包板、原理图和PCB中的针脚相关联；在SVG面板中显示有对应视图所使用的SVG图片的信息，例如坐标和大小信息。这些面板的实际使用将会在接下来的内容中详细介绍，这里就不再深入讨论。

2.3.2　制作元件的面包板视图

面包板视图一般是Fritzing用户使用最多的一个视图。因此可以说，元件的面包板视图是最为重要的，甚至只需要做出面包板视图就可以画出我们所期望的电路（但是这种不完整的元件最好先不要发布到互联网上）。

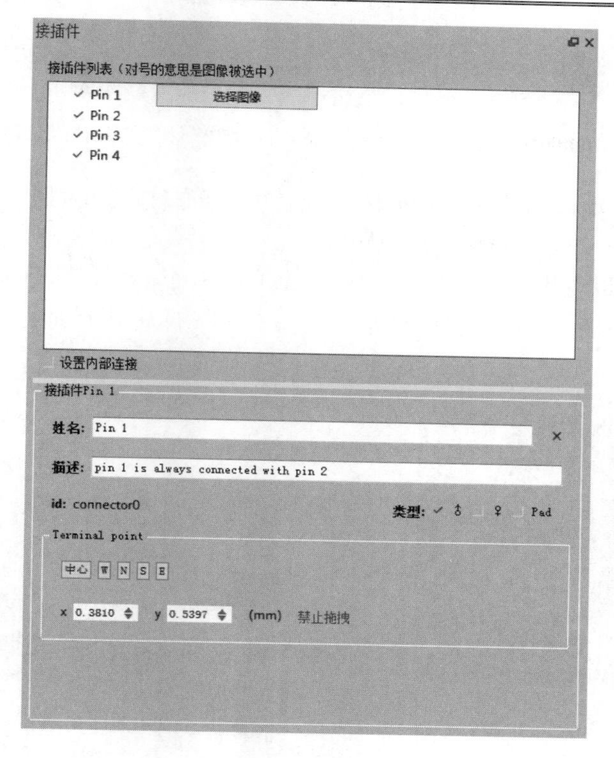

图 2.29　接插件面板

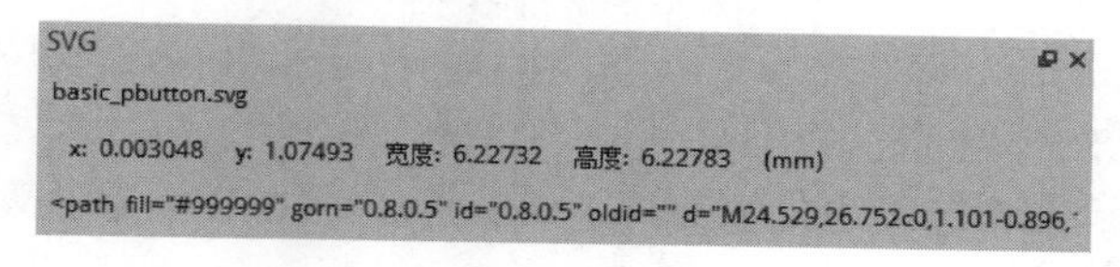

图 2.30　SVG 面板

在本书写作之时，Fritzing 还不能完全独立地制作一个元件（Fritzing 官方会在后续版本中实现），它还需要一个 SVG 编辑器协同工作。那么在开始之前，读者应该准备好一个 SVG 编辑器。常见的有 Inkscape、Illustrator 或者 CorelDRAW。读者可以选择一个最熟悉的来使用（由于只会用到 SVG 编辑器最基本的功能，所以如何选择都无太大差别）。

1. 选择一个类似的元件

当前版本的 Fritzing 并不支持完全从零开始制作一个元件，而是需要以一个元件为基础来制作。所以，官方推荐的做法是尽量选择一个接近的元件。例如，想要制作一个 24 脚的 IC，那么应该考虑以一个 8 脚的 IC 为基础，而不是以一个按钮为基础。当然这样也可以做出很好的元件，但是会耗费较多的精力。

2. 编辑SVG文件

SVG（Scalable Vector Graphics，缩放矢量图形），是由 W3C 联盟开发的一种基于 XML 的图像文件格式。SVG 图像在放大和改变尺寸的情况下不会损失图形质量。由于它是基于 XML 的，所以它的所有组成部分可以被单独编辑，这对于我们下面的学习是非常有帮助的。如图 2.31 所示的按钮其实由如图 2.32 所示的部件组成的。

图 2.31　Fritzing 中的按钮

图 2.32　按钮的实际组成部分

那么我们可以把期望的元件进行分组，或者可以直接按照我们手中的元件将它分组，如图 2.33 所示就是一个实际的 4*4 按钮矩阵。

从图 2.33 中可以看出，整个按钮矩阵可以分为 3 个部分，即下面的印刷电路板、16 个按钮和一个 8 针的插头，而这些元件都可以在 CORE 库中找到对应的或者类似的，如图 2.34 所示。

图 2.33　实际的 4*4 按钮矩阵

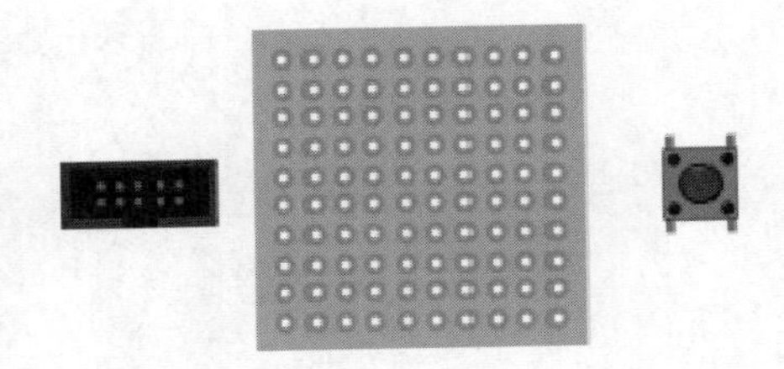

图 2.34　CORE 库中直接可获得的元件

从图 2.34 可以看出，第一个插座不符合我们的需求。其实只要大方向对了，细节就容易改了，这里就需要指示栏发挥作用了，如图 2.35 所示为原始的指示栏信息。

在如图 2.35 所示的信息中，我们只关心“组成”和“针脚”这两栏信息，将“组成”信息修改为 long pad、将“针脚”信息修改为 8 之后，就可以看到插座变成了如图 2.36 所示的形态。

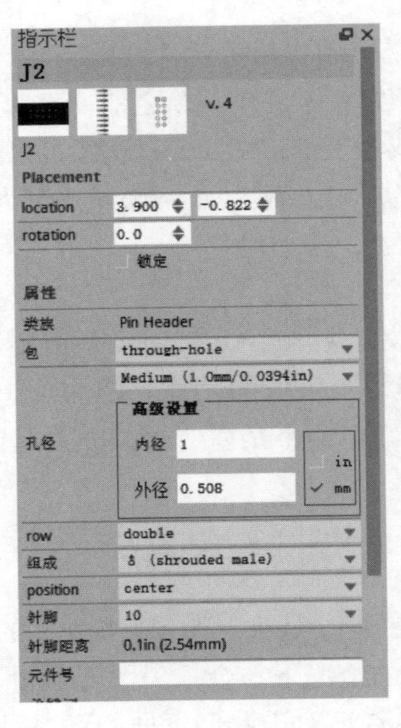

图 2.35　针型插座的原始信息

图 2.36　修改属性后的插座

在材料找齐之后，就可以将这些材料组合为期望的元件了，这其中还有两种选择：

- 第一种方式是在 Fritzing 中做好大部分工作，然后在 SVG 编辑器中稍做修改即可。那么，在 Fritzing 中就应该设计到如图 2.37 所示的程度；
- 第二种方式是在 Fritzing 中做小部分的工作，然后在 SVG 编辑器中做大部分的工作。那么，在 Fritzing 中只需要将基本的元件放好即可，如图 2.38 所示。

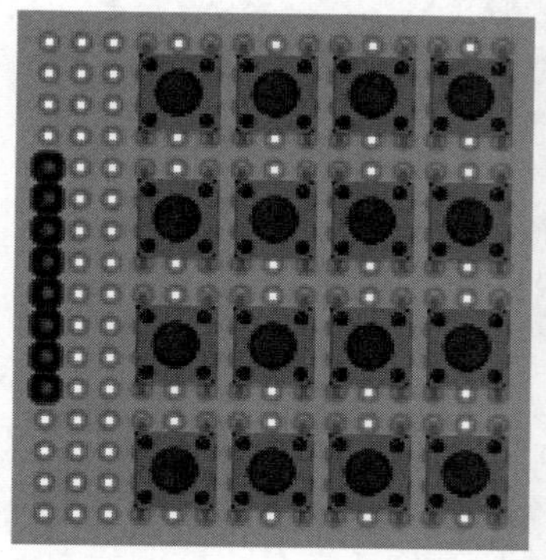

图 2.37　Fritzing 中完成的工作

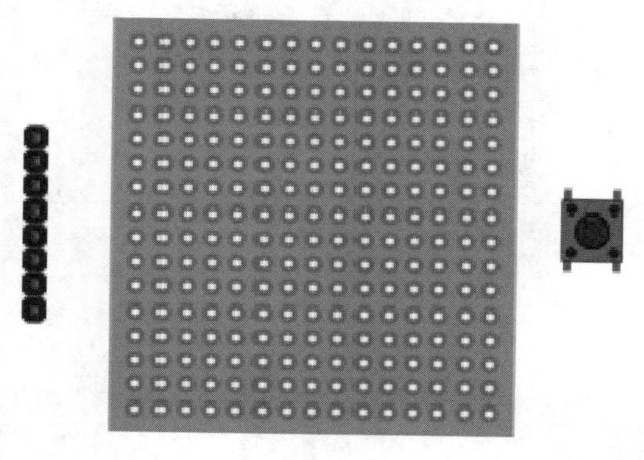

图 2.38　Fritzing 中完成的工作

提示： 穿孔板的大小可以在 Fritzing 指示栏中的“大小”项中调整，这里使用的大小为 15*16。

在实际操作中，推荐使用第一种方式。如果读者对 SVG 编辑器更加熟练，则使用第二种方法更加方便。

在 Fritzing 中完成以上操作后，将当前设计导出为 SVG 格式，如图 2.39 所示。

接下来在 SVG 编辑器中打开 SVG 文件，其中最难处理的是穿孔板，处理后的结果应该如图 2.40 所示。

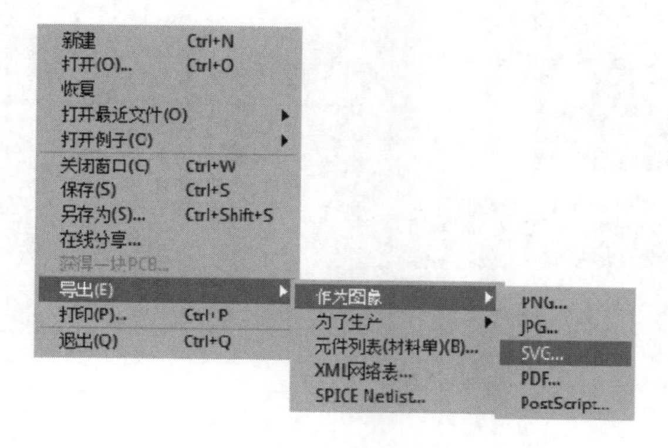

图 2.39　导出为 SVG 格式

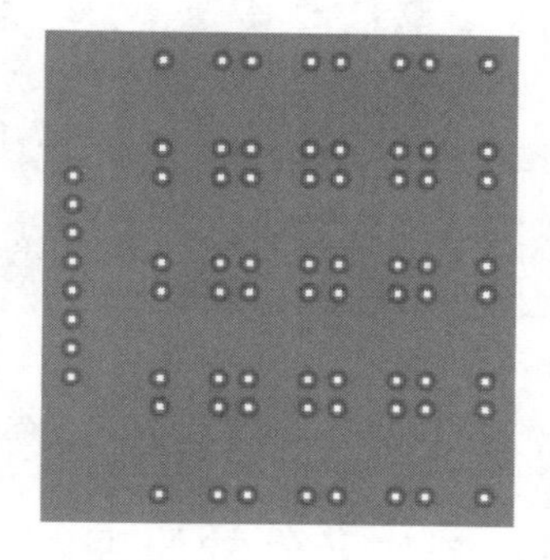

图 2.40　处理后的穿孔板

在处理完成后，将所有部件进行组合，就成了如图 2.41 所示的最终图。

如果还想要更加接近图 2.33 中所示的实际电路板，可以将每个按钮标出对应的名称，如图 2.42 所示。

3. 导入SVG文件

在 SVG 文件制作完成后，就可以通过“文件”菜单中的“在视图中载入图像...”命令，将它导入到元件编辑器中的面包板视图了。导入后的结果如图 2.43 所示。至此，元件面包板视图的制作就全部完成了。

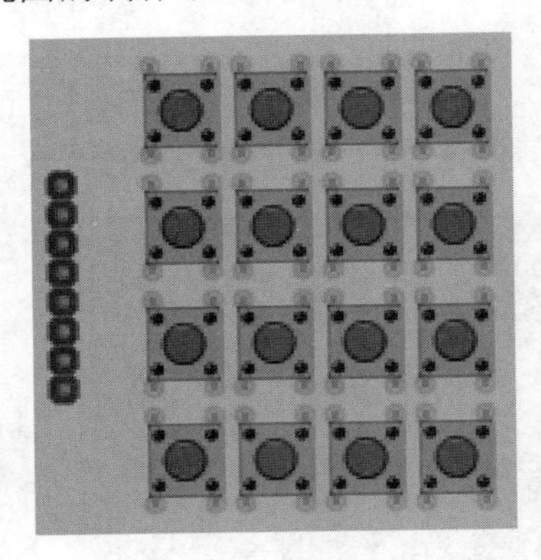

图 2.41　最终面包板视图

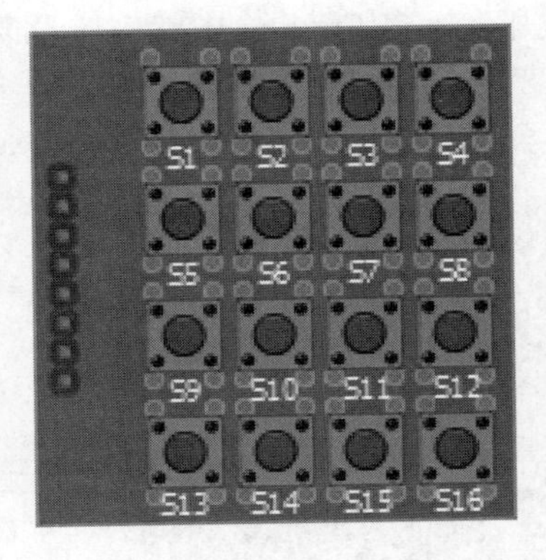

图 2.42　稍加修饰后的效果图

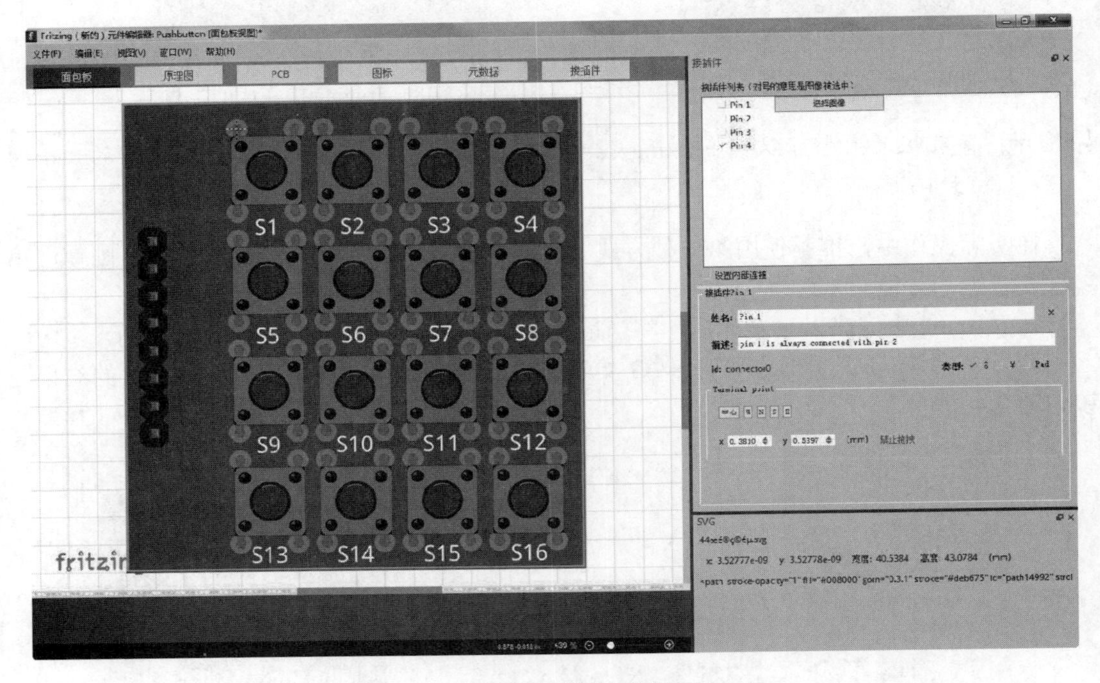

图 2.43　导入的面包板视图

2.3.3　制作元件的原理图视图

原理图视图相对于面包板视图来说制作方法就容易多了。由于我们制作的 4*4 按钮矩阵使用的都是 CORE 库中的元件，它们都有对应的原理图视图，所以我们只需要在原理图视图中把这些元件按照实现原理连接即可。如图 2.44 所示为在 Fritzing 原理图视图中实现的 4*4 按钮矩阵。

当然，也可以在 SVG 编辑器中自己画一幅原理图出来，建议尽量使用电气标准符号。如图 2.45 所示是一个使用 SVG 编辑器绘制的 4*4 按钮矩阵原理图。

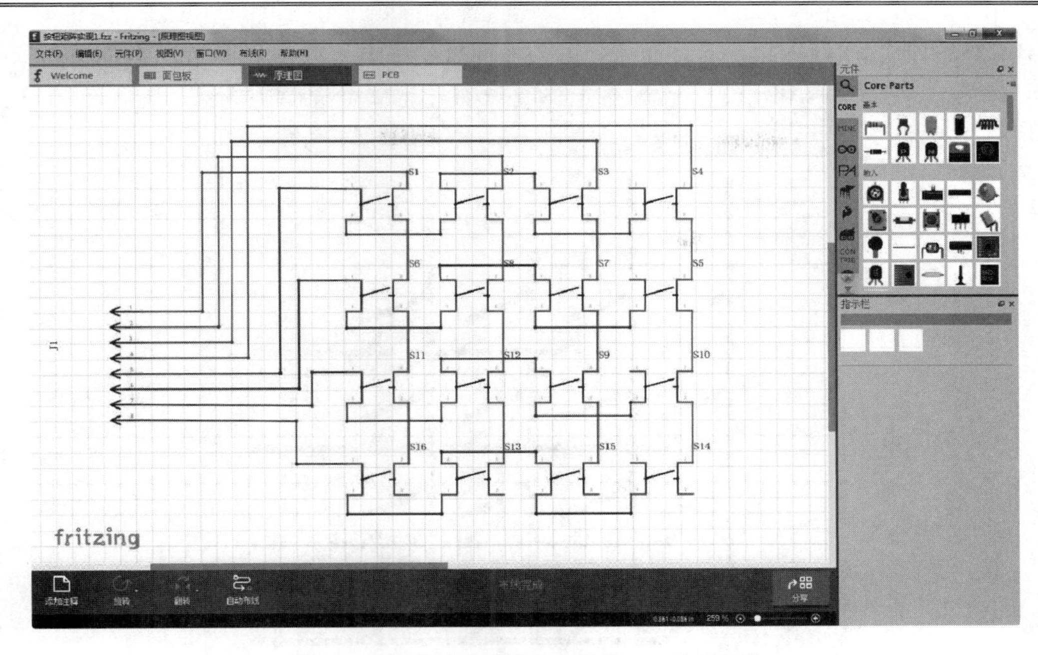

图 2.44　在原理图视图中实现的 4*4 按钮矩阵

电气原理图的实质是对实际的元件进行了抽象，所以我们甚至可以模仿 IC 的电气符号来绘制 4*4 按钮矩阵的原理图，如图 2.46 所示。

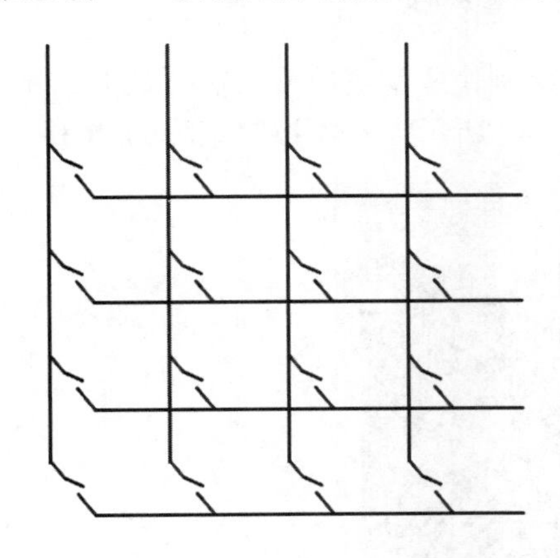

图 2.45　使用 SVG 编辑器绘制的原理图

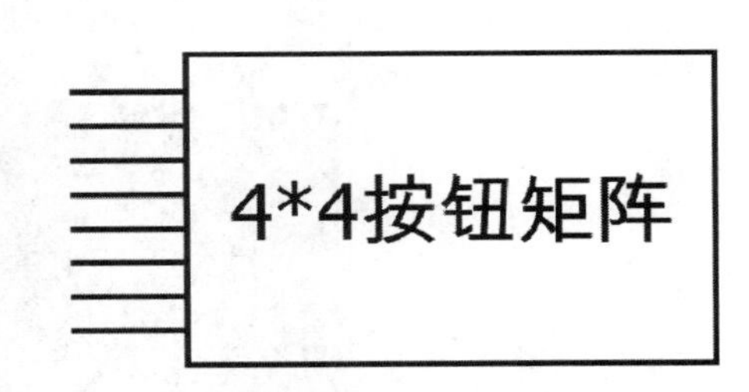

图 2.46　原理图的进一步抽象

在确定好要使用的原理图后，如果是在 Fritzing 中绘制的，那么将它导出为 SVG 格式（方法参考图 2.29）；如果是在 SVG 编辑器中绘制的，那么将它保存为 SVG 格式，然后在元件编辑器中的原理图视图中通过选择“文件”菜单中的“在视图中载入图像…”命令导入指定的文件即可，完成后的结果如图 2.47 所示。

2.3.4　制作元件的 PCB 视图

PCB 视图实现的过程基本上与原理图视图的实现过程一致，既可以使用在 Fritzing 中设计好的 PCB，也可以完全使用 SVG 编辑器来完成。推荐的做法是使用 Fritzing 中设计的

PCB，然后使用 SVG 编辑器进行微调，因为这样可以避免去查阅 PCB 相关的规范。

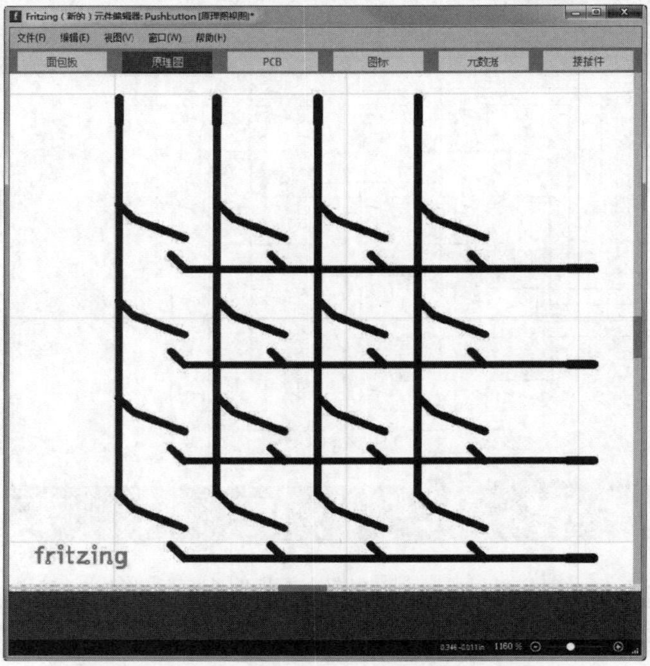

图 2.47　完成后的新元件原理图视图

4*4 按钮的 PCB 只是一个 8 脚的插头而已，因此制作非常简单，只需要从 Fritzing 中导出 8 脚插头，然后导入到元件编辑器即可。如图 2.48 所示为 4*4 按钮矩阵的 PCB。

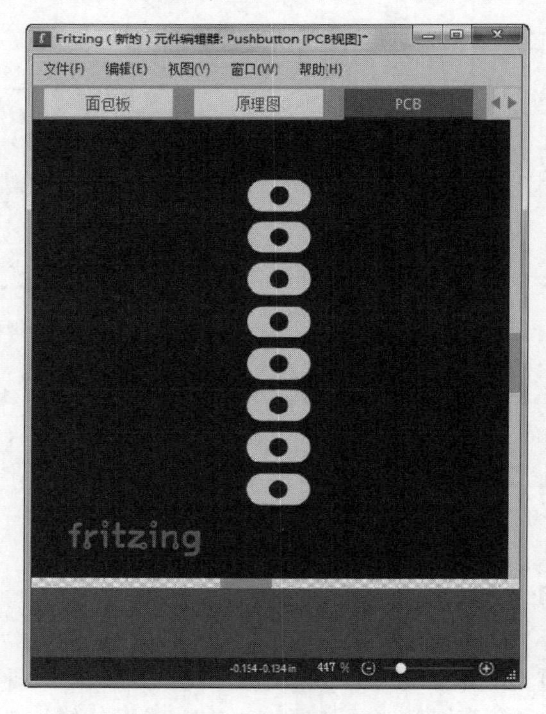

图 2.48　Fritzing 中设计的 4*4 按钮 PCB

当然，在这里由于可以直接使用 Fritzing 中 8 脚插座的 PCB，所以并不需要使用到 SVG 编辑器，但是在大多数情况下并没有合适的视图可供使用，在这种情况下就需要使用 SVG 编辑器进行修改了。

2.3.5　元件编辑器的图标和元数据视图

元件编辑器的图标视图和元数据视图并不需要其他的辅助工具，而且它们也非常容易理解和实现。

1. 图标视图

图标视图用来编辑元件在元件选择器中显示的图标，通常情况下它是与面包板视图相同的，而且在元件编辑器中也提供了对应的选项，如图 2.49 所示。

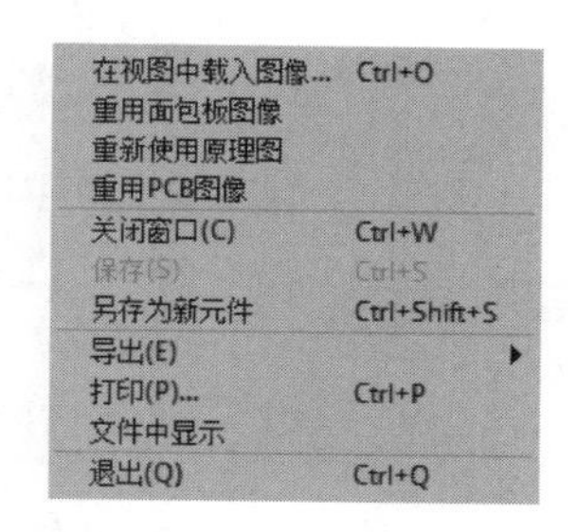

图 2.49　图标数据视图选项

从图中可以看出，图标数据视图比其他视图多了“重用面包板图像”和“重用 PCB 图像”等命令。通常使用的是“重用面包板图像”命令，选择该命令后面包板视图中的图像就在图标视图中重用，如图 2.50 所示。

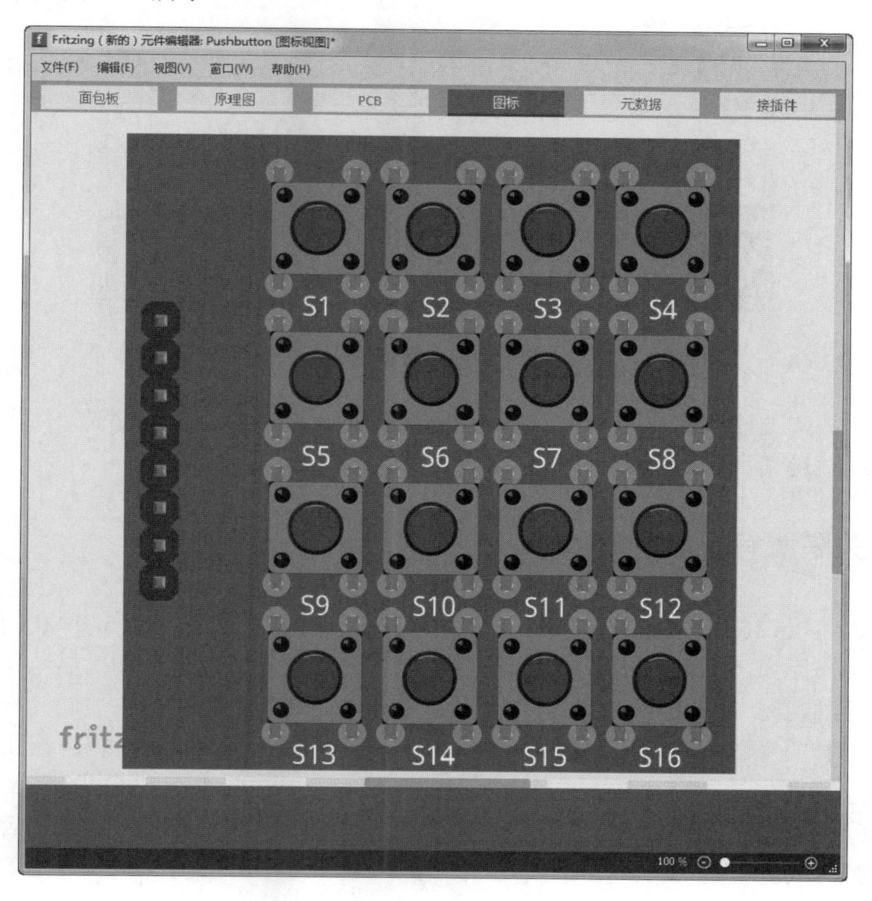

图 2.50　图标视图

2. 元数据视图

元数据视图用来编辑元件的元数据，如标题、日期和作者等信息，如图 2.51 所示。

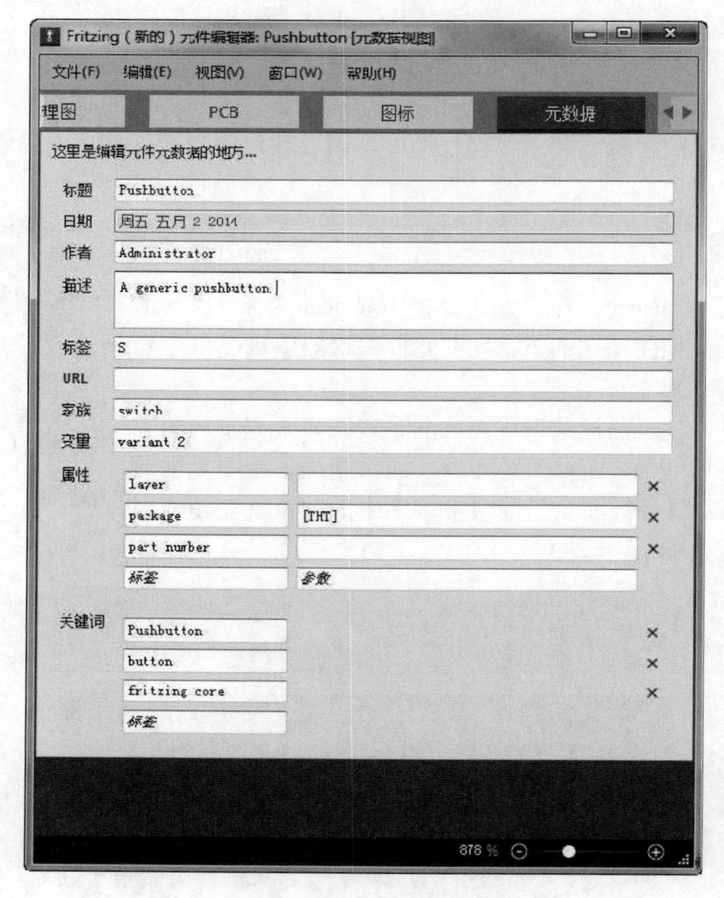

图 2.51　元数据视图

其中主要需要修改的地方是“关键词”选项，这个选项主要用于设置元件搜索时的关键词，好的关键词可以使用户更容易找到想要的元件。

2.3.6　关联所有视图的针脚

做好面包板、原理图和 PCB 视图只是完成了整个制作过程的一部分，现在的元件还不能正常使用，因为 Fritzing 并不知道元件哪里可以进行连接，即使针脚明显地摆在那里。这就需要各种视图与 Fritzing 之间做一些关联，这就是本节的目的。在关联针脚之前，首先要指定针脚的个数，它需要在接插件视图中指定。如图 2.52 所示是基本按钮的接插件视图。

我们当前制作的元件有 8 个针脚，所以需要将“接插件数量”改为 8，然后在各个视图中的接插件列表（该列表只在面包板、原理图和 PCB 视图中可见）中就列出了对应个数的接插件，如图 2.53 所示。

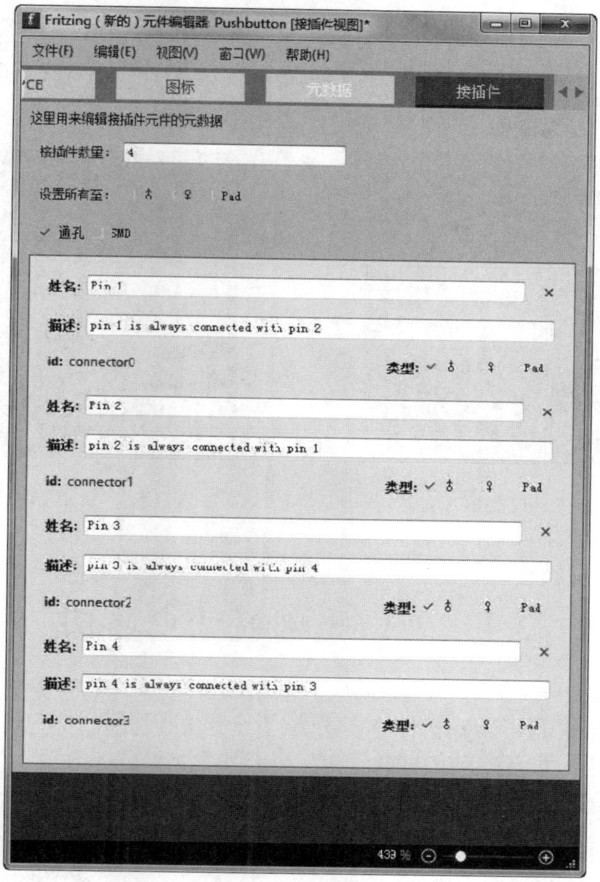

图 2.52　接插件视图

关联方式就非常简单了，只需要单击接插件列表中针脚后的“选择图像”按钮，然后在对应视图中选择对应的图像即可。在关联接插件之后，接插件列表中的针脚名前面就会出现对号（√），而视图中被选择的图像上会出现十字虚线，如图 2.54 所述。

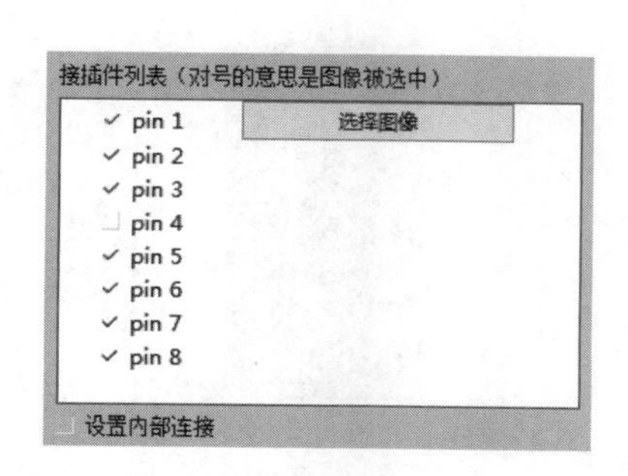

图 2.53　接插件列表

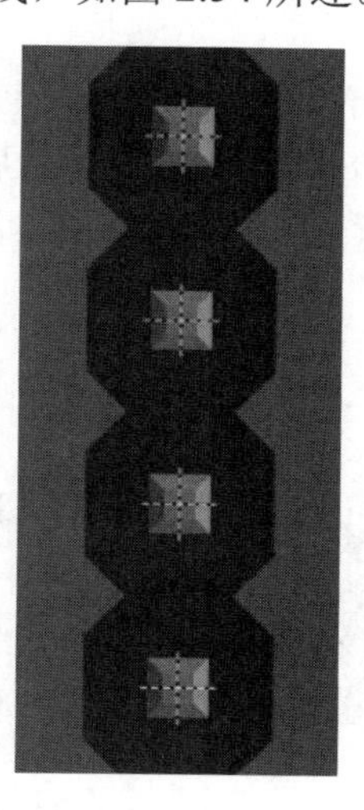

图 2.54　关联后的针脚

在关联针脚的过程中，如果多个对象重叠在一起，那么就需要按 Shift 键后上下滑动鼠标在不同的层之间选择，如图 2.55 所示是选择了针脚图像的中心，而图 2.56 所示则选择了整个针脚。

图 2.55　只关联中心

图 2.56　关联整个针脚

2.4　画出手电筒的电路图

上面的内容只是将 Fritzing 软件本身介绍了一遍，但是还未正式画出一个电路图，本节就介绍如何绘制一个手电筒的电路图。

手电筒的电路在初中物理课中就介绍过，它算是我们人生中接触的第一个电路。在 Fritzing 中设计一个电路大致可以分为两步，即选择元件和连接元件。

1. 选择元件

手电筒主要由 3 个基本部件组成：电池、拨动开关和灯泡（现在多为 LED）。在 Fritzing 中对应的元件如图 2.57 所示。

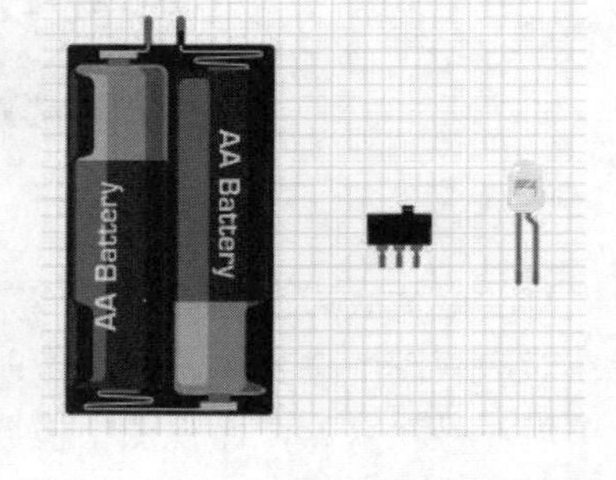

图 2.57　Fritzing 中对应的基础元件

在选择好元件后为了方便连接，通常会将元件进行摆放，如图 2.58 所示为重新摆放后的元件。

当然，为了更容易扩展电路，可以将这些元件放在面包板上，如图 2.59 所示。

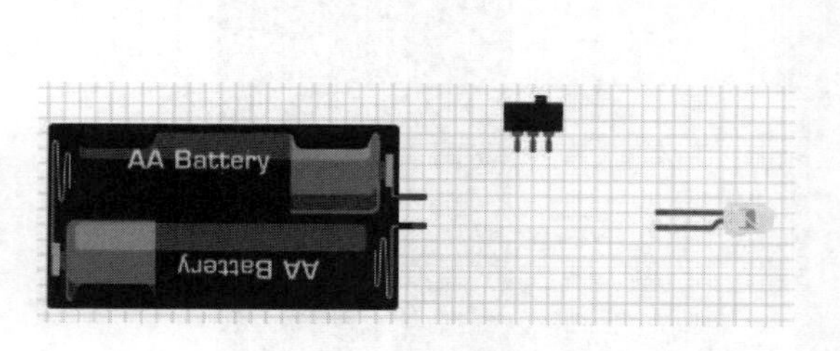

图 2.58　重新摆放后的元件

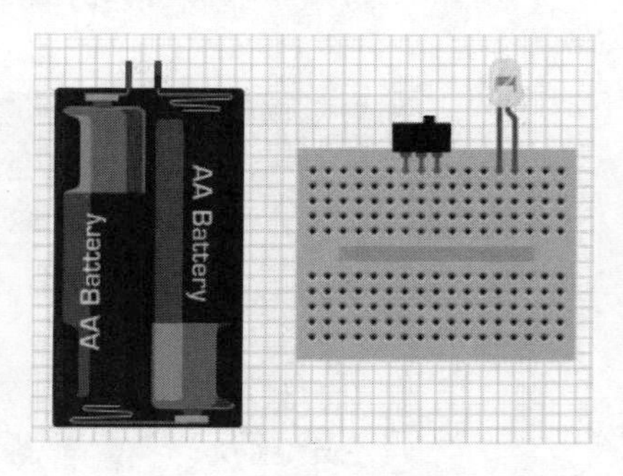

图 2.59　基于面包板的设计

2. 连接电路

电路连接其实只要逻辑正确就不算错，但是通过适当修改可以使得电路更加易读（特别是复杂的电路）。如图 2.60 所示就是一个不错的设计，但它相对图 2.61 所示的稍加修改后的实现就相形见绌了。

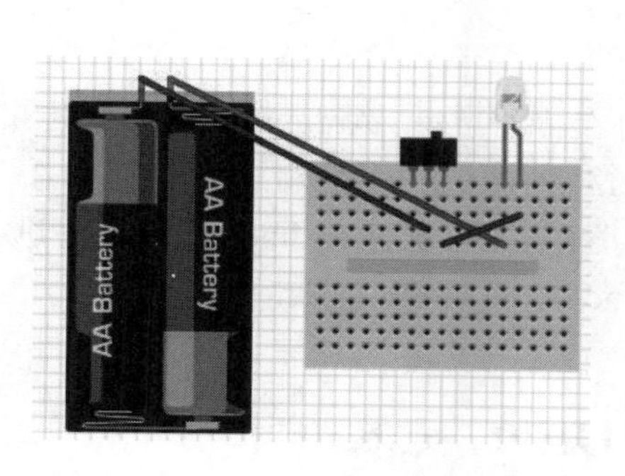

图 2.60　不为错的设计

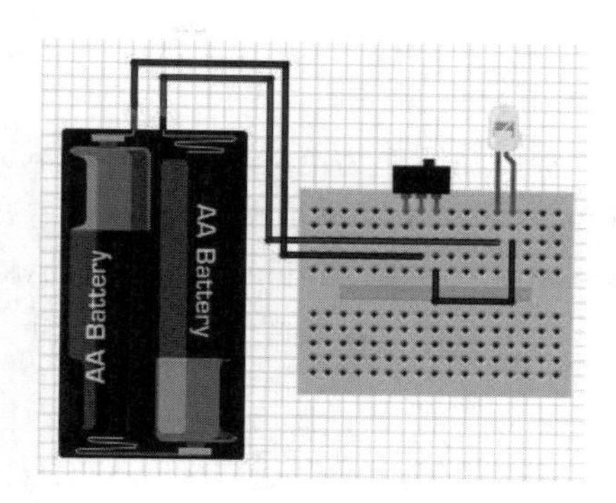

图 2.61　较好的设计

在 Fritzing 的作品中，或许大家还看到过使用曲线连接的电路，如果想将直线改为曲线，只需要在按 Ctrl 键的情况下拖动连线即可。如图 2.62 所示是使用曲线连接的效果。

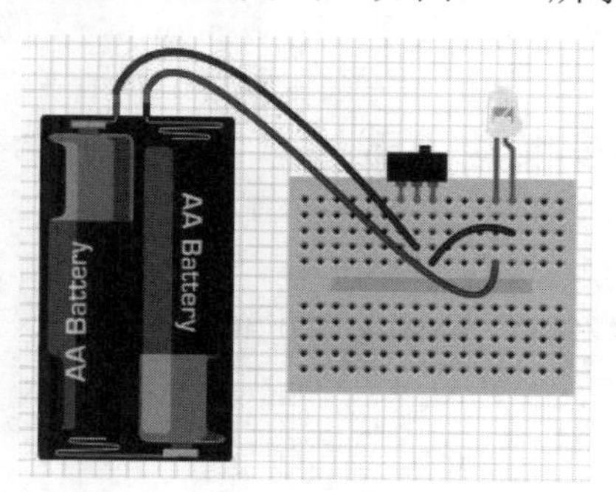

图 2.62　使用曲线连接的电路

使用曲线连接的优点是看起来更加圆润一些，但是在连接一些复杂电路的时候通常没有折线更显得直观，这就需要读者自行取舍了。

第 3 章　Arduino IDE 的安装与使用

本章主要介绍作为 Arduino 使用必不可少的工具之一——Arduino IDE 的安装和使用。为了避免用户在开发环境的安装过程中出现的种种问题，下面将详细地介绍在常用的 Windows 系统下安装 Arduino IDE 以及 Arduino 驱动，之后还对 Arduino 示例程序进行运行和分析。在本章的最后还推荐了一个基于 Arduino 的高级 IDE 以供读者使用。

3.1　Arduino IDE 的安装

Arduino IDE 是 Arduino 官方提供的集成开发环境，可以很方便地为 Arduino 开发板编写程序。本节就详细地介绍了这款 IDE 的下载及安装方式。由于 Arduino 在 Windows 操作系统下的安装过程都类似，因此这里只介绍在 Windows 7 下的安装过程。

3.1.1　Arduino IDE 的安装包下载

Arduino IDE 的安装包可以从 Arduino 官网下载，官网网址为：http://arduino.cc/en/Main/Software。在编写本书时，Arduino IDE 的最新稳定版本是 1.0.5，读者可以下载最新版本来使用。官网分别提供了 Windows、Mac OS X、Linux 三大系统的安装包，如图 3.1 所示。

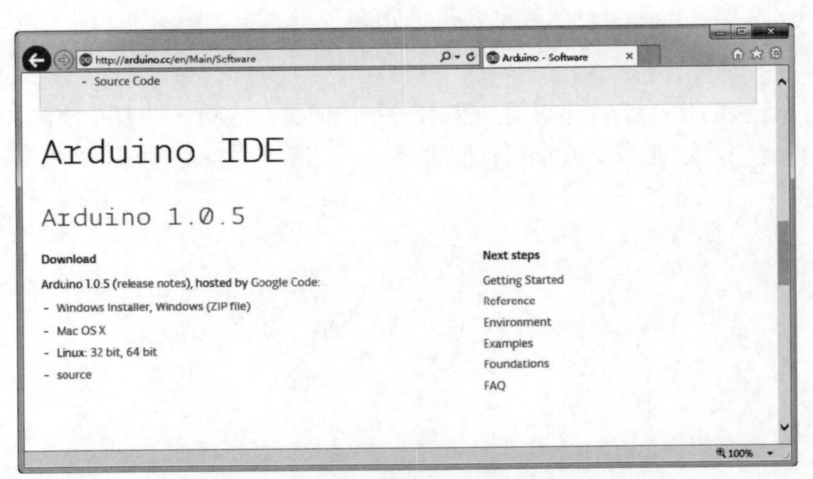

图 3.1　Arduino IDE 下载页面

这里我们将介绍 Windows 操作系统下的安装，所以读者可以下载对应于 Windows 操作系统的版本。下载的文件名为 arduino-1.0.5-windows.zip 或者 arduino-1.0.5-windows.exe。

3.1.2　使用二进制安装包安装 Arduino IDE

Arduino IDE 的二进制安装包应该是以 .exe 为后缀的文件。这里以在 3.1.1 节中下载的名为 arduino-1.0.5-windows.exe 的二进制文件进行演示安装。首先，双击该文件后会出现如图 3.2 所示的界面。

该界面要求读者阅读相关的许可文件，如果用户同意相关的许可，需要单击右下角的 I Agree 按钮来进行下一步的安装。出现的界面如图 3.3 所示。

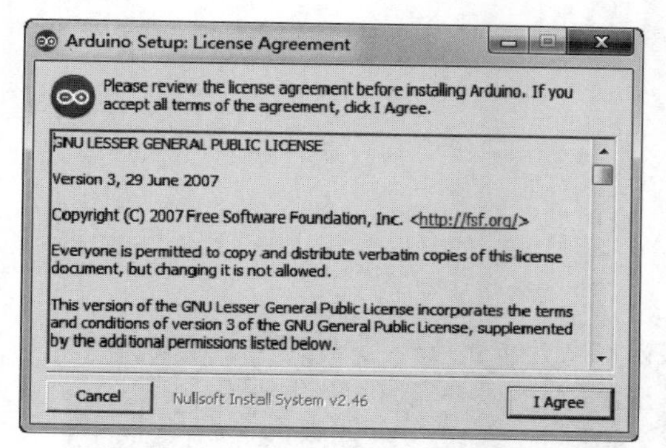

图 3.2　Arduino IDE 安装第一步

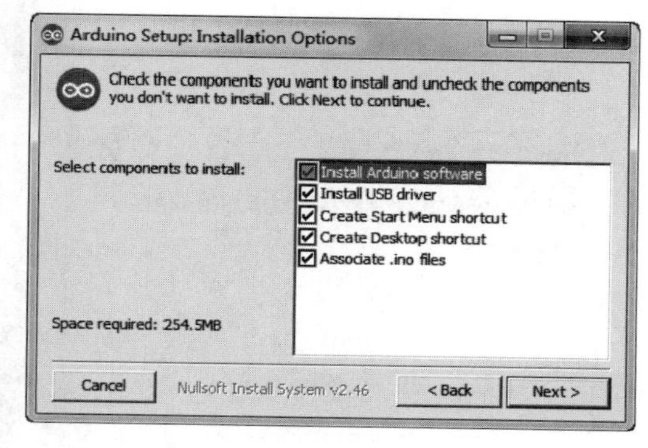

图 3.3　Arduino IDE 安装第二步

该界面要求用户选择要安装的组件。其选项含义如下：

- 安装 Arduino 软件（该项为必选项）；
- 安装 USB 驱动（该项可选）；
- 在开始菜单中创建快捷方式（该项可选）；
- 在桌面创建快捷方式（该项可选）；
- 关联.ino 文件（该项可选）。

用户可以根据自己的需要进行选择，然后单击右下角的 Next >按钮进行下一步的安装。出现的界面如图 3.4 所示。

该界面要求用户选择 Arduino IDE 安装的路径，用户可以根据自己的需求更改。在所有配置确认无误后就可以单击右下角的 Install 按钮开始安装。在安装接近尾声的时候会出现驱动安装提示界面，如图 3.5 所示。

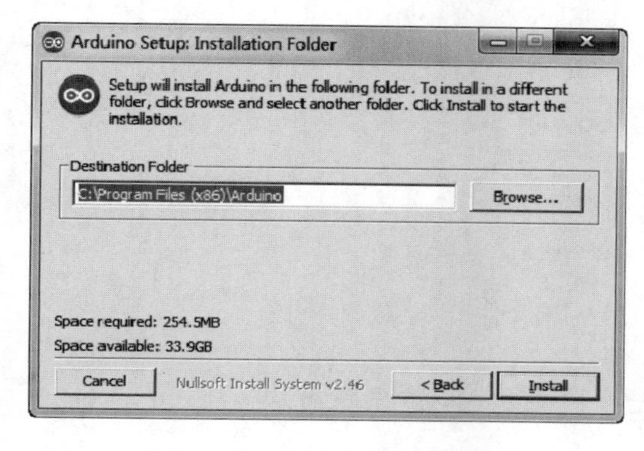

图 3.4　Arduino IDE 安装第三步

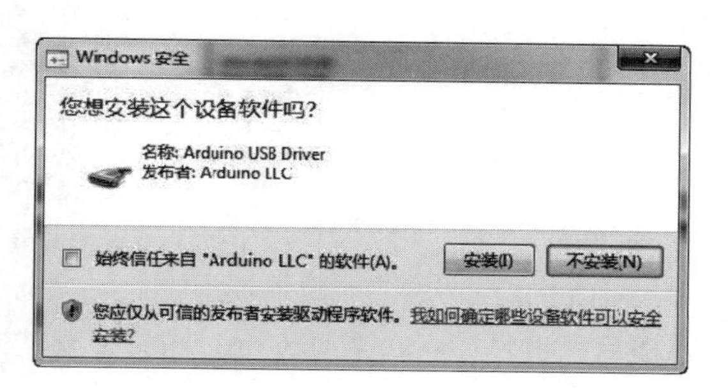

图 3.5　驱动安装提示

读者可以选择一个选项后继续安装。安装完成后会出现如图 3.6 所示的界面。

至此，Arduino IDE 已经被安装到了我们的计算机中，用户可以通过桌面或者“开始”菜单中的快捷方式打开 Arduino IDE。Arduino IDE 的主界面如图 3.7 所示。

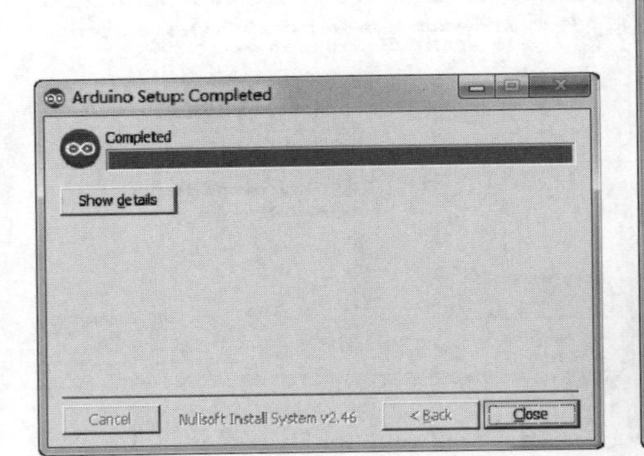

图 3.6　Arduino IDE 安装完成

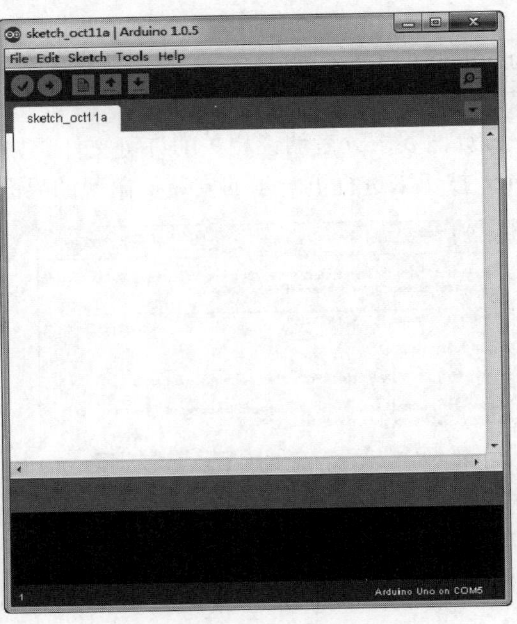

图 3.7　Arduino IDE 主界面

3.1.3　使用压缩包形式安装 Arduino IDE

Arduino IDE 的安装的压缩包应该是以 .zip 为后缀的文件。这里以 3.1.1 节中下载的名为 arduino-1.0.5-windows.zip 的压缩文件进行演示安装。压缩包形式安装的步骤非常简单，只需要使用解压缩工具将压缩包中的内容解压到我们指定的位置即可。在 Arduino IDE 1.0.5 版本中的文件如图 3.8 所示。

名称	修改日期	类型	大小
drivers	2013/5/17 星期...	文件夹	
examples	2013/5/17 星期...	文件夹	
hardware	2013/5/17 星期...	文件夹	
java	2013/5/17 星期...	文件夹	
lib	2013/5/17 星期...	文件夹	
libraries	2013/5/17 星期...	文件夹	
reference	2013/5/17 星期...	文件夹	
tools	2013/5/17 星期...	文件夹	
arduino.exe	2013/5/17 星期...	应用程序	840 KB
cygiconv-2.dll	2013/5/17 星期...	应用程序扩展	947 KB
cygwin1.dll	2013/5/17 星期...	应用程序扩展	1,829 KB
libusb0.dll	2013/5/17 星期...	应用程序扩展	43 KB
revisions.txt	2013/5/17 星期...	文本文档	38 KB
rxtxSerial.dll	2013/5/17 星期...	应用程序扩展	76 KB

图 3.8　以压缩包形式安装后的文件夹内容

提示：用户可以在桌面为 arduino.exe 创建一个快捷方式以方便使用。

通过执行其中名为 arduino.exe 的文件可以打开 Arduino IDE。其主界面如图 3.9 所示。

图 3.9　Arduino IDE 主界面

从图 3.9 中可以得知以二进制包和压缩包形式安装的 Arduino IDE 在运行时是没有任何区别的。以压缩包形式安装的优点在于，不会在桌面或者开始菜单中添加新的项目，而且也不会修改注册表项目。因此更加适合喜欢简洁安装的用户。

3.1.4　Arduino IDE 中文化

Arduino IDE 是一款开源的软件，因此对于国际化语言的支持是比较好的。默认的 Arduino IDE 语言是英语。如果读者想要使用简体中文或者其他语言，可以在 Arduino IDE 的 File 菜单中的 Preferences 选项中修改，如图 3.10 所示。

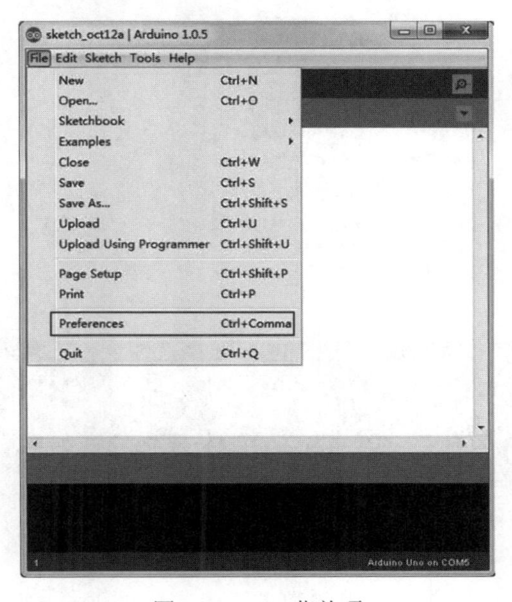

图 3.10　File 菜单项

选择 Preferences 选项后会出现如图 3.11 所示的窗口。

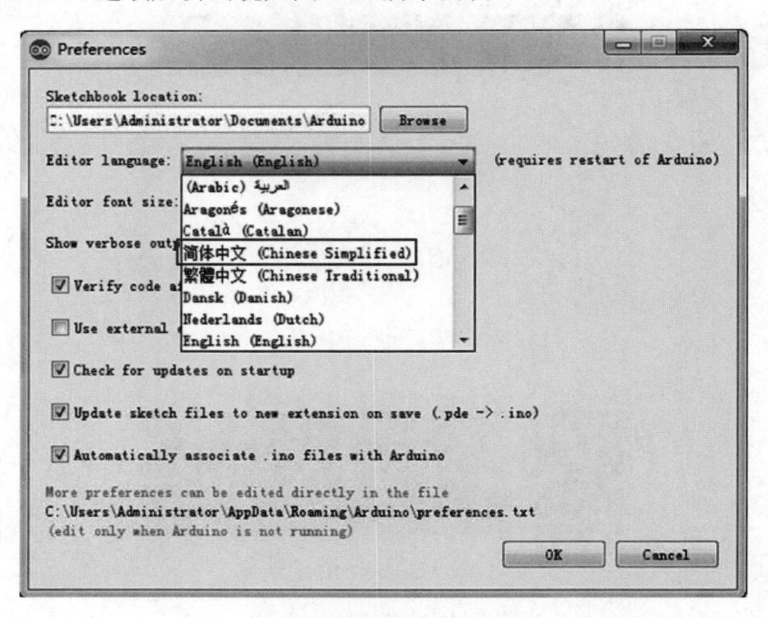

图 3.11　Preferences 窗口

用户在 Editer language 项的下拉框中可以选择需要的语言。这里以选择“简体中文”为例，重新启动 Arduino IDE 后的主界面及其菜单项如图 3.12 所示。

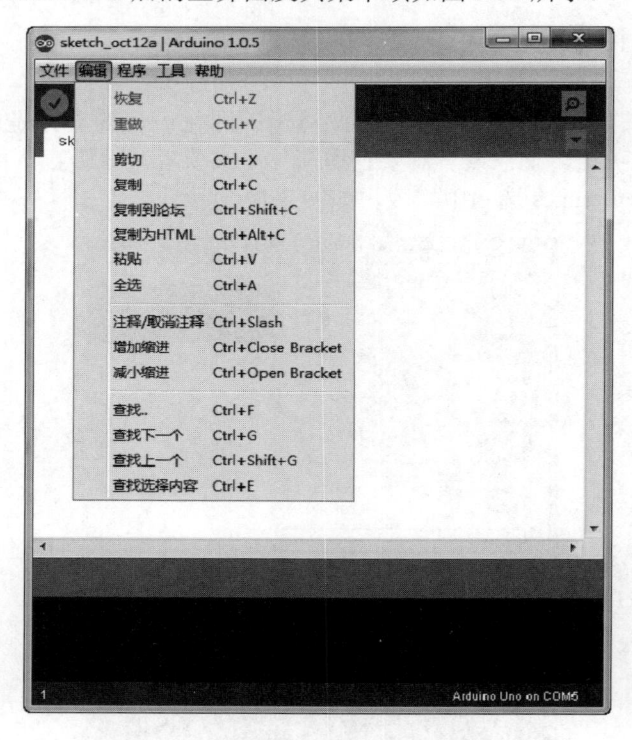

图 3.12　设置语言后的主界面及菜单

可见 Arduino IDE 的主界面及菜单项都做了中文化处理。

3.2　Windows 7 下的 Arduino 驱动安装

在以二进制包形式安装 Arduino IDE 的情况下，Arduino 的驱动通常会在安装时被正确地安装。但是以压缩包的形式进行安装时系统并不会提示用户安装相关驱动，这就需要用户自己来安装 Arduino 的驱动。如果驱动没有正确地被安装，那么就会导致 Arduino IDE 和开发板无法连接。因此，下面将详细介绍 Windows 各系统版本下驱动的安装方法。

3.2.1　自动安装 Arduino 驱动

在安装驱动之前首先需要确认相关驱动是否正确地被安装了。在“设备管理器”中可以查看插入电脑中的设备的驱动情况，如图 3.13 所示为 Arduino 驱动安装正确的情况（只有 Arduino 开发板连接主机后才显示）。

从图 3.13 中可以看到该设备对应的名称及端口号。驱动没有被正确安装的情况如图 3.14 所示。

图 3.13　Arduino 驱动安装正确

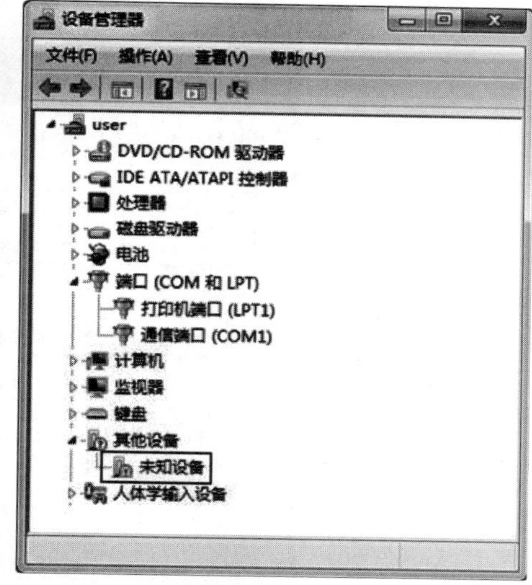

图 3.14　Arduino 驱动未被正确安装

如果读者在将 Arduino 开发板连接到电脑后在“设备管理器”中看到了图 3.14 中所示的情形，那么就需要为该设备安装驱动。

在 Windows 7 操作系统下可以在“设备管理器”中右键单击对应的设备来为其安装驱动。如图 3.15 所示。

在选择“更新驱动程序软件”命令后会出现如图 3.16 所示的界面。

在界面中提供了两种方式来搜索驱动程序。选择“自动搜索更新的驱动程序软件”后会出现如图 3.17 所示的界面，其中显示了当前的搜索和安装进度。

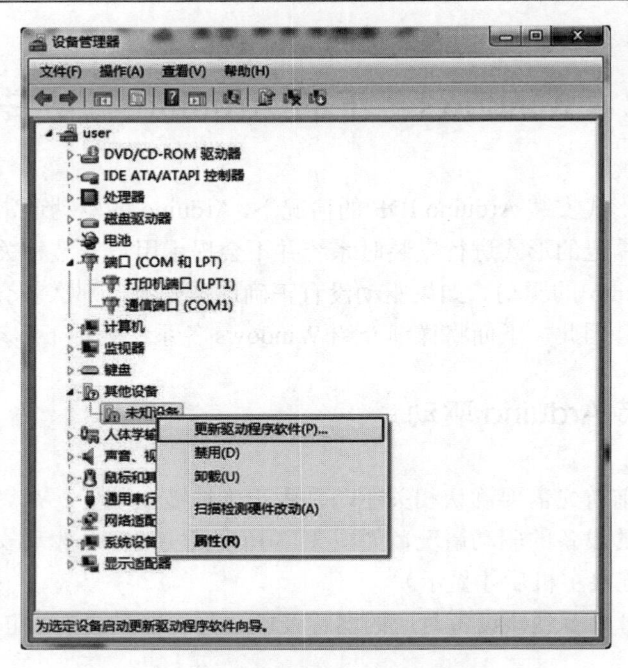

图 3.15　为 Arduino 安装驱动程序

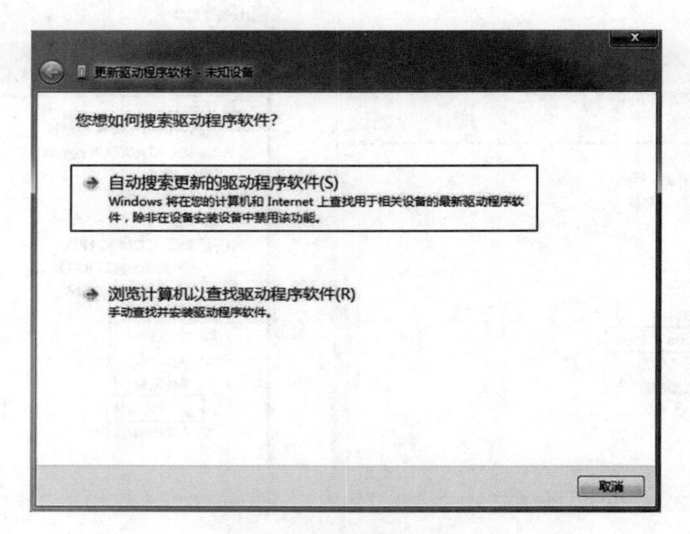

图 3.16　搜索驱动程序方式

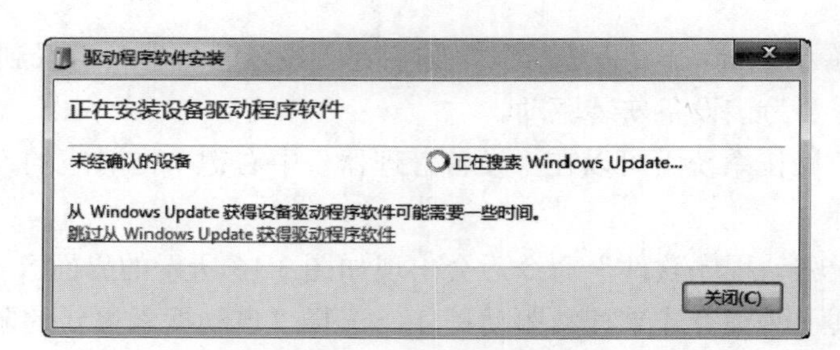

图 3.17　在线安装程序过程

如果出现如图 3.18 所示的界面表示驱动安装成功。

驱动程序软件安装
Arduino Uno (COM3) 已安装
Arduino Uno (COM3)
可以使用
关闭(C)

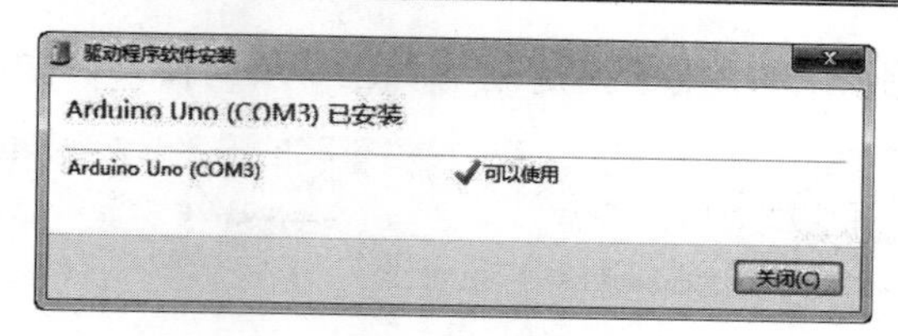

图 3.18　驱动安装成功

在驱动安装成功后就可以正常地使用 Arduino 开发板了。

3.2.2　手动安装 Arduino 驱动

如果 Arduino 开发板的驱动没有正确安装，并且在线安装失败或者没有网络连接的时候，就需要手动为 Arduino 安装驱动。手动安装需要准备 Arduino 的驱动。在 Arduino IDE 的安装包中提供了驱动文件，相关文件在 drivers 目录下，如图 3.19 所示。

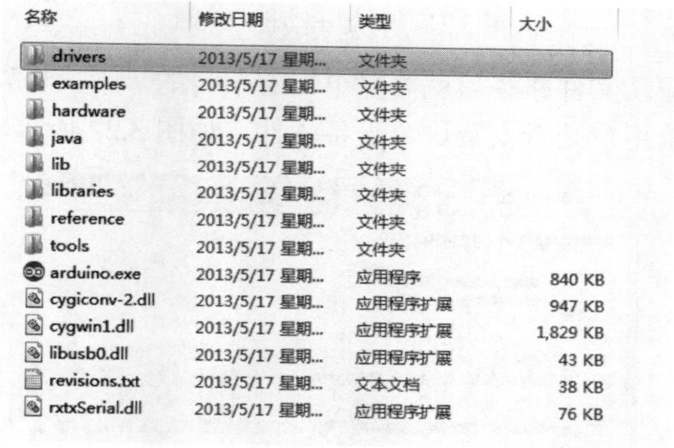

名称
修改日期
类型
大小
drivers　2013/5/17 星期...　文件夹
examples　2013/5/17 星期...　文件夹
hardware　2013/5/17 星期...　文件夹
java　2013/5/17 星期...　文件夹
lib　2013/5/17 星期...　文件夹
libraries　2013/5/17 星期...　文件夹
reference　2013/5/17 星期...　文件夹
tools　2013/5/17 星期...　文件夹
arduino.exe　2013/5/17 星期...　应用程序　840 KB
cygiconv-2.dll　2013/5/17 星期...　应用程序扩展　947 KB
cygwin1.dll　2013/5/17 星期...　应用程序扩展　1,829 KB
libusb0.dll　2013/5/17 星期...　应用程序扩展　43 KB
revisions.txt　2013/5/17 星期...　文本文档　38 KB
rxtxSerial.dll　2013/5/17 星期...　应用程序扩展　76 KB

图 3.19　Arduino 驱动所在目录

提示： 下载二进制形式安装包的用户也可以将安装文件解压缩后找到对应的文件夹。

接下来读者可以参考 3.2.1 节的内容打开搜索驱动方式页面。与自动安装驱动的不同之处在于，这里需要选择“浏览计算机以查找驱动程序软件”选项，如图 3.20 所示。

更新驱动程序软件 - 未知设备
您想如何搜索驱动程序软件?
自动搜索更新的驱动程序软件(S)
Windows 将在您的计算机和 Internet 上查找用于相关设备的最新驱动程序软件，除非在设备安装设置中禁用该功能。
浏览计算机以查找驱动程序软件(R)
手动查找并安装驱动程序软件。
取消

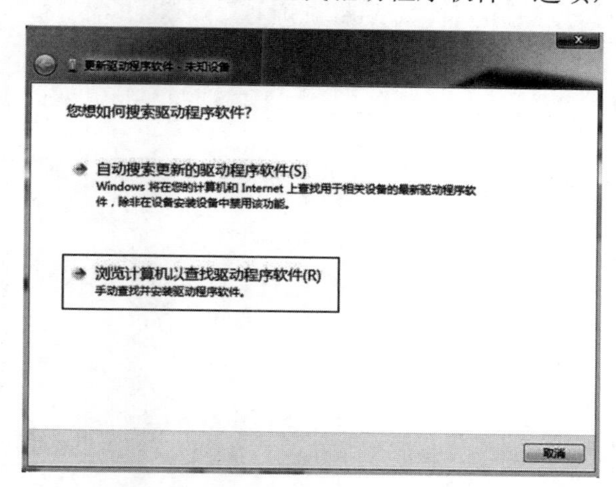

图 3.20　选择驱动安装方式

在选择该方式后会弹出要求用户指定驱动所在目录的窗口，如图 3.21 所示。

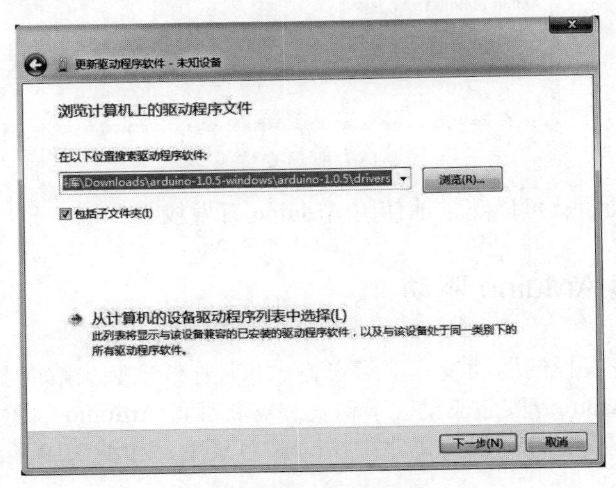

图 3.21　浏览驱动程序文件

在选择了正确的驱动文件路径后就可以单击右下角的“下一步”按钮开始安装驱动。在安装的过程中会提示用户是否安装这个设备软件，如图 3.22 所示。

图 3.22　安全提示

在这里单击“安装”按钮后驱动开始自动安装。安装完成后会出现如图 3.23 所示的提示界面。

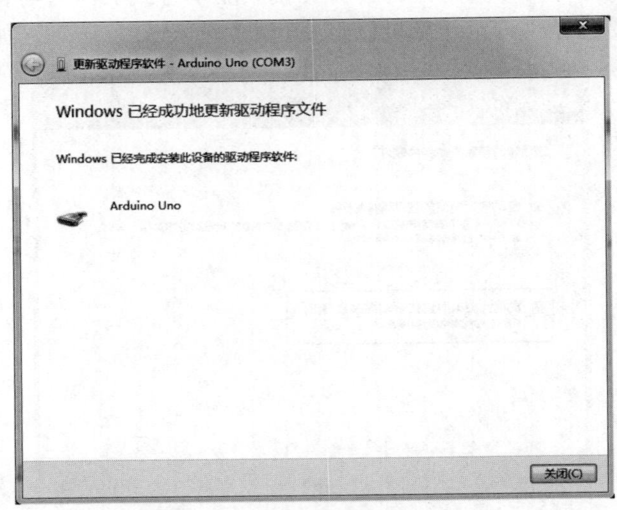

图 3.23　驱动安装完成

至此，Arduino 的驱动就被正确地安装了。其他 Windows 版本为 Arduino 安装驱动的过程与 Windows 7 系统类似，读者可以参考本节以及 3.2.1 节的讲解进行安装。

3.3　在 Arduino 上运行程序

在正确安装了 Arduino IDE 和 Arduino 驱动后，就可以使用 Arduino IDE 为 Arduino 开发板开发程序了。当然本节的主要内容是为读者演示 Arduino IDE 的基本使用方法，以及不同类型的两种 Arduino 程序的示例。

3.3.1　Arduino IDE 主界面简介

Arduino IDE 的主界面是非常简洁明了的。如图 3.24 所示为对 Arduino IDE 主界面各部分的介绍。

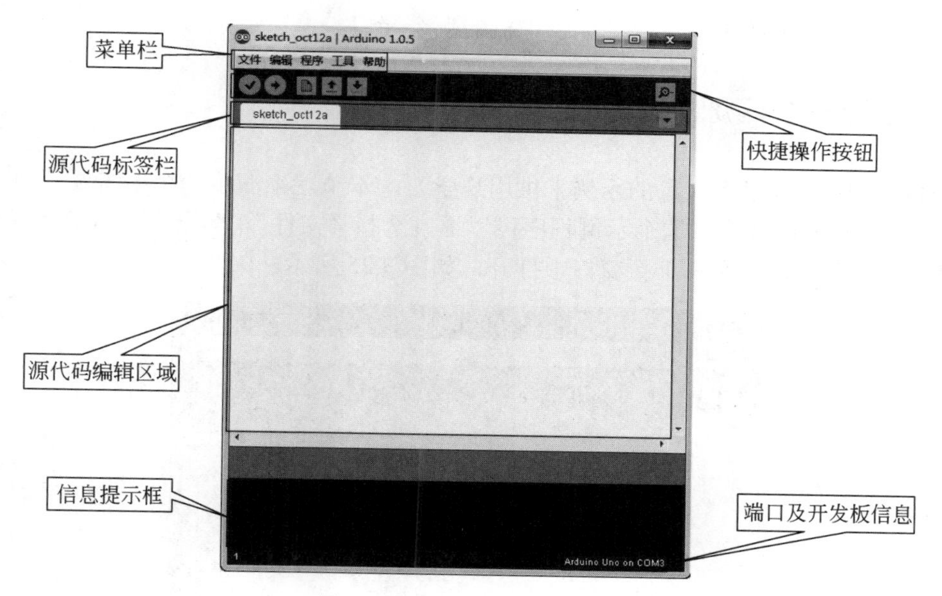

图 3.24　Arduino IDE 主界面

下面简单介绍 Arduino IDE 主界面中各部分的作用。在了解了所有这些界面部分以后，读者就可以很轻松地使用 Arduino IDE 了。

1．菜单栏

同大部分应用程序类似，Arduino IDE 的菜单栏将各类不同操作聚合到对应的菜单项中，用户可以根据自己想要操作的类别来选择不同的菜单项。

2．快捷操作按钮

快捷按钮是将用户最常用的操作以按钮的形式呈现出来。快捷操作按钮所实现的功能通过菜单栏同样可以实现。从左到右快捷按钮的名称及功能如下所述。

- 校验：检查程序中是否存在问题；
- 下载：将编译后的文件下载到 Arduino 开发板中；
- 新建：新建一个源文件；
- 打开：打开一个 Arduino 程序；
- 保存：将编写好的程序源代码保存；
- 串口监视器：从指定串口接收数据或者向指定串口发送数据。

3. 代码编辑区域

大部分程序源文件的编写过程都在这里进行。

4. 信息提示框

提示一些操作的过程信息，例如编译过程和下载程序过程的操作信息。

5. 端口及开发板信息

用来提示开发板的类型，以及位于主机的哪个端口。

3.3.2　运行一个闪烁 LED 示例程序

Arduino IDE 提供了大量的示例来供用户学习，本节就来演示一个不需要其他扩展就可以运行的 Arduino 程序。这个示例程序可以通过选择“文件”|“示例”| 01.Basics | Blink 命令打开。该源文件会在一个新窗口中打开，如图 3.25 所示。

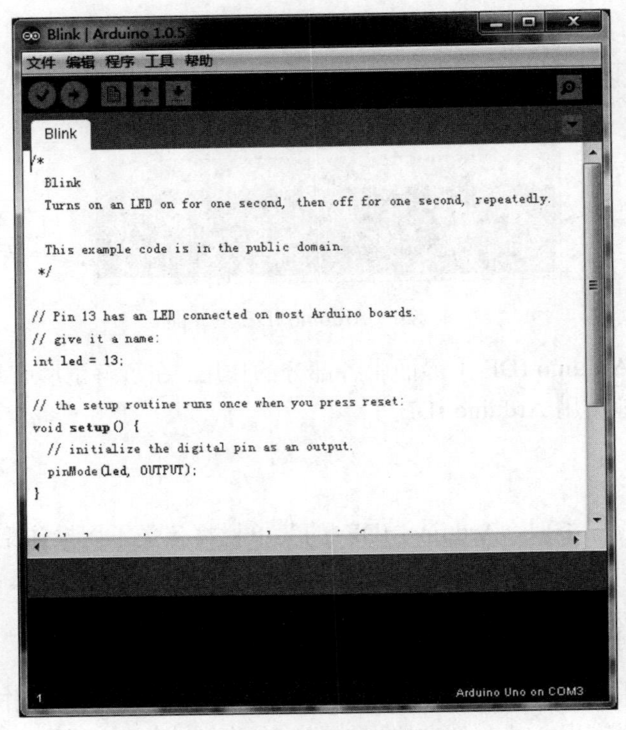

图 3.25　Blink 程序源文件

打开 Blink 示例源文件后读者就可以单击校验快捷键进行校验。程序在没有错误的情况下，信息提示窗口显示编译完成后的二进制程序的大小，如图 3.26 所示。

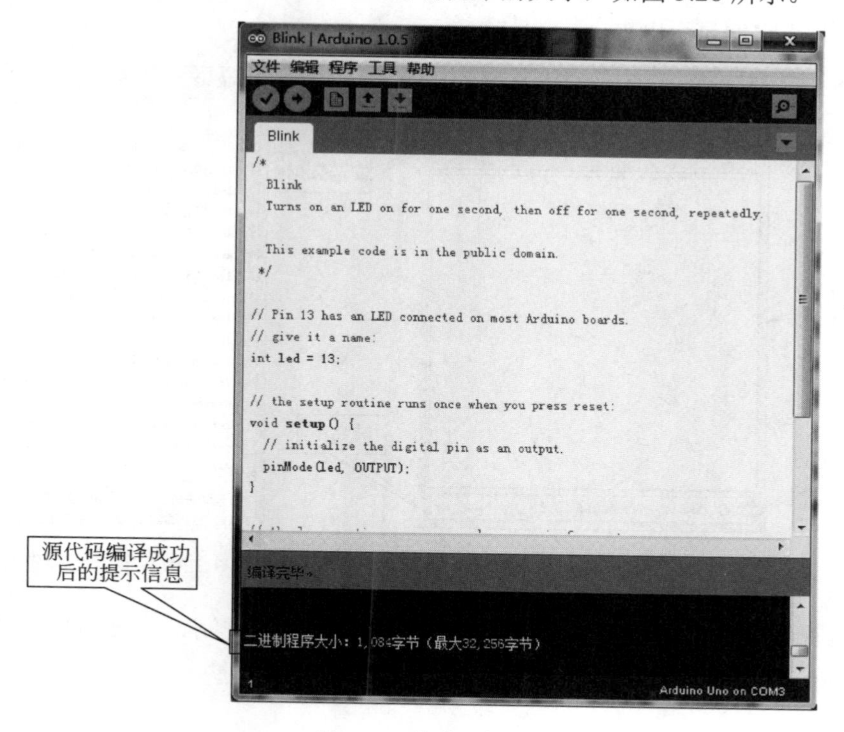

图 3.26 校验源代码

在出现上述提示后，用户就可以将该程序下载到 Arduino 开发板中了。这段程序的作用是，使开发板上的名为 L 的 LED 灯以一秒的间隔时间不间断地闪烁。

注意： 在将程序下载到开发板之前需要正确地为 Arduino IDE 选择一个开发板型号。用户可以通过选择“工具”|“板卡”命令来选择正确的开发板。Arduino 开发板需要正确连接到电脑，并且相关驱动运行正常。

在将二进制程序下载到开发板后程序便开始执行了，并且 Arduino 开发板上的 LED 开始闪烁。本节的重点在于演示 Arduino IDE 的操作，因此读者在这里无需理解示例程序的含义。相关的内容将在后续章节中逐步介绍。

3.3.3 运行一个控制台输出示例程序

在有些情况下 Arduino 板子要与主机做一些交互。例如，输出调试信息等。这些信息可以通过串口传输到主机，在主机中通过串口软件就可以读取到 Arduino 开发板发出的信息。Arduino IDE 提供了一个简易的串口监视器，如图 3.27 所示。

提示： 该工具可以通过快捷按钮或选择“工具”|“串口监视器”命令打开。

现在，通过 Arduino IDE 将示例中 Communication 分类中的 ASCII Table 程序下载到

Arduino 开发板中，该程序会从串口输出一张 ASCII 码表。在用户使用串口监视器连接到 Arduino 开发板的时候，该程序就会开始发送这些表的内容，如图 3.28 所示为串口监视器接收到内容并将它们显示出来。

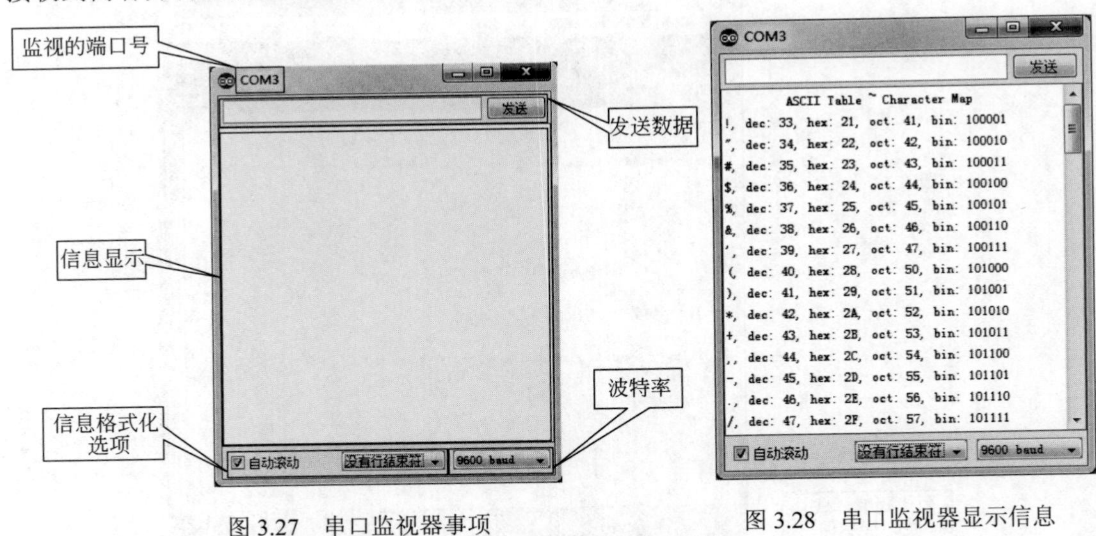

图 3.27　串口监视器事项　　　　图 3.28　串口监视器显示信息

串口监视器中输出的信息为对应符号的十进制、十六进制、八进制和二进制的表示形式。

3.4　Arduino IDE 编码流程

Arduino IDE 只是一个更加符合 Arduino 特性的集成开发环境。因此，有过使用 IDE 经验的读者可以很容易上手。如果读者完全没有相关的 IDE 操作经验，那么就可以通过本节的讲解来快速上手。通常，保存代码的文件称为源文件，Arduino 官方将保存 Arduino 程序的文件称为 sketche，在本书的编写中将不做明显的区分。

3.4.1　创建、保存和打开源文件

新建源文件可以通过菜单栏中的“文件”|“新建”命令、快捷按钮或快捷键 Ctrl+N 完成。如图 3.29 所示为新建一个名为 sketch_oct14a 的源文件。

在创建了源文件后就可以在这个文件的基础上编写代码了。在编写代码的过程中，所编辑的内容都是保存在缓存中的，随着 Arduino IDE 的关闭，这些修改将会被丢弃。如果想要将这些编辑的内容长期存储，就需要将这个文件存储。存储文件可以通过菜单栏中的“文件”|“保存”命令、快捷按钮或快捷键 Ctrl+S 保存，Arduino IDE 程序会将文件默认保存为以 .ino 为后缀的文件。

提示：一个新创建的文件在第一次保存的时候会要求用户为该文件指定保存位置，在之后执行保存操作的时候只会将对文件的修改写入对应的文件。

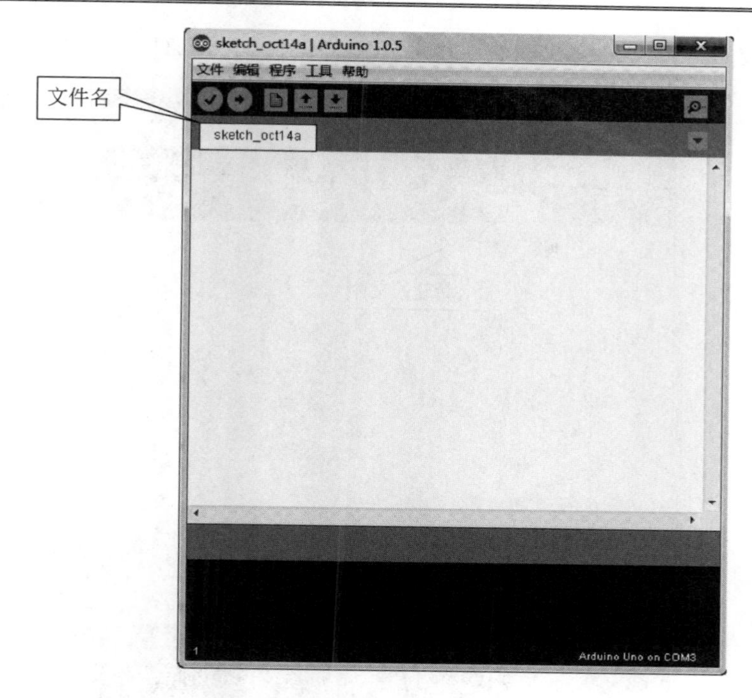

图 3.29　创建源文件

在 Arduino IDE 中可以将一个程序写在多个文件中，这些文件可以通过单击标签栏中的▼按钮、在弹出的菜单中选择“新建标签”命令或者使用快捷键 Ctrl+Shift+N 创建。如图 3.30 所示为创建一个名为 first 的文件。

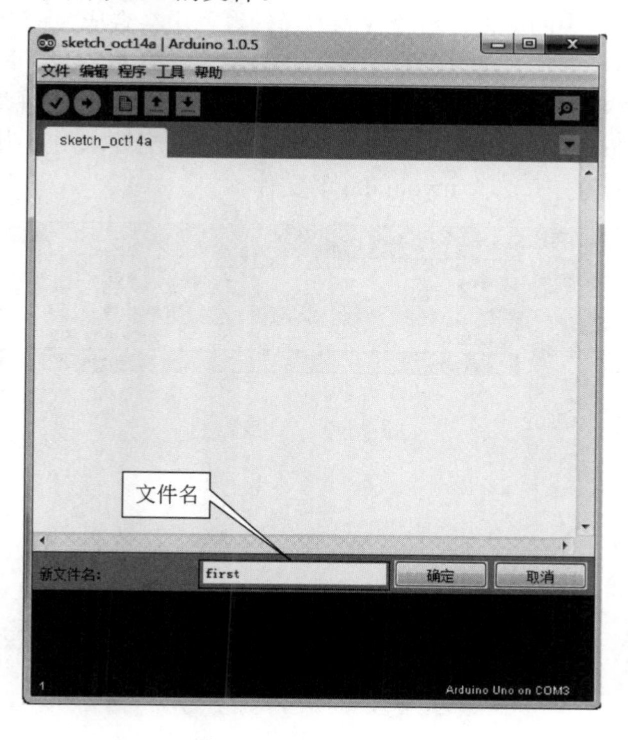

图 3.30　创建多个文件

在创建完成后，该文件会并列地出现在标签栏中，如图 3.31 所示。

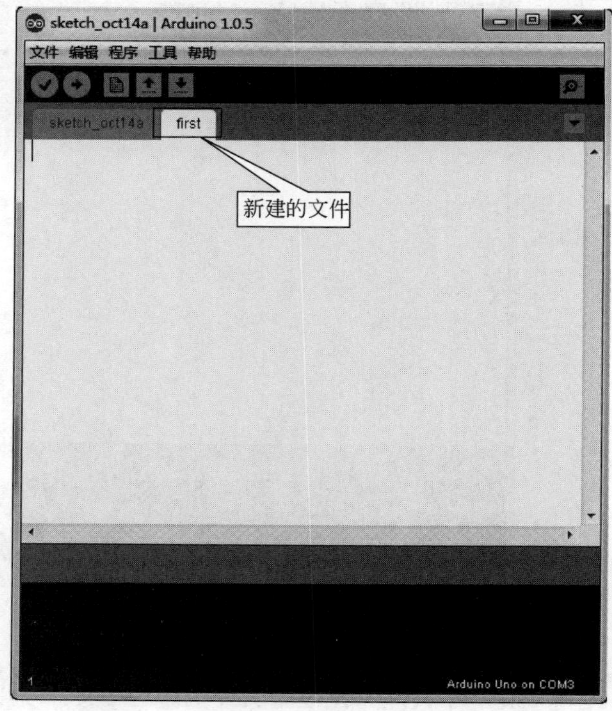

图 3.31　新建的文件

这些在一个标签栏中的文件在校验或者编译的过程中会合成为一个大的源程序。将一个大的程序分布在多个文件中可以使程序更加容易组织和修改。

如果需要修改以前编写的源代码，可以通过菜单栏中的“文件”|“打开...”命令、快捷按钮或快捷键 Ctrl+O 完成。执行打开文件操作后 IDE 会要求用户指定期望打开的文件名称，如图 3.32 所示为打开名为 myobj.ino 的文件。

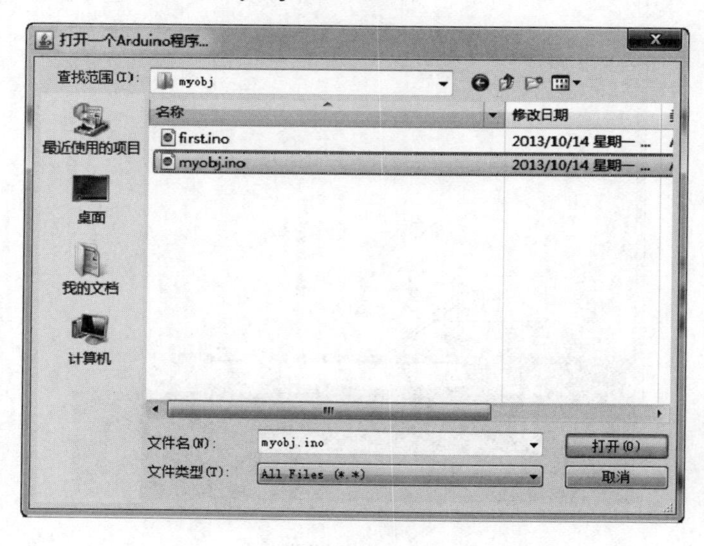

图 3.32　打开文件

注意：在打开一个多文件程序的时候需要打开与程序所在文件夹同名的.ino 文件。否则 Arduino IDE 会提示将该文件保存在另一个文件夹中。

3.4.2　编辑源文件

在 Arduino IDE 中做的大部分工作就是编辑源文件。编辑源文件时只需要将期望的代码写入编辑区域即可，如图 3.33 所示。

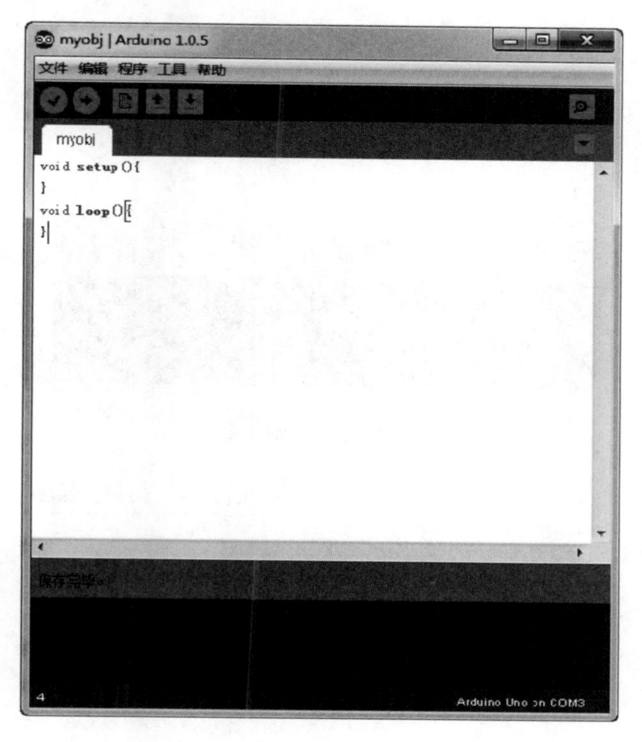

图 3.33　编辑源文件

前面提到过可以将一个程序分别写入到多个文件中。因此，将以上源文件内容写入到多个文件与写入到一个文件中是等价的。

提示：在编码过程中可以随时通过 Ctrl+S 快捷键保存编辑内容以防止数据意外丢失。

3.4.3　校验源文件

校验源文件就是通过编译源代码来检查代码中是否有错误。校验可以通过菜单栏中的“程序”|“校验/编译”命令、快捷按钮或快捷键 Ctrl+R 完成。如果源代码中没有错误，则 Arduino IDE 会将编译成的二进制程序的大小输出，如图 3.34 所示。

如果程序中有错误，那么校验结果信息中会提示相应的错误位置及原因，如图 3.35 所示。

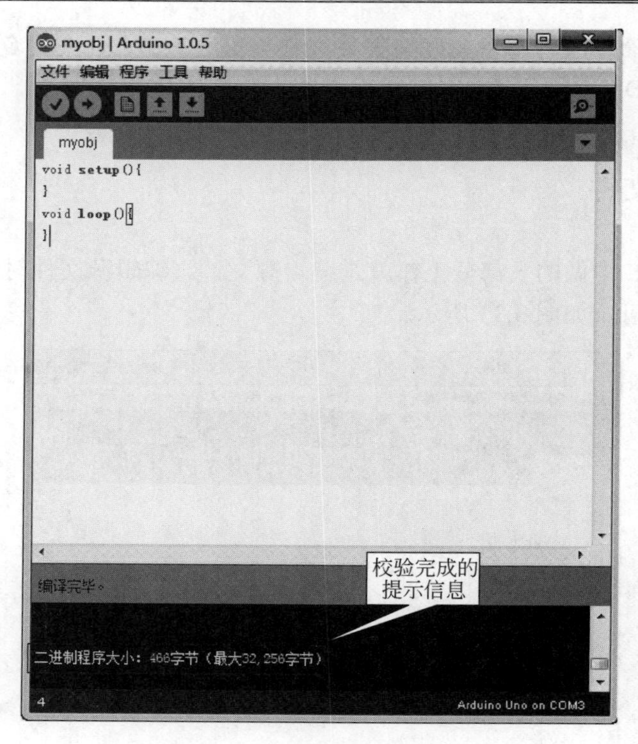

图 3.34　源代码正确的校验结果

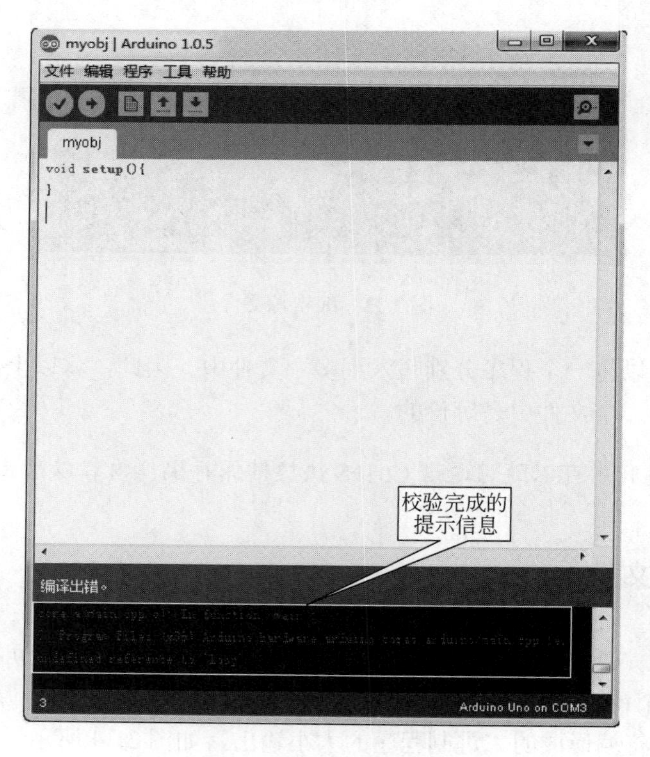

图 3.35　提示错误信息

用户可以根据提示信息修正代码后重新执行校验直到成功编译。

3.4.4　下载程序到开发板

下载的作用就是将编译好的二进制程序文件传输到 Arduino 开发板中。可以通过菜单栏中的“文件”|“下载”命令、快捷按钮或快捷键 Ctrl+U 完成。

说明：在下载之前 Arduino IDE 会首先校验源文件，在生成正确的二进制程序文件后才会启动下载。如果程序出错，则不会将其下载到 Arduino 开发板中。

3.5　高级的 Arduino IDE——MariaMole

Arduino 官方提供的 Arduino IDE 已经可以满足很多的使用情景了，这里再推荐一款基于 Arduino IDE 的高级 IDE——MariaMole。

MariaMole 可以从其官网免费下载，其网址为：http://dalpix.com。当前的版本号为 0.5.5，目前只有 Windows 操作系统的版本，其他系统的版本正在开发中。MariaMole 的安装过程非常简单，这里不做详细的介绍。MariaMole 的主界面如图 3.36 所示。

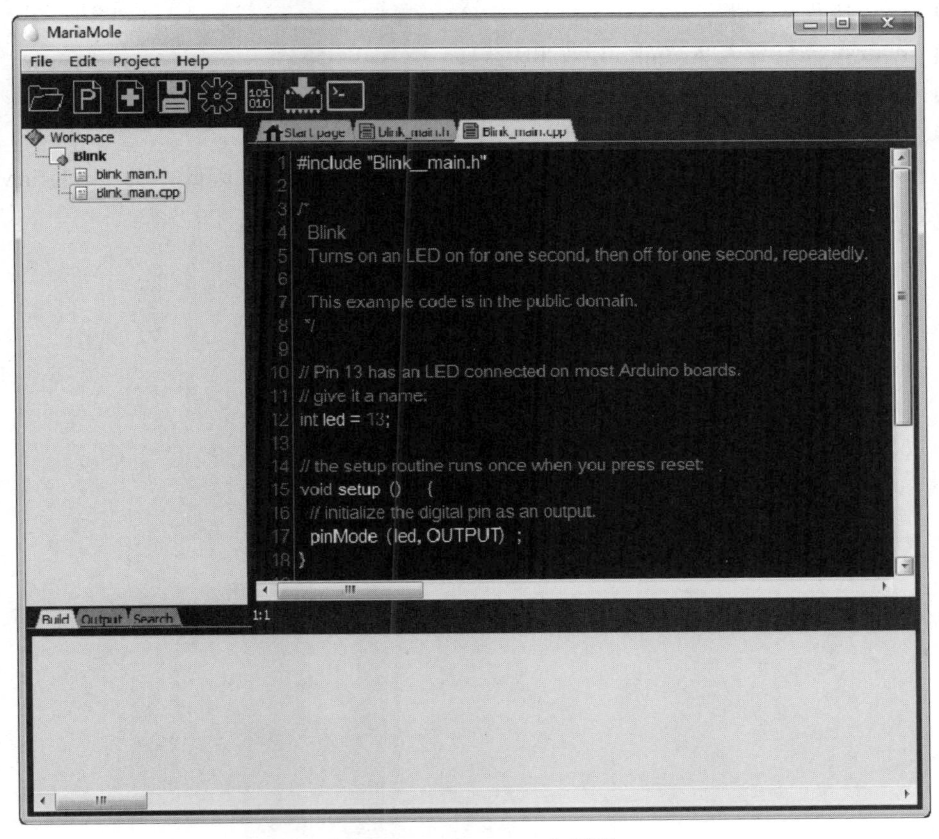

图 3.36　MariaMole 主界面

由于 MariaMole 并不是一个独立的 IDE，它需要依赖 Arduino IDE 中的一些工具。因

此，在 MariaMole 安装完成后需要通过 MariaMole 菜单中的 Edit | Preferences 命令来指定 Arduino IDE（参照 3.1 节进行安装）的安装位置，如图 3.37 所示。

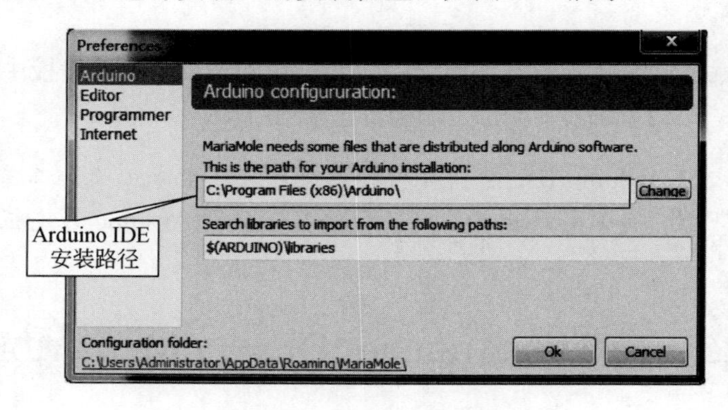

图 3.37　配置 MariaMole

相对于 Arduino IDE，MariaMole 有如下的特性：

- 基于 Arduino IDE；
- 工作区支持多项目；
- 同时支持多个串口监视器；
- 编译流程可配置；
- 可以很容易导入 Arduino 示例和代码；
- 可以很容易导入 Arduino 库；
- 可以自定义 IDE 主题。

由于我们在之后的学习过程中主要使用的是 Arduino IDE，因此，关于 MariaMole 的使用方式这里不做详细介绍。

第 4 章　Arduino 编程语言基础

本章将要介绍的是 Arduino 使用的编程语言的基础知识。Arduino 使用的编程语言是以 C/C++语言为基础实现的。因此有过使用 C 语言经验的读者可以非常容易地开始 Arduino 编程。没有相关编程经验的读者也可以通过本章的学习来初步了解 Arduino 编程。

4.1　Arduino 程序必要的 setup()和 loop()函数

在第 2 章的学习过程中，我们使用了一个示例程序使 Arduino 开发板上的一个 LED 灯进行了间隔一秒的闪烁。这段程序的全部代码如下：

```
/*
  Blink
  Turns on an LED on for one second, then off for one second, repeatedly.

  This example code is in the public domain.
 */

// Pin 13 has an LED connected on most Arduino boards.
// give it a name:
int led = 13;

// the setup routine runs once when you press reset:
void setup() {
  // initialize the digital pin as an output.
  pinMode(led, OUTPUT);
}

// the loop routine runs over and over again forever:
void loop() {
  digitalWrite(led, HIGH);   // turn the LED on (HIGH is the voltage level)
  delay(1000);               // wait for a second
  digitalWrite(led, LOW);    // turn the LED off by making the voltage LOW
  delay(1000);               // wait for a second
}
```

以上代码中加粗的部分为 Arduino 程序必须要有的函数代码。因此，如下也是一段可以正确被下载到 Arduino 开发板并运行的程序：

```
void setup() {

}
```

```
void loop() {

}
```

这两个函数是必要的，那么必然有其原因：

- setup()函数中的代码只会被运行一次，通常用来做一些初始化工作；
- loop()中的代码会被无限次地重复运行，程序的主体部分会写在这里。

4.2　程序中的值

Arduino 程序可以被看成由结构、值和函数组成的。由此可见“值”在 Arduino 中的重要性。

在接下来的部分就为读者介绍 Arduino 程序中的值。

4.2.1　变量和常量

常量非常容易理解，它是一个字面量，它只可以表示一个特定的量。如表 4.1 所示为 Arduino 中的预定义常量。

表 4.1　Arduino预定义常量

常 量 名	说　明
false	逻辑假
true	逻辑真
HIGH	高电平
LOW	低电平
INPUT	输入模式
INPUT_PULLUP	输入模式（激活上拉电阻）
OUTPUT	输出模式

对应的变量则可以在不同的情况下表示不同的量。通过赋值运算可以给变量指定不同的内容：

```
led=20;
pin=13;
```

Arduino 语言的变量名符合 C/C++语言的变量命名方式，可以由字母、数字和下划线（_）组成，但是不能以数字开头。

4.2.2　变量类型

变量类型用来限制变量可以表示的内容，因为表示的数值范围越大，所需要的存储空间就越多。对于 Arduino 开发板这样的设备来说，存储空间是非常宝贵的。因此开发者就可以通过指定变量的类型来使存储达到最优。如表 4.2 所示为 Arduino 语言的类型，以及占用的空间和取值范围。

表 4.2 Arduino语言变量类型

类　　型	存储空间占用（字节）	取 值 范 围
byte	1	0～255
int	2	-32768～32767
unsigned int	2	0～65535
word	2	0～65535
long	4	-2147483648～2147483647
unsigned long	4	0～4294967295
short	2	-32768～32767
boolean	1	取值为 false 和 true
char	1	-128～127
unsigned char	1	0~255
float	4	-3.4028235E+38～3.4028235E+38
double	4	-3.4028235E+38～3.4028235E+38
string	-	根据具体情况确定
String	-	根据具体情况确定
array	-	根据具体情况确定
void	0	只是一个标识符，不占用存储空间

因此，在编程的过程中可以通过合理使用数据类型来优化程序的存储空间和执行效率。下面对表中的 String 类型做一些介绍。

String 类型实际上是一个 Arduino 语言自定义的类型，它是一个结构体。String 类型中定义了一些方法来完成一些常用的字符操作，表 4.3 列出这些方法名称及作用。

表 4.3 String类型的方法

方 法 名	作　　用
String()	定义一个 String 对象
charAt()	通过索引访问字符数组元素
compareTo()	比较两个字符串
concat()	合并两个字符串为一个新的字符串
endsWith()	判断字符串是否以指定字符（串）结束
equals()	区分大小写地比较两个字符是否相等
equalsIgnoreCase()	不区分大小写地比较两个字符串是否相等
getBytes()	复制指定长度的字符串到指定缓存中
indexOf()	查找字符串位置
lastInedxOf()	从后向前查找字符串位置
length()	获取字符串的长度
replace()	替换指定的字符串
setCharAt()	在指定位置设置字符
startsWith()	判断字符串是否已指定字符（串）开始
substring()	从字符串中获取一个子串
toCharArray()	复制字符串到指定的缓存
toInt()	将指定的字符串转换为一个整数
toLowerCase()	获取转换为小写后的字符（串）
toUpperCase()	获取转换为大写后的字符（串）
trim()	删除字符串开头和结尾的空白

这些方法可以通过点号（.）来使用。如下所示：

```
String str;
char ustr;
str="hello";
ustr=str.toUpperCase();          //ustr 中的内容为 HELLO
```

4.2.3　变量的作用域和修饰符

变量的作用域是用来限制其可以被使用的范围，而变量的修饰符用来改变变量的一些特性。

1．变量的作用域

作用域即作用范围，Arduino 语言中的变量是有确定的作用范围的。变量的作用域是被限制在语句块中的。在变量作用域之外的位置无法访问到该变量。例如下面的代码：

```
    …         //这里可以使用变量 a
{
    …         //这里无法使用变量 a
    int a=0;     //定义变量 a
    …         //这里可以使用变量 a
}
    …         //这里无法使用变量 a
```

2．变量的修饰符

在 Arduino 语言中，有 static、volatile 和 const 3 个变量修饰符。static 和 const 的作用是修改变量的存储位置以适应不同的需求：

- 使用 static 修饰的变量被存储在静态区域中，在整个程序的执行过程中都可以被访问；
- 使用 const 修饰的变量被存储在常量区域中，这种变量的在值定义后就不可以再被修改；
- volatile 修饰符的实际作用就是防止编译器对它认为不会改变的变量代码进行优化。

4.2.4　获取变量大小的工具——sizeof()函数

可以看到在表 4.2 中的 string 和 array 类型是没有变量大小的，也就是说这些类型所占用的空间是随着情况的不同而不同的。那么就可以通过 sizeof()函数来获取指定变量的大小。如下所示为几个简单示例。

```
sizeof(int);          //结果为 4
int a=0;
sizeof(a);            //结果为 4，因为变量 a 是 int 类型
char b[]={'h', 'e', 'l', 'l', 'o'};
sizeof(b);            //结果为 5，数组类型为 char，有 5 个元素，因此大小为 5*1
```

```
int c[]={1,2,3,4,5};
sizeof(c);              //结果为 20，数组类型为 int，有 5 个元素，因此大小为 5*4
```

4.2.5 变量类型转换

Arduino 语言提供了一些函数可以将指定的值转换为特定的类型，如表 4.4 所示为 Arduino 语言提供的转换函数。

表 4.4 类型转换函数

函 数	作 用
char()	将指定值转换为 char 类型
byte()	将指定值转换为 byte 类型
int()	将指定值转换为 int 类型
word()	将指定值转换为 word 类型
long()	将指定值转换为 long 类型
float()	将指定值转换为 float 类型

注意：进行强制转换有可能会造成精度的丢失，如将 float 型转为 int 型。

4.3 运 算 符

运算符用来对数据进行操作。Arduino 语言提供了 5 种类型的运算符来完成一些基本的功能。其中包括在数学中使用的数学运算符和比较运算符，这些运算符理解起来比较简单。而其他复合运算符则是由数学运算符演化而来的。布尔运算符和指针运算符则是在编程语言中独有的。通过简单的学习后读者将会熟练地使用运算符。

4.3.1 数学运算符

数学运算符包括四则运算符，以及取模运算符，如表 4.5 所示。

表 4.5 数学运算符

运 算 符	名 称	作 用
+	加法	对操作数执行加法运算
-	减法	对操作数执行减法运算
*	乘法	对操作数执行乘法运算
/	除法	对操作数执行除法运算
%	求余	对操作数进行取模运算
=	赋值	将右操作数中的值赋给左操作数

其中的取模运算符（%）是在数学运算中所没有的，但是在数学运算中却实现过取模运算。取模运算符就是取除法操作的余数。例如下面的代码：

```
int a=10%3;       //变量 a 的值为 1，因为 10 除以 3 余数为 1
a=10%4;           //变量 a 的值为 2，因为 10 除以 4 余数为 2
```

```
a=15%3;              //变量 a 的值为 0，因为 15 除以 3 余数为 0
a=13%14;             //变量 a 的值为 13，因为 13 除以 14 余数为 13
```

4.3.2　比较运算符

比较运算符的结果是 boolean 类型的 true 或 false。Arduino 语言的比较运算符如表 4.6 所示。

表 4.6　比较运算符

运　算　符	名　称	作　　用
>	大于	判断左操作数是否大于右操作数
<	小于	判断左操作数是否大于右操作数
==（双等号）	等于	判断左操作数是否等于右操作数
>=	大于等于	判断左操作数是否大于或者等于右操作数
<=	小于等于	判断左操作数是否小于或者等于右操作数
!=	不等于	判断左操作数是否不等于右操作数

比较运算符通常在控制结构中使用。

4.3.3　布尔运算符

布尔运算符用来对两个布尔表达式进行运算，运算的结果仍然为布尔值。Arduino 语言有如表 4.7 所示的 3 种布尔运算符。

表 4.7　布尔运算符

运　算　符	名　称	作　　用
&&	逻辑与	对两个操作数进行逻辑与运算
||	逻辑或	对两个操作数进行逻辑或运算
!	逻辑非	对两个操作数进行逻辑非运算

这些运算符的运算结果可以通过真值表来进行总结，如表 4.8、4.9 和 4.10 所示。

表 4.8　真值表——逻辑与

操作数 1 \ 操作数 2	**true**	**false**
true	true	false
false	false	false

由表 4.7 可以总结出逻辑与（&&）运算符的特点为：两个操作数全为 true 的情况下结果为 true。

表 4.9　真值表——逻辑或

操作数 1 \ 操作数 2	**true**	**false**
true	true	false
false	true	false

由表 4.8 可以总结出逻辑或（||）运算符的特点为：两个操作数中有一个为 true，则结果为 true。

表 4.10　真值表——逻辑非

操作数	true	false
	false	true

由表 4.10 可以总结出逻辑非（!）运算符的特点为：操作数为 false，则结果为 true。

4.3.4　指针运算符

指针运算符包括&（引用）和*（间接引用）。&运算符用来引用变量或者函数的地址，*则是通过地址间接地引用指定地址中的内容。

```
int a;
int *c;
c=&a;              //变量 c 引用变量 a 的地址
*c=5;              //此时变量 a 的值为 5
```

4.3.5　位运算符

位运算符用来按位操作数据，Arduino 语言中有如表 4.11 所示的位运算符。

表 4.11　位运算符

运　算　符	名　　称	作　　用
&	按位与	按位进行逻辑与操作
|	按位或	按位进行逻辑或操作
^	按位异或	按位进行异或操作
~	按位非	按位进行逻辑非操作
<<	按位左移	按位进行左移操作
>>	按位右移	按位进行右移操作

位运算符在 Arduino 编程中可以很快捷地完成一些操作，例如设置对应针脚的属性等。

4.3.6　复合运算符

复合操作运算符是部分数学运算符、位运算符与赋值运算的一种简写形式。Arduino 语言提供了如表 4.12 所示的复合运算符。

表 4.12　复合运算符

运　算　符	名　　称	说　　明
++	递增	对操作数进行加 1 运算
--	递减	对操作数进行减 1 运算
+=	加等	将左右操作数之和赋值给左操作数
-=	减等	将左右操作数之差赋值给左操作数

续表

运　算　符	名　　称	说　　明
*=	乘等	将左右操作数之积赋值给左操作数
/=	除等	将左右操作数之商赋值给左操作数
&=	与等	将左右操作数按位与的结果赋值给左操作数
|=	或等	将左右操作数按位或的结果赋值给左操作数

这种简写形式并不只是书写简洁，而且可以提高程序执行的效率。

4.4　语 法 进 阶

语法进阶主要介绍两个预处理命令、语句块，以及注释。这些语法相对之前的内容要稍微复杂一些，因为这关系到编译器的处理规则。

4.4.1　预定义命令#define 和#include

预处理命令虽然是存储在源代码中，但是不同于源代码中的其他代码。预处理的语句是在编译器的预处理步骤进行处理。

预处理命令#define 用来定义一个常量，它的语法形式如下：

```
#define constantName value
```

constantName 表示常量名，value 为常量的值。

预处理命令#include 用来包含指定的文件到当前文件中，它的语法形式如下：

```
#include <filename>
```

4.4.2　语句和语句块

1．语句

Arduino 将分号（;）视为一条语句的结束符号：

```
int a;
```

在一行中可以有多条语句：

```
int a;int b;int c;
```

为了程序更加容易调试，通常情况下一条语句通常会单独占用一行。最简单的语句——空语句，如下：

```
;        //只有一个语句结束符号
```

该语句不执行任何操作，通常用来在指定资源未就绪的情况下等待一段时间。

2．语句块

两个花括号之间的语句称为语句块，它有两个作用：将多条语句作为一个整体和形成一个作用域。例如下面的语句会被当做一条语句来执行，这在控制结构中是非常有效的：

```
{
    int a=5;
    c=a+b;
}
```

同时，语句块又是一个独立的作用域，因此其中定义的变量 a 无法在语句块之外使用。

4.4.3　注释

注释用来对代码所实现的功能做一些描述，当然也可以用来做一些相关说明，就像 Blink 程序：

```
/*
  Blink
  Turns on an LED on for one second, then off for one second, repeatedly.

  This example code is in the public domain.
 */

// Pin 13 has an LED connected on most Arduino boards.
// give it a name:
```

这些内容不会被编译到可执行程序中，因此不必担心会增大可执行程序的体积。

Arduino 语言提供了两种注释方法。“/**/”为多行注释，在“/*”和“*/”之间的内容就是注释内容：

```
/*
  Blink
  Turns on an LED on for one second, then off for one second, repeatedly.

  This example code is in the public domain.
*/
```

“//”为单行注释，从“//”开始到本行结束的内容都为注释：

```
// Pin 13 has an LED connected on most Arduino boards.
// give it a name:
```

4.5　控 制 结 构

通常情况下自上而下顺序执行的程序是非常少的，必要时需要改变程序的执行顺序。通过控制结构就可以改变程序的执行流程，常见的控制结构有条件判断控制结构和循环控制结构。接下来就简单介绍这些控制结构的作用及执行流程。

4.5.1　条件判断语句 if 和 if…else

if 和 if…else 可以根据不同的条件来执行不同的语句。它们的语法如下：

```
if(条件)
    语句 1
后续语句

if(条件)
    语句 1
else
    语句 2
后续语句
```

其中的“条件”的运算结果应该为 boolean 类型的 true 或者 false。如果“条件”表达式的值为 true，那么 if 结构和 if…else 结构都会执行“语句 1”；如果“条件”表达式的值为 false，那么 if 结构会执行“后续语句”，if…else 会执行“语句 2”。if 结构和 if…else 结构的流程图如图 4.1 和图 4.2 所示。

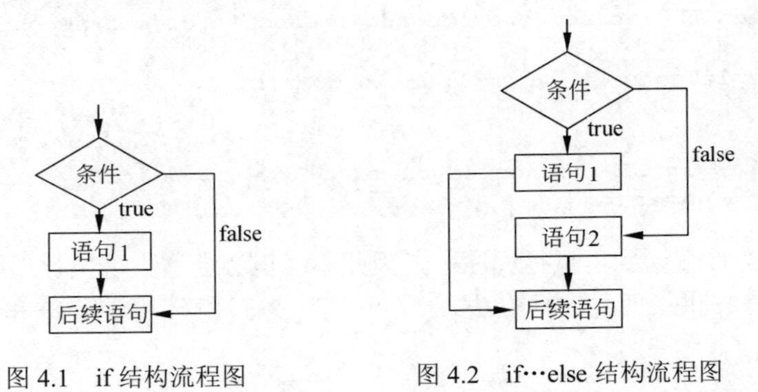

图 4.1　if 结构流程图　　图 4.2　if…else 结构流程图

注意：可以将多条语句作为一个语句块来作为 if 和 if...else 结构的执行语句。

4.5.2　跳转语句 break、continue、return 和 goto

break、continue、return 和 goto 用来执行跳转，它们的作用如下：

- break 用于跳出 switch、while、do…while 和 for 结构；
- continue 用于在 while、do…while 和 for 循环结构中结束当前循环；
- return 用于立即结束当前程序执行；
- goto 用于将程序执行流程跳转到指定位置后继续执行。

4.5.3　分支语句 switch…case

switch…case 结构可以根据变量不同的值而执行不同的语句，其语法结构如下：

```
switch(var){
    case value1:
        语句 1
        break;
    case value2:
        语句 2
        break;
    case value3:
        语句 3
        break;
    ….
    default:
        语句
        break;
}
后续语句
```

其中的“var”通常是一个变量，该结构在执行的时候会将 var 的值与 case 后的值进行比较，如果相等则执行对应的语句。如果在 case 后未找到匹配的值，那么就会执行 default 后的语句，其流程图如图 4.3 所示。

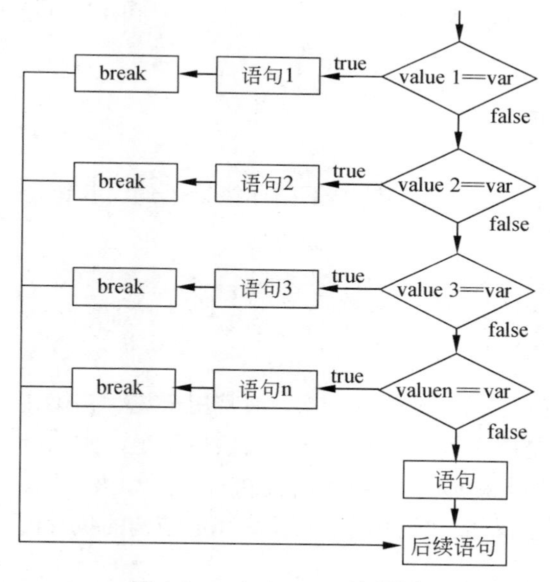

图 4.3 switch…case 流程图

4.5.4 循环语句 while 和 do…while

计算机最擅长的事情就是做重复的工作。通过 while 结构就可以使计算机重复地执行一些语句，直到所要求的条件不满足为止。其语法结构如下：

```
while(条件)
    语句
后续语句
```

其中的“条件”是可以得到 true 或者 false 的一条语句。其执行流程图如图 4.4 所示。

do…while 结构与 while 结构的执行过程类似，但 do…while 结构可以保证其中的“语句”会执行一次（如果“条件”开始就不满足，while 结构中的语句一次都不会执行）。其语法结构如下：

```
do{
    语句
}while(条件)
后续语句
```

其流程图如图 4.5 所示。

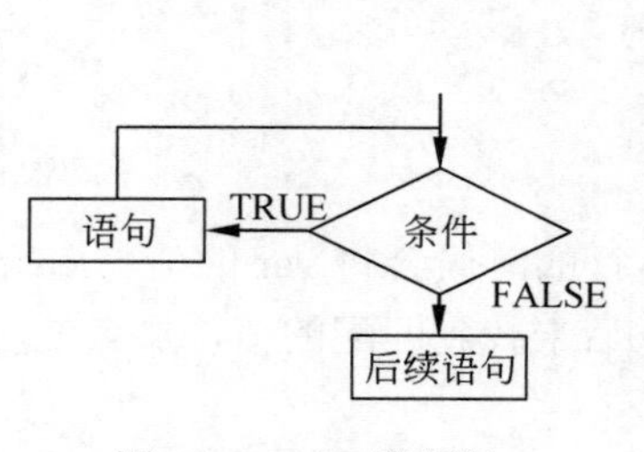

图 4.4　while 流程图

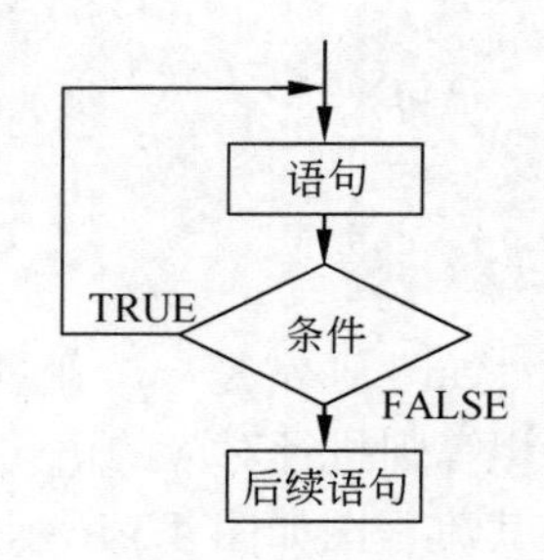

图 4.5　do…while 流程图

4.5.5　循环语句 for

for 结构用来在满足指定条件的情况下循环执行语句。其语法结构如下：

```
for(语句 1;语句 2;语句 3)
    语句
后续语句
```

for 循环中的“语句 1”只会被执行一次，通常用来进行初始化循环变量。“语句 2”是用来判断的条件，如果条件满足，则执行“语句”中的内容，否则结束 for 循环结构转而执行“后续语句”。“语句 3”中的内容会在执行完“语句”后执行。for 结构的执行流程如图 4.6 所示。

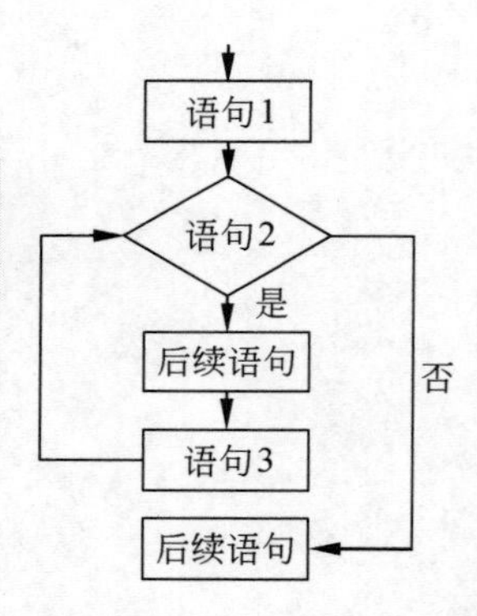

图 4.6　for 结构执行流程

注意：for 循环中的语句 1、语句 2、语句 3 都可以省略，但是分号不可以被省略。

4.6　函　　数

函数通常是多条语句的集合，它通常用来完成一个完整而单一的功能。函数中的数据通常（但不完全）只限于在函数内使用，因此一个函数可以作为一个独立的代码段供多个程序使用。

4.6.1　系统函数

系统函数是 Arduino 语言默认提供的函数，这些函数可以直接拿来使用而不需要定义。Arduino 提供了多种类型的系统函数，这些函数名及功能如表 4.13 所示。

表 4.13　数字I/O

系统函数类型	作　用
数字 I/O	设置针脚属性和进行 I/O 操作
模拟 I/O	设置针脚属性和进行 I/O 操作
高级 I/O	操作波形和比特数据等
时间	输出时间和暂停程序等
数学	数学操作函数，如求绝对值等
三角	进行 sin、cos 和 tan 运算
随机数	产生随机数
位和比特	操作位和比特的函数
外部中断	响应或者关闭外部中断
内部中断	响应或者关闭内部中断
通信	主机与 Arduino 设备之间进行通信
USB（只有 Leonardo 和 Due 具备）	使用 USB 键盘和鼠标

4.6.2　调用函数

调用函数就是要使用函数的功能。可以使用如下语法进行调用：

```
funcname(arg1,arg2…)
```

funname 表示函数名，它指明需要调用的函数，在圆括号中以逗号分隔的是调用函数的参数。有些函数需要参数，则需要正确地传入对应参数才可调用，例如：

```
pinMode(13,OUTPUT)
```

注意：有参数调用函数的时候传参顺序和参数类型都是固定的。

有些函数在调用的时候不需要参数，如下面的函数调用：

```
noInterrupts();
```

4.6.3　自定义函数

除了可以直接使用的系统函数外，我们可以定义自己的函数来满足我们特定的需求。定义函数的语法如下：

```
typeSpecifier functionName(argList){
    语句
}
```

其中的 typeSpecifier 指定了函数会返回的数据类型；functionName 表示函数的名称，该名称命名规则与变量命名规则相同；argList 表示函数需要的参数，它不是必需的。定义一个求和函数的代码如下：

```
int myadd(int a,int b){
    return a+b;
}
```

以上定义说明定义了一个返回值为 int 类型的函数 myadd(),该函数需要两个类型为 int 的参数。

4.7　C++语言的类和对象

C++语言与 C 语言最大的区别就是引入了面向对象机制，该机制的引入达成了软件工程中的重用性、灵活性和扩展性目标。C++语言是庞大的。要想将它在一个节中完全讲解是不现实的。因此，本节中只介绍我们在后续学习中会用到的知识，即类和对象，而且这些知识足以使我们在后续使用中游刃有余。

4.7.1　类

类是 C++语言中的一种类型，即类类型。它也常被称为抽象数据类型。抽象数据类型将数据（即成员变量）和作用于数据的操作（即成员函数）视为一个单元。如下是 Arduino 官方库 Stepper 库中的一段 C++代码。

```
// library interface description
class Stepper {
  public:
    // constructors:
    Stepper(int number_of_steps, int motor_pin_1, int motor_pin_2);
    Stepper(int number_of_steps, int motor_pin_1, int motor_pin_2, int
    motor_pin_3, int motor_pin_4);

    // speed setter method:
    void setSpeed(long whatSpeed);

    // mover method:
    void step(int number_of_steps);

    int version(void);

  private:
    void stepMotor(int this_step);

    int direction;        // Direction of rotation
    int speed;          // Speed in RPMs
    unsigned long step_delay;    // delay between steps, in ms, based on speed
    int number_of_steps;      // total number of steps this motor can take
    int pin_count;        // whether you're driving the motor with 2 or 4 pins
    int step_number;        // which step the motor is on

    // motor pin numbers:
```

```
    int motor_pin_1;
    int motor_pin_2;
    int motor_pin_3;
    int motor_pin_4;

    long last_step_time;      // time stamp in ms of when the last step was taken
};
```

这段 C++代码定义了一个 Stepper 类。其中，class 关键字用来指定一个标识是类类型，类的主体位于花括号之内。类在定义完成后花括号后面会必须要跟一个分号。

在类类型的主体中还有 public 和 private 关键字。它们是类的访问标号，用来控制类的成员在类外是否可以访问。使用 private 标识的成员不可以在类外被访问，它们通常是成员变量；使用 public 标识的成员可以在类外被访问，它们通常是成员函数。

4.7.2　对象

对象是类的一个实例，对象可以以如下的任意一种方式定义：

- 将类的名字直接用做类型名；
- 使用关键字 class 或 struct。

如下所示为定义 Stepper 类的一个对象的两种方式：

```
Stepper stepper1;
class Stepper stepper1;
```

这两种方式是等价的，读者可以任意选择一种使用。

每个对象都具有自己的类数据成员副本，所以修改任意一个对象均不会影响到该类的其他对象。在类之外，类的成员就只能通过对象或者指针分别使用成员访问操作符.或->来访问。如下所示是 Stepper 类的对象访问它的 setSpeed()成员方法。

```
Stepper stepper;
Stepper *ptr=&stepper;
stepper.setSpeed();
ptr->setSpeed();
```

以上两种访问方式是等价的。还有一种定义对象的方式是使用 new 关键字（作用类似于 C 语言中的 malloc()函数），它与之前的方式的不同之处在于，new 方式在堆上为对象分配空间（前面的方式在栈上分配）。如下代码使用 new 定义一个 Stepper 类的对象，并且访问它的 setSpeed()成员方法：

```
Stepper *ptr=new Stepper;
ptr->setSpeed();
```

在 new 方式定义的对象使用完毕以后需要使用 delete（作用类似于 C 语言中的 free()函数）关键字释放分配的空间。如下代码使用 delete 释放上面代码分配的空间：

```
delete ptr;
```

至此，我们在后续过程中要使用到的 C++知识就介绍完毕了。如果读者对 C++的其他知识感兴趣，请参考 C++相关的专业书籍。

4.8　库

库的实质就是将多个函数打包到一个文件中。其他的程序可以通过加载这个库文件使用其中的函数。Arduino 官方提供了多个类型的标准库。读者也可以使用第三方库或者创建自己的库。

4.8.1　Arduino 官方库

官方提供的库可以直接从 Arduino IDE 中导入，如图 4.7 所示。

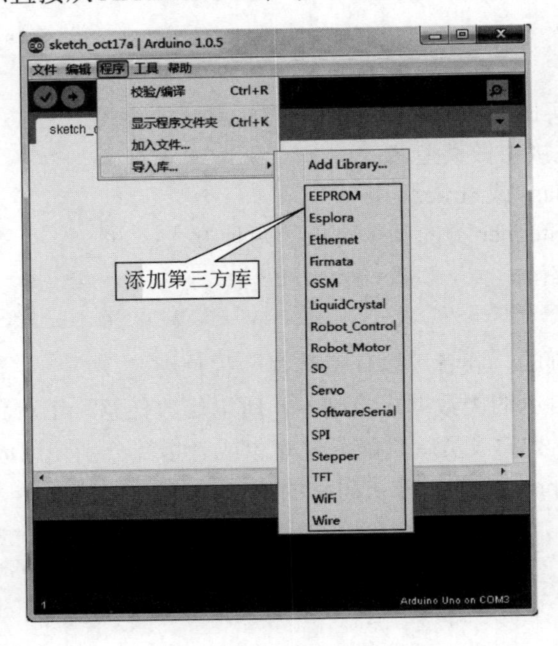

图 4.7　Arduino 官方库

如表 4.14 所示为对 Arduino 官方库的描述。

表 4.14　Arduino官方标准库说明

库　名	说　明
EEPROM	读写 EEPROM
Ethernet	Arduino 网络扩展所使用的函数
Firmata	与主机之间通过串口协议进行通讯
GSM	连接 GSM 扩展板
LiquidCrystal	控制 LCD
SD	读写 SD 卡
Servo	控制舵机
SPI	使用 SPI 总线通讯
SoftwareSerial	在数字引脚上使用串口通讯

续表

库　　名	说　　明
Stepper	控制步进电机
TFT	在 TFT 屏幕输出
WiFi	控制 WiFi 扩展板
Wire	使用 Wire 接口通过网络或者传感器接收或发送数据
Robot_Control	Arduino 机器人控制
Robot_Motor	Arduino 机器人马达控制

4.8.2　使用第三方库和创建自己的库

除了可以直接使用 Arduino 提供的标准库之外，还可以使用第三方库。第三方库可以通过选择“程序”|“导入库...”|Add Library...命令，如图 4.8 所示。

当然，如果自己创建了一个库想要与他人共享，就可以通过选择“工具”|“打包程序”命令来将该库打包，如图 4.9 所示。

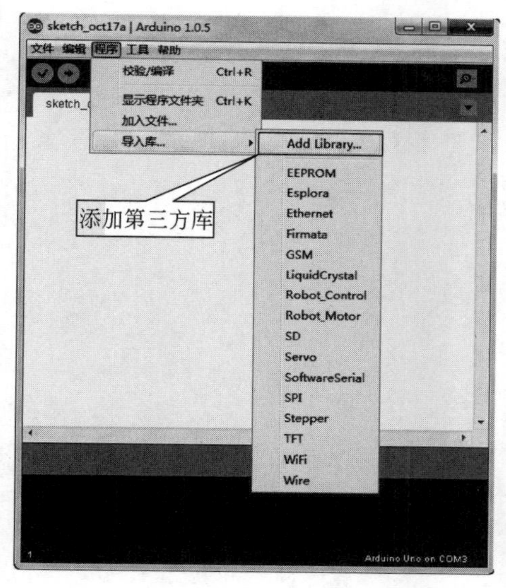

图 4.8　添加第三方库

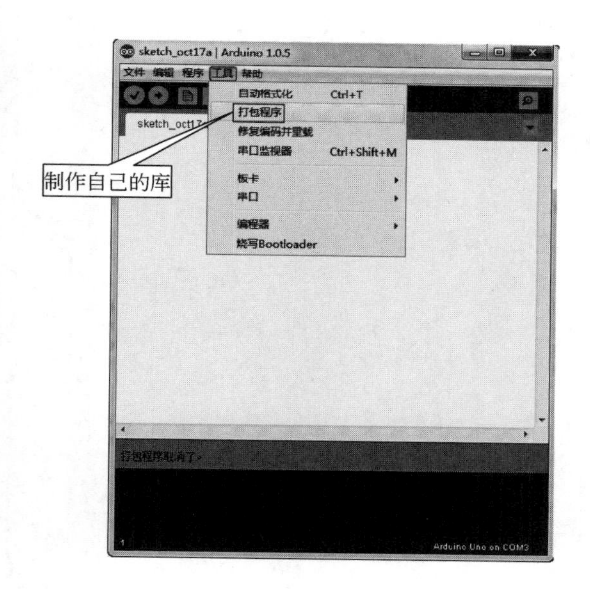

图 4.9　打包程序

在将程序打包后就可以分享给他人了，当然也方便了自己保存。

第 2 篇　Arduino 元器件

第 5 章　通用元器件介绍

本章将要介绍的是在后续章节中都会用到的通用元器件。这些通用元器件主要包括导线、电阻和面包板。下面就为读者介绍这些通用元器件的构成及作用等知识。

5.1　导线、电缆和连接器

导线的作用是为电流提供通路。多数的导线是由铝、铜和银制成的，通常会由塑料、橡胶或绝缘漆等绝缘材料包裹。当然也存在没有绝缘保护的导线，如高压电线。

导线的规格使用一系列的线规号来表示。线规号与常规的标号不同，直径越大的导线的线规号越小。导线通常分为单股实心线、叫和弦和屏蔽线，而在我们的学习过程中只会使用到单股实心线，如图 5.1 所示。

图 5.1 中导线两端的黑色部件是连接器，用于方便地联通电路。连接器也分为多种，如常见的家用插座及插头、耳机插孔及插头，以及 USB 插孔及插头。在接下来的学习中，我们将使用针型连接器，如图 5.2 所示。

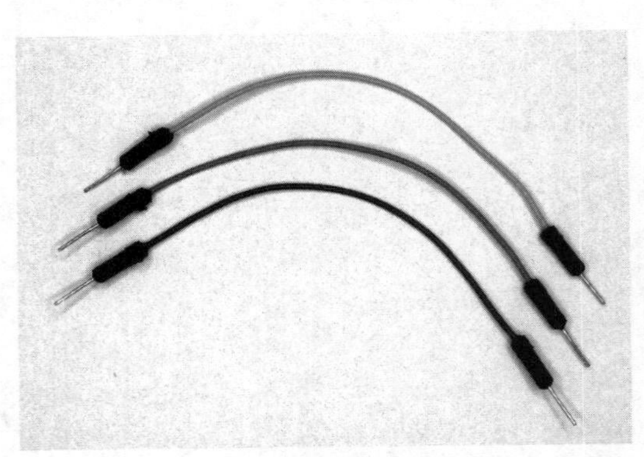

图 5.1　学习过程中使用的导线——单股实心线

图 5.2　针型连接器

电缆是由多根独立导线组成的，例如我们会在之后使用到的排线，如图 5.3 所示。

图 5.3　排线

🔔**提示**：排线在使用过程中可以根据需求进行拆分。

5.2 电　阻

在当前，可以使用的电阻总类有很多，例如固定电阻、可变电阻、光敏电阻等。本节主要介绍的是固定电阻，其他类型的电阻会在相关的章节中介绍。

5.2.1 概念

固定电阻就是有一个固定值的电阻，它的阻值在相同的环境下是固定的（当然会有一定的误差范围）。如图 5.4 所示为我们将会使用的固定电阻。

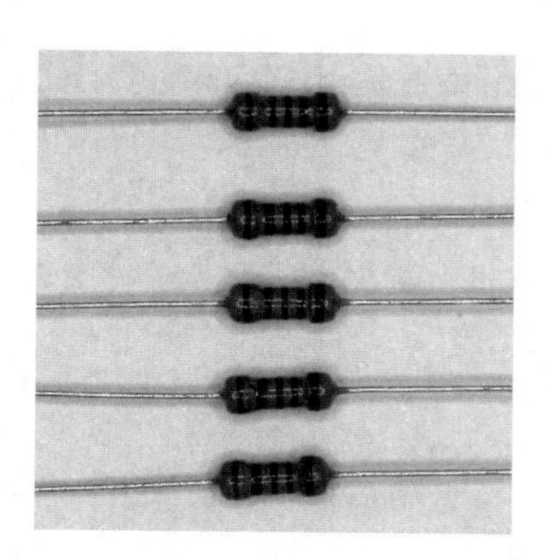

图 5.4　常用固定电阻

5.2.2 阻值识别

电阻的大小通常有两种表示方式：数字标记和色环标记。在电子设计的过程中通常使用的是轴心引线电阻，也就是图 5.4 中所示的电阻。这种电阻更加容易在面包板上进行装卸。这种电阻是通过四条或者五条色环来表示阻值的，阻值的单位是 Ω（欧姆）。色环对应的颜色如表 5.1 所示。

表 5.1　电阻色环含义

颜　色	数　字	乘 数 因 子	公差（%）
黑	0	1	-
棕	1	10	1
红	2	100	2
橙	3	1000	-
黄	4	10000	-
绿	5	100000	0.5
蓝	6	1000000	0.25
紫	7	10000000	0.1
灰	8	100000000	-
白	9	1000000000	-
金	-	0.1	5
银	-	0.01	10
无色	-	-	20

四色环标记形式中的各个色环含义如下：

- 第一条色环表示阻值的第一位数；
- 第二条色环表示阻值的第二位数；

- 第三条色环表示乘数因子；
- 第四条色环表示公差（如果没有第四条色环则表示公差为 20%）。

五色环标记形式中的前三条色环表示阻值的前三位数，后两条色环同四色环标识规则相同。根据以上规则就可以读出如图 5.5 所示的电阻的阻值。

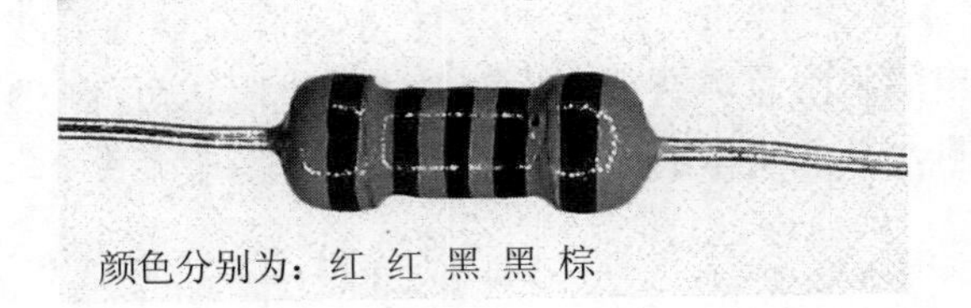

图 5.5　五色环电阻

根据图中的色环颜色可以得出如下算式：

```
220*1=220Ω
```

电阻的大小还可以以千欧（kΩ）和兆欧（MΩ）的方式给出，其中的 k 表示 1000，M 表示 1000000。那么，2kΩ 就是 2000Ω，1.2kΩ 就是 1200Ω。

5.2.3　欧姆定律

欧姆定律描述了电路中电阻值和电压、电流之间的关系：在同一电路中，导体中的电流跟导体两端的电压成正比，跟导体的电阻阻值成反比。基本公式是：

```
I=V/R
```

其中的 R 为电阻值；V 为电压值；I 为电流值。当然，根据数学知识可以写出其等价的公式：

```
V=I*R
R=V/I
```

其中，电阻的单位为欧姆（Ω），电压 V 的单位为伏特（V），电流 I 的单位为安培（A）。

5.2.4　电阻的作用

电阻在电路中的作用就是分压和限流。因为电气元件对电压和电流都有一定的承受范围，超过指定的范围就有可能导致元件损坏。因此，电阻在电路中的作用是非常重要的。

5.2.5　电阻的串联与并联

在现实中，电气爱好者通常不会将所有阻值的电阻都购置，而且有的阻值没有对应的电阻在生产。那么我们就需要自己来制作特定阻值的电阻。例如将两个电阻首尾相连就构成了一个大的电阻，这种形式就被称为电阻的串联。

串联后电阻的值可以使用下面的公式计算：

$$R_{total}=R_1+R_2+R_3+R_4+\cdots R_N$$

那么如果想要使用一个 2kΩ 的电阻，就可以使用两个 1kΩ 的电阻串联起来代替。在串联电路中，经过每个电阻的电流是相等的。

与串联电阻对应的是并联电阻。并联电阻的等效电阻可以使用如下公式计算：

$$R_{total}=1/(1/R_1+1/R_2+1/R_3+1/R_4+\cdots 1/R_N)$$

在并联电路中，并联的电阻两端的电压是相等的。

5.3　面　包　板

面包板的主要作用是用于构造电子样品。由于面包板无需焊接就可以轻松实现元器件之间的电气连接，因此非常适合我们学习测试之用。一种典型的面包板造型如图 5.6 所示。

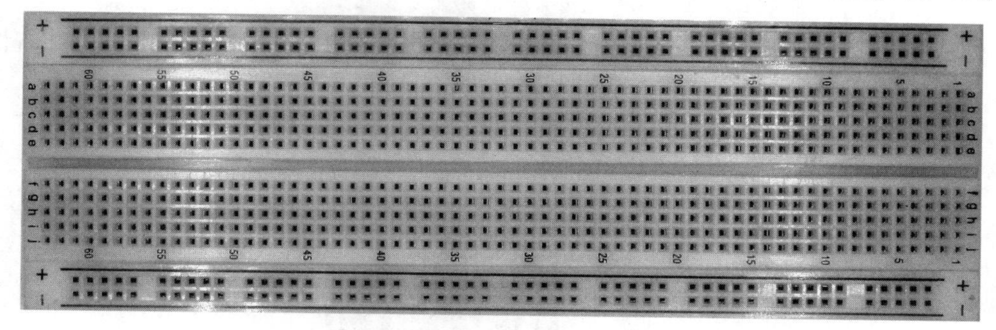

图 5.6　典型面包板

面包板两侧的针孔结构与中间部分的结构是不同的，其中的正极（+）和负极（-）列中的所有孔都是联通的。而中间部分是每一行的 5 个孔之间是联通的。那么，在面包板上串联电阻的方式如图 5.7 所示。

并联电阻在面包板上的接法如图 5.8 所示。

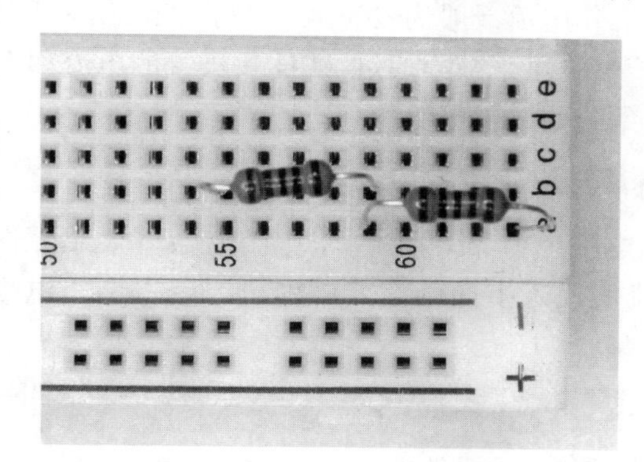

图 5.7　串联电阻

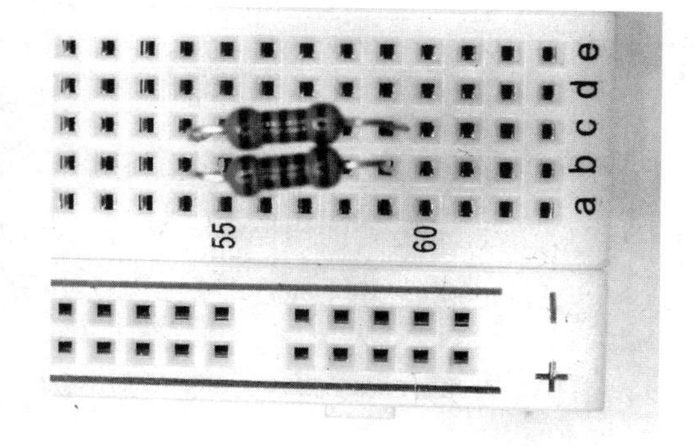

图 5.8　电阻的并联接法

这样，就可以在没有一些特殊阻值的情况下通过电阻组合来代替。

第 6 章　发光二极管 LED

LED（Light-Emitting Diode，发光二极管），它是一种将电能转换为光能的一半导体电子元件。LED 在近几年迅速地发展了起来，例如最常见的 LED 广告牌、LED 手电筒，以及 LED 装饰灯等。当然并不是所有的 LED 都会发出可见光，例如红外线 LED。本章将讲解 Arduino 开发中 LED 的常见应用。

6.1　使用到的专用器件

在本节中只需要使用到一个专用的器件——LED 二极管。LED 二极管的类型和规格有很多，这里使用的是一个蓝色的 5 毫米发光二极管，如图 6.1 所示。

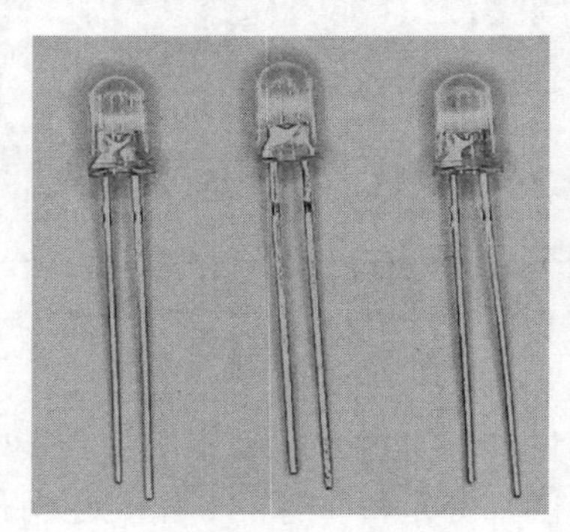

图 6.1　LED 二极管

这种二极管推荐的工作电压是 3V~3.5V，工作电流一般为 20mA。由于 Arduino 开发板提供的是 5V 电压和 40mA 电流，因此需要一个电阻来减小通过 LED 二极管的电流和电压。这个电阻的阻值可以通过下面的公式来计算：

$$R=(V_S-V_L)/I$$

其中，R 表示需要的电阻值；V_S 表示电源电压；V_L 表示元件的额定电压；I 表示元件的额定电流。那么，将前面的额定电压和电流值代入上面的公式中就可以获得期望电阻的值：

```
R=(5-3)/0.02
```

经过计算可以得出 R 的值为 100Ω。如果你拥有的元器件中没有 100Ω 的电阻，那么也可以使用一个大于 100Ω 的电阻（此时的 LED 二极管亮度会有所降低）。切记，不可使用小于 100Ω 的电阻，那可能会对 LED 二极管造成损伤。

日常生活中的 LED 显示屏通常不是依次将单个 LED 进行排列安装，而主要使用类似如图 6.2 和图 6.3 所示的两种方式来拼装的。其实物图如图 6.4 所示。

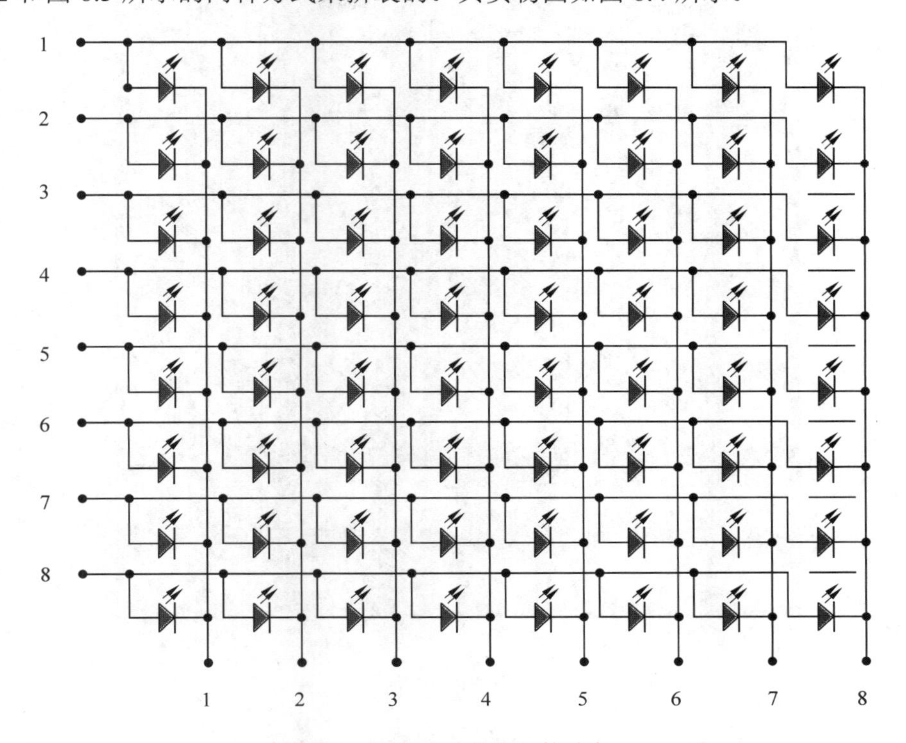

图 6.2　LED 点阵的内部接法之一

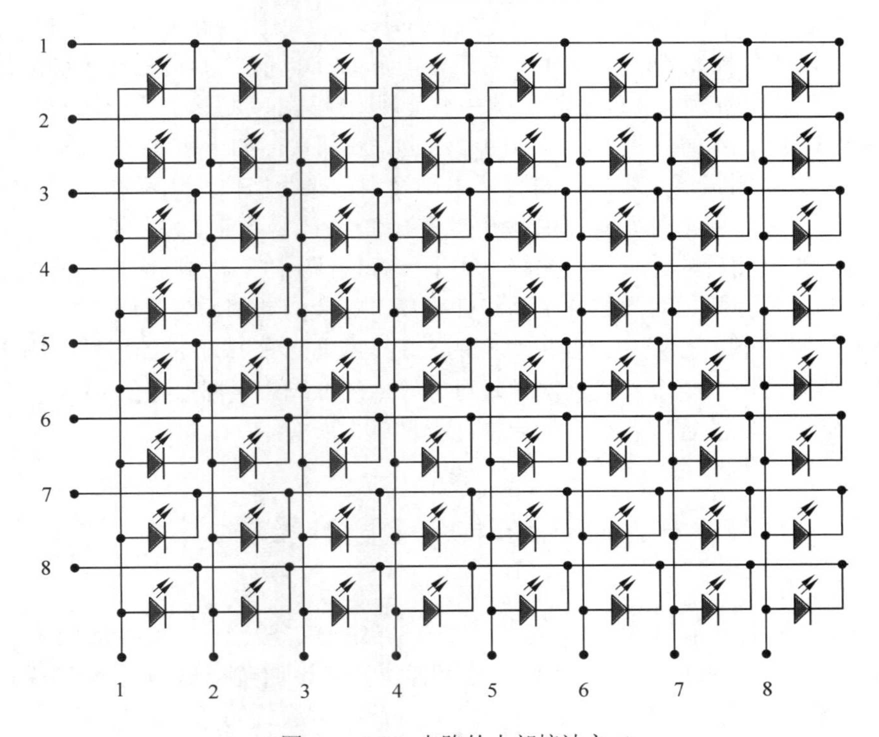

图 6.3　LED 点阵的内部接法之二

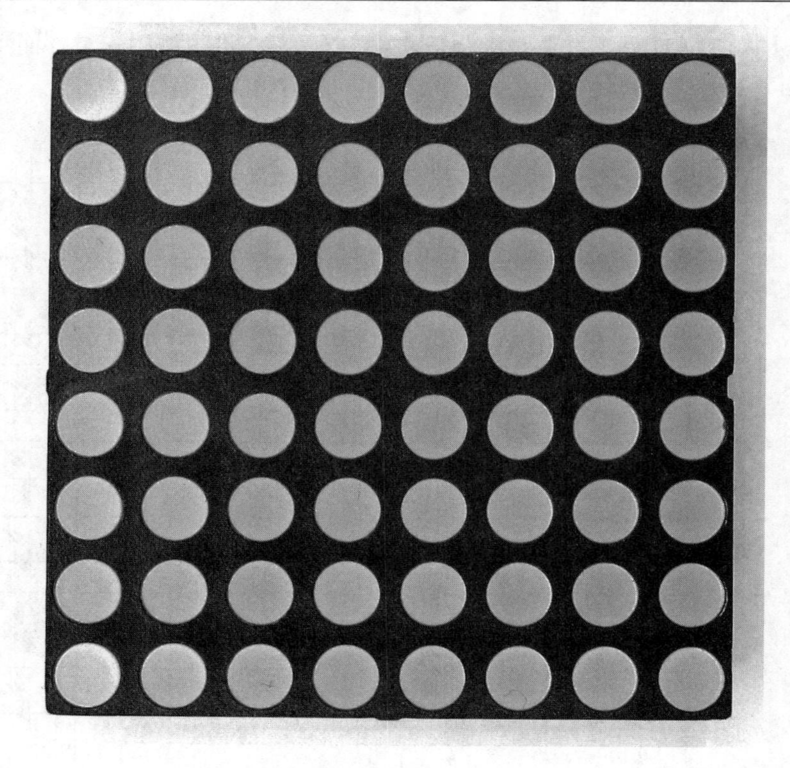

图 6.4　LED 点阵

图 6.2 和 6.3 中的 LED 点阵只引出了 16 个针脚，但是却要控制 64 个，而不是 16 个 LED。这里就用到了一个重要的概念——多路复用技术。使用多路复用技术可以保证使用 16 个引脚就可以单独控制 64 个 LED 中的任意一个 LED。LED 点阵的电路图虽然看起来比较简洁，但是实际生产的 LED 点阵针脚并不是规则排列的，那么就需要用户自己来判断各个针脚对应 LED 点阵的行和列。判断的方法也比较简单，如下所述。

- 判断针脚是阴极还是阳极：将万用表切换到二极管档位，然后红笔测量一个固定的针脚，黑笔依次触碰其他引脚并查看 LED 点阵是否有 LED 亮起，如果有 LED 亮起则黑笔测量的针脚均为阴极。如果没有任何 LED 亮起则应该调换两个表笔后继续测试。在找出对应的 8 个阴极针脚后，剩余的针脚均为阳极。
- 确定针脚控制的行或列：使用对应的表笔（上面步骤中确定的极性）固定一个针脚，然后使用另一个表笔依次触碰对应极性的针脚，根据点亮的 LED 位置就可以确定针脚控制的行或者列。然后依此类推确定所有 16 个针脚。

6.2　驱动单个 LED 程序

驱动 LED 的程序非常简单。要持续地点亮一个 LED 二极管，只需要为 LED 二极管提供一个额定范围内恒定的电压即可。Arduino 开发板的针脚有输入和输出两种模式，将针脚设置为输出模式后就可以做为电源。指定 Arduino 针脚模式的函数原型如下：

```
pinMode(pin,mode)
```

其中，pin 为要设定的针脚，在 Arduino UNO 中可以取值为 0~13；mode 为针脚模式，它的值可以为 INPUT（输入）和 OUTPUT（输出）。在将对应的针脚设置为输出模式后，还需要设置对应针脚的输出电压。由于在 Arduino 开发板上有数字和模拟两种针脚，因此有两个对应的函数来对针脚进行设置。

数字针脚只能输出高电压（5V）和低电压（0V），它可以使用 digitalWrite()函数设置。该函数的原型如下：

```
digitalWrite(pin, value)
```

其中，pin 表示要设置的针脚，可以是 0～13；value 表示输出的电压，可以为 LOW（低电压）和 HIGH（高电压）。

模拟针脚则可以输出 0～5V 之间的电压，它可以使用 analogWrite()函数来设置。该函数的原型如下：

```
analogWrite(pin,value)
```

提示： 调用 analogWrite()函数时候无需在之前调用 pinMode()函数。

其中，pin 表示要设置的针脚，可以是 3、5、6、9、10 和 13（Arduino 开发板上针脚标号前带“～”的针脚）。value 表示占空比，它的值可以是 0～255（占空比越大，输出的电压越大）。

6.2.1　使用数字针脚点亮 LED

由于数字针脚只能输出高电压和低电压，因此在不借用其他元件的情况下只可以点亮或者熄灭 LED。

1. 电路图

该实例的电路图如图 6.5 所示。

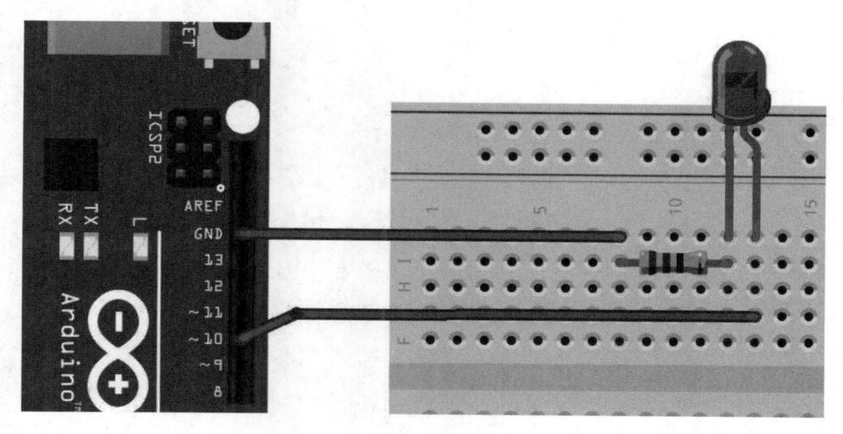

图 6.5　实例电路图

在这个电路中，LED 的正极接在 Arduino 的 10 号端口，负极通过一个限流电阻接在 Arduino 的 GND 针脚。应该注意 LED 需要正确地将负极接入 Arduino 的 GND 端才可以被正确地点亮。在透明的 LED 中可以看到两个金属片，其中较小部分为正极。这个电路的实现原理是从 Arduino 的 10 端口流出一股电流，电流流过回路中的 LED 使其发光。

2. 程序

程序部分需要做的就是为 LED 的正极提供电压。实现代码如下：

【示例 6-1】 下面代码为使用数字针脚点亮 LED。

```
int pin=10;                          //指定 LED 连接的针脚

void setup(){
  pinMode(pin,OUTPUT);               //设置针脚模式为输出
  digitalWrite(pin,HIGH);            //设置针脚输出电压
}

void loop(){

}
```

程序的中针脚 pin 可以根据实际电路中使用的针脚进行修改。

6.2.2　使用模拟针脚点亮 LED

经过前面的讲解可以得知，analogWrite()函数可以修改针脚的输出电压（0~5V）。那么，就可以通过为 analogWrite()函数传入不同的参数来控制针脚的输出电压，进而就可以控制 LED 的亮度。该实例的电路图与 6.2.1 节实例的接法相同，因此这里直接来看代码。

【示例 6-2】 下面代码将使用模拟针脚逐渐点亮 LED。

```
int pin=10;

void setup(){

}

void loop(){
  for(int i=0;i<=255;i++){           //使用 for 循环逐渐增加 i 的值
    analogWrite(pin,i);              //将 i 的值作为 analogWrite()函数的参数
    delay(20);                       //延时 20 毫秒
  }
}
```

在将以上代码下载到开发板之后，就可以看到 LED 反复地逐渐变亮然后熄灭。我们还可以将上面的程序进行改进，改进后的程序可以控制 LED 逐渐变亮后，再逐渐变暗。

【示例 6-3】 下面代码为使用模拟针脚控制 LED 逐渐变亮后，再逐渐变暗。

```
int pin=10;

void setup(){

}

void loop(){
  for(int i=1;i<=255;i++){           //使用 for 循环逐渐增加 i 的值
```

```
    analogWrite(pin,i);                  //将 i 的值作为 analogWrite()函数的参数
    delay(20);                           //延时 20 毫秒
  }

  for(int i=255;i>=1;i--){               //使用 for 循环逐渐减小 i 的值
    analogWrite(pin,i);                  //将 i 的值作为 analogWrite()函数的参数
    delay(20);                           //延时 20 毫秒
  }
}
```

注意：程序中 pin 的值虽然可以修改，但是只可以修改为有模拟 I/O 功能的针脚。

6.2.3 使用 LED 发送 S.O.S 摩尔斯电码

摩尔斯电码可以很方便地用来发送英文字母、数字，以及部分符号。S.O.S 是国际通用的求救信号，它可以非常简单地使用摩尔斯电码的形式来发送。摩尔斯电码是通过控制电信号的长短来发送信息的。SOS 这三个字母的摩尔斯电码表示如下：

```
... ——— ...
```

其中，点（·）表示一个基本电信号，而横（—）通常是点的三倍时间长度。这些信号可以通过无线电来进行发送。但是也可以通过闪光的方式来发送，就像使用手电筒。那么我们就可以通过控制 LED 闪烁来发送这个信号。

【示例 6-4】 通过控制 LED 闪烁来发送 S.O.S 信号。

```
int ledPin=10;                           //LED 输入针脚

void setup(){
  pinMode(ledPin,OUTPUT);                //设置针脚模式
}

void loop(){
  //发送一个三个点
  for(int i=0;i<3;i++){
    digitalWrite(ledPin,HIGH);           //点亮 LED
    delay(300);                          //延时
    digitalWrite(ledPin,LOW);            //熄灭 LED
    delay(600);                          //字母内信号之间延时
  }

  delay(2100);                           //字母间信号的延时

  //发送三个横
  for(int i=0;i<3;i++){
    digitalWrite(ledPin,HIGH);
    delay(900);
    digitalWrite(ledPin,LOW);
    delay(600);
  }

  delay(2100);

  //发送三个点
```

```
  for(int i=0;i<3;i++){
    digitalWrite(ledPin,HIGH);
    delay(300);
    digitalWrite(ledPin,LOW);
    delay(600);
  }

  delay(2100);                //下一轮循环开始时的延时
}
```

将上面的程序下载到 Arduino 开发板之后，就可以看到 LED 灯开始以闪灯的方式来发送 S.O.S 信号了。上面的代码是最简单易懂的，但是也是最笨拙的实现方式，下面就再以定义函数的方式来完成发送 S.O.S 信号。

【示例 6-5】 以函数的形式简化【示例 6-4】的代码。

```
int ledPin=10;             //LED 输入针脚
int stdd=300;              //基准时间

void dot();                //声明点信号发送函数
void dash();               //声明横信号发送函数
void wait();               //两个字母间的间隔

void setup(){
  pinMode(ledPin,OUTPUT);
}

void loop(){
  dot();dot();dot();       //调用 dot()函数发送 3 个点信号
  wait();                  //两个字母间的时间间隔
  dash();dash();dash();    //调用 dash()函数发送 3 个横信号
  wait();                  //两个字母间的时间间隔
  dot();dot();dot();       //调用 dot()函数发送 3 个点信号
  delay(stdd*2);           //开始下一轮发送的延时
}

//定义 dot()函数
void dot(){
  digitalWrite(ledPin,HIGH);
  delay(stdd);
  digitalWrite(ledPin,LOW);
  delay(stdd*2);
}

//定义 dash()函数
void dash(){
  digitalWrite(ledPin,HIGH);
  delay(stdd*3);
  digitalWrite(ledPin,LOW);
  delay(stdd*2);
}

//定义 wait()函数
void wait(){
  delay(stdd*7);
}
```

将上面的代码下载到 Arduino 开发板后会出现同【示例 6-4】同样的效果。

6.2.4　使用 LED 发送摩尔斯电码

从【示例 6-5】中的代码中也可以看出 dot()函数和 dash()函数是非常类似的，只是等待的时间不同而已，而这个等待的时间也是以一个基准的时间变量 stdd 来设置的。那么，我们就可以进一步地将上面这两个函数用一个函数来实现：

```
void dot(int ledPin,int len,int stdd){
    digitalWrite(ledPin,HIGH);
    delay(stdd*len);
    digitalWrite(ledPin,LOW);
    delay(stdd*2);
}
```

上面函数中的参数 ledPin 为 LED 的输出针脚；参数 len 为输出的长度（点为 1，横为 3）；参数 stdd 为基准时间。表 6.1 为英文字母的莫尔斯电码表。

表 6.1　英文字母的摩尔斯电码

字符	电码符号	字符	电码符号	字符	电码符号	字符	电码符号
A	. —	B	—. . .	C	— . —.	D	— . .
E	.	F	. . —.	G	——.	H	. . . .
I	. .	J	. ———	K	— . —	L	. —. .
M	——	N	—.	O	———	P	. ——.
Q	——. —	R	. — .	S	. . .	T	—
U	. . —	V	. . . —	W	. ——	X	— . . —
Y	—. ——	Z	—— . .				

那么，通过上面的 dot()函数和表 6.1，我们就可以将所有的大写英文字母以摩尔斯电码的方式进行发送。其中的核心就是可以解析出电码符号中的点和横。这里的一个思路是将点解析为字符 0，而将横解析为字符 1。例如，字符 C 的电码符号就为“1010”。下面的代码就来实现这个思路：

```
void morse(int ledPin,String str,int stdd){
  for(int i=0;i<str.length();i++){  //遍历电码符号数组
    if(str[i]=='0')                 //判断是点还是横
      dot(ledPin,1,stdd);           //是点则调用 dot()函数，LED 点亮时间为 1 倍 stdd
    else
      dot(ledPin,3,stdd);           //是点则调用 dot()函数，LED 点亮时间为 3 倍 stdd
  }
  delay(stdd*7);
}
```

那么使用上面的思路就可以发送一些实质性的内容了。

【示例 6-6】 以下代码演示使用 morse()函数发送单词 ARDUINO。

```
int ledPin=10;                  //LED 输入针脚
int stdd=300;                   //基准时间

void morse(int,String,int);//解析电码符号函数
void dot(int,int,int);          //控制 LED 的函数
```

```
void setup(){
  pinMode(ledPin,OUTPUT);
}

void loop(){
  morse(ledPin,"01",stdd);              //发送字母A的函数调用
  morse(ledPin,"010",stdd);             //发送字母R的函数调用
  morse(ledPin,"100",stdd);             //发送字母D的函数调用
  morse(ledPin,"001",stdd);             //发送字母U的函数调用
  morse(ledPin,"00",stdd);              //发送字母I的函数调用
  morse(ledPin,"10",stdd);              //发送字母N的函数调用
  morse(ledPin,"111",stdd);             //发送字母O的函数调用
}

void dot(int ledPin,int len,int stdd){          //dot()函数实现
    digitalWrite(ledPin,HIGH);
    delay(stdd*len);
    digitalWrite(ledPin,LOW);
    delay(stdd*2);
}

void morse(int ledPin,String str,int stdd){    //morse()函数实现
  for(int i=0;i<str.length();i++){
    if(str[i]=='0')
      dot(ledPin,1,stdd);
    else
      dot(ledPin,3,stdd);
  }
  delay(stdd*7);
}
```

将上述代码上传到Arduino开发板后LED就会循环地发送ARDUINO的摩尔斯电码了。当然，这里还可以对上面的代码做一些修改。例如，可以使用预定义变量的方式来替换难记的0、1字符串的组合：

```
#define A "01"
#define B "1000"
#define C "1010"
```

当然，表6.1中只是列出了英文字母的电码符号，数字和符号在这里并没有列出，读者可以自行查找资料并进行试验。

6.2.5　LED跑马灯

跑马灯在很早以前是一种表演节目。现在意义上的跑马灯已经非常多，通常是通过LED交替点亮来实现滚动显示的效果。本节就来通过简单的软硬件来实现跑马灯的效果。前面的实例中只使用到了一个LED，在本示例中我们需要最少3个LED来进行演示。这些LED的接法也非常简单，如图6.6所示。

提示：图中的LED可以是任何颜色和任何个数的组合。

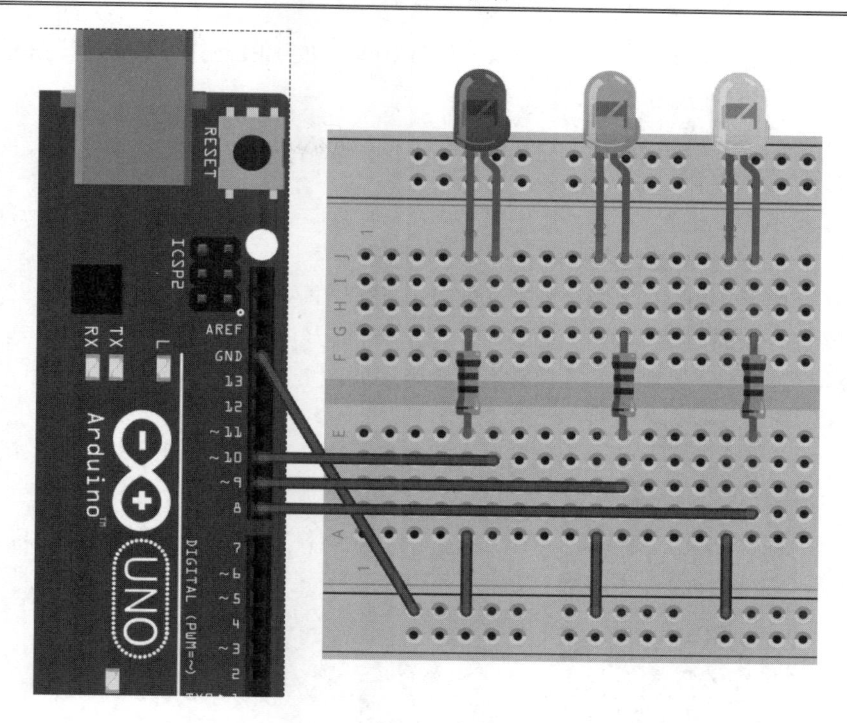

图 6.6　跑马灯接法图

跑马灯的软件实现思想也是非常简单的，Arduino 板通过程序控制 8、9、10 端口流出电流以点亮对应回路上的 LED。具体的实现代码如【示例 6-7】所示。

【示例 6-7】 实现 LED 跑马灯效果。

```
int ledPin[]={8,9,10};                    //使用到的针脚组成的数组

void setup(){
  for(int i=0;i<3;i++)                    //使用循环初始化所有针脚模式
    pinMode(ledPin[i],OUTPUT);
}

void loop(){
  for(int i=0;i<3;i++){                   //使用 for 循环以 50 毫秒为间隔依次点亮 LED
    digitalWrite(ledPin[i],HIGH);
    delay(50);
    digitalWrite(ledPin[i],LOW);
  }
}
```

将上面的程序下载到 Arduino 开发板后，就会发现板子上的 LED 灯快速地闪烁了起来。

注意： 如果读者自行添加了额外的 LED 灯，则需要修改程序中对应的循环次数，以及 ledPin 数组的元素。

6.2.6　使用 LED 模拟交通灯

交通信号灯是我们在日常生活中随处可见的一种信号灯。这种信号灯由红、黄、绿 3

种颜色的灯组成。那么在这里我们就可以使用 3 种颜色的 LED 灯来代替这些信号灯以模拟交通灯的运行。交通灯规则如下：

- 红灯表示禁止通行；
- 黄灯表示减速慢行；
- 绿灯表示可以通行；
- 红、黄、绿灯交替点亮来放行车辆和行人；
- 在绿灯将转变状态的时候会通过闪烁来提示车辆和行人；
- 由绿灯转黄灯的时候会经过黄灯，再由黄灯转红灯。

那么模拟交通灯只需要 3 个 LED 灯，其接法如图 6.7 所示。

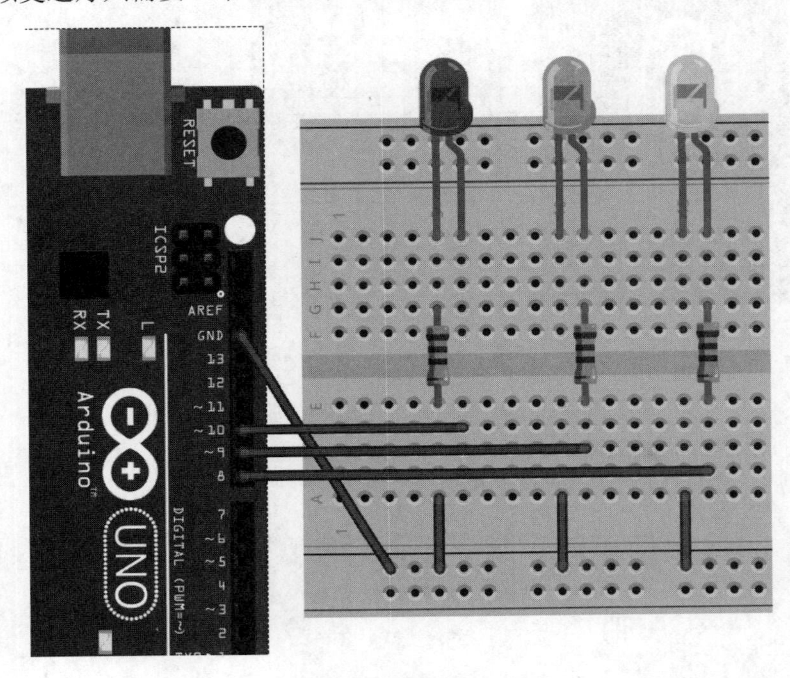

图 6.7　模拟交通灯接法

提示：该例的接法与上一例的接法类似，只是需要红、黄、绿 3 种颜色的 LED，因此其实现原理也与上一示例类似，这里就不再赘述。

根据前面的规则，我们就可以定义两个函数 lightOn()和 flicker()来控制这 3 种颜色的灯：

- lightOn()函数用来控制点亮的 LED 颜色和时间；
- flicker()函数用来使指定颜色的 LED 闪烁。

【示例 6-8】 下面的代码就使用 lightOn()函数和 flicker()函数来控制 LED 灯以模拟交通信号灯。

```
//三色 LED 的针脚
int redPin=10;
int yellowPin=9;
int greenPin=8;
```

```
void lightOn(int pin,int time);      //持续点亮 LED
void flicker(int pin);               //使 LED 闪烁

//初始化针脚模式
void setup(){
  pinMode(redPin,OUTPUT);
  pinMode(greenPin,OUTPUT);
  pinMode(yellowPin,OUTPUT);
}

void loop(){
  lightOn(redPin,5);                 //点亮红灯
  lightOn(yellowPin,1);              //点亮黄灯
  lightOn(greenPin,5);               //点亮绿灯
  flicker(greenPin);                 //使绿、红灯闪烁
  lightOn(yellowPin,1);              //点亮黄灯
}

//lightOn()函数实现
void lightOn(int pin,int time){
  digitalWrite(pin,HIGH);
  delay(1000*time);
  digitalWrite(pin,LOW);
}

//flocker()函数实现
void flicker(int pin){
  for(int i=0;i<5;i++){
    digitalWrite(pin,HIGH);
    delay(500);
    digitalWrite(pin,LOW);
    delay(500);
  }
}
```

在将上面的程序下载到 Arduino 开发板之后，就可以看到 3 个 LED 按照上面的规则进行交替点亮。

6.3　驱动 LED 点阵

随着 LED 的普及，以 LED 点阵为基础的显示设备层出不穷。例如，公交车的线路提示牌、高速公路的信息提示牌，以及安装在大楼上的广告屏幕等。本节将从简单到复杂地介绍各种使用 LED 点阵的方法。

6.3.1　LED 点阵显示表情

在 6.2 节中介绍了确定 LED 点阵针脚的方法。在确定各个针脚对应的 LED 后，就可

以通过给对应的针脚施加电压来点亮对应的 LED。下面就来实现一个，如图 6.8 所示。

由于我们使用的是 8*8 规格的 LED 点阵，因此可以将图 6.8 中的图像放在一个表格中以确定各个 LED 的坐标，如图 6.9 所示。

图 6.8　要用 LED 点阵实现的图像

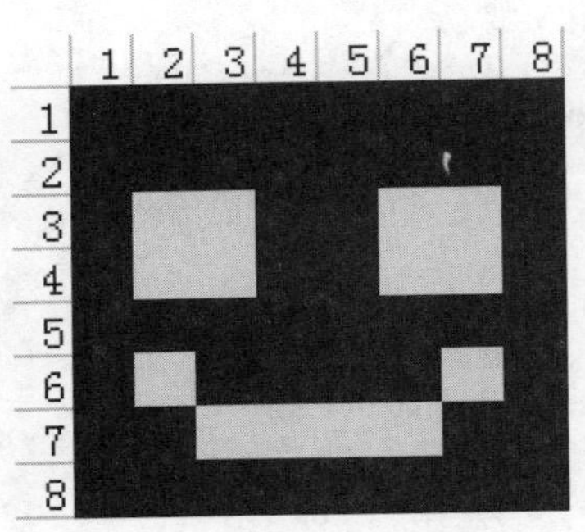

图 6.9　获取图像中对应位置坐标

根据图 6.9 中的简易坐标就可以得出需要点亮的 LED 坐标（逗号左边的数值为 LED 所在行，右边的数值为 LED 所在的列）：

```
(3,2)(3,3)(3,6)(3,7)(4,2)(4,3)(4,6)(4,7)(6,2)(6,7)(7,3)(7,4)(7,5)(7,6)
```

首先，需要按照如图 6.10 所示的接线图来连接器件。

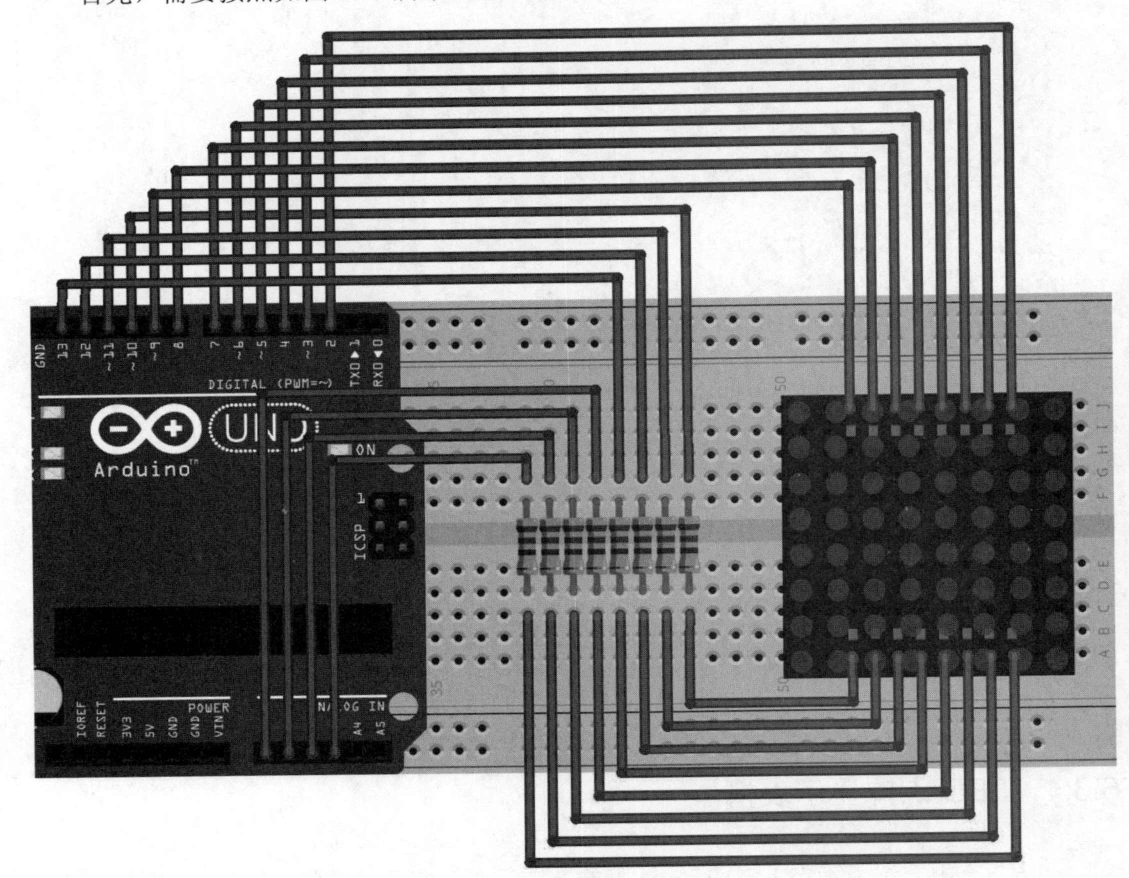

图 6.10　LED 点阵显示表情接线图

🔔注意：接线图中的 LED 点阵是按照理想情况来连接的，即假设针脚 1~8 对应 LED 点阵的 1～8 行、针脚 9～16 对应 LED 点阵的 1~8 列。因此，读者应该根据测试得来的针脚对应情况调整连接线。

在这个电路中，Arduino 的 16 个端口分别控制 8*8LED 点阵的行和列。要想点亮指定位置的 LED，就需要让控制该行的端口输出高电位而控制该列的端口输出低电位。这样，才能形成电压差以点亮 LED。如果两个端口都为高或低电位是不能点亮 LED 的。

为了使 Arduino 针脚与 LED 点阵的行列对应，可以使用预定义变量来使程序更加易读：

```
//使用 L_开头的预定义变量对应 Arduino 针脚与 LED 点阵的行(line)
#define L_1 2
#define L_2 3
#define L_3 4
#define L_4 5
#define L_5 6
#define L_6 7
#define L_7 8
#define L_8 9
//使用 R_开头的预定义变量对应 Arduino 针脚与 LED 点阵的列(row)
#define R_1 10
#define R_2 11
#define R_3 12
#define R_4 13
#define R_5 14
#define R_6 15
#define R_7 16
#define R_8 17
```

通常情况下并不会同时将所有指定的 LED 点亮，因为这有可能会损坏 Arduino 开发板。一种流行的做法是利用人眼的视觉暂留现象来完成显示。使用这种方式的时候，在 LED 矩阵中，同一时刻只有一个 LED 被点亮，因此可以保证 Arduino 不会损坏。因此我们就可以定义一个函数来完成一个 LED 的点亮工作：

```
void lighten(int line,int row,int tm){
  pinMode(line,OUTPUT);                //设置控制行的针脚为输出模式
  pinMode(row,OUTPUT);                 //设置控制列的针脚为输出模式
  digitalWrite(line,HIGH);             //输出高电平
  digitalWrite(row,LOW);               //输出低电平点亮指定位置的 LED
  delay(tm);
  digitalWrite(row,HIGH);              //输出高电平熄灭指定位置的 LED
  digitalWrite(line,LOW);              //将指定针脚设置为低电平以防止 LED 被误点亮
}
```

lighten()函数中的参数 line 表示要点亮的 LED 所在的行；row 则表示要点亮的 LED 所在的列；tm 则表示 LED 点亮的持续时间。那么，通过以极快的速度调用 lighten()函数来分别点亮指定坐标的 LED，在人眼看来就像所有 LED 同时被点亮。

【示例 6-9】 下面的代码完成在 LED 点阵中显示简单的表情。

```
#define L_1 2
#define L_2 3
#define L_3 4
#define L_4 5
#define L_5 6
#define L_6 7
```

```
#define L_7 8
#define L_8 9
#define R_1 10
#define R_2 11
#define R_3 12
#define R_4 13
#define R_5 14
#define R_6 15
#define R_7 16
#define R_8 17

void lighten(int line,int row,int tm);                  //声明 lighten()函数

int ledCoord[][2]={                          //定义一个二维数组来保存对应 LED 的坐标
  {L_3,R_2},{L_3,R_3},{L_3,R_6},{L_3,R_7},{L_4,R_2},
  {L_4,R_3},{L_4,R_6},{L_4,R_7},{L_6,R_2},{L_6,R_7},
  {L_7,R_3},{L_7,R_4},{L_7,R_5},{L_7,R_6}
};

int leds=sizeof(ledCoord)/sizeof(ledCoord[0]);      //判断二维数组的长度
int i=0;                                            //循环因子

void setup(){

}

void loop(){
  lighten(ledCoord[i][0],ledCoord[i][1],1);
                                //调用 lighten()函数以 1 毫秒为间隔点亮 LED
  i++;
  if(i>=leds)i=0;                       //循环因子超过数组个数则重新置 0
}

void lighten(int line,int row,int tm){              //lighten()函数的实现
  pinMode(line,OUTPUT);
  pinMode(row,OUTPUT);
  digitalWrite(line,HIGH);
  digitalWrite(row,LOW);
  delay(tm);
  digitalWrite(row,HIGH);
  digitalWrite(line,LOW);
}
```

在将上面的代码下载到 Arduino 开发板后，LED 点阵就会显示一个笑脸表情，如图 6.11 所示。

在有了显示笑脸表情的经验以后，就可以很容易地使 LED 点阵显示一些其他的内容，如数字和字母等。

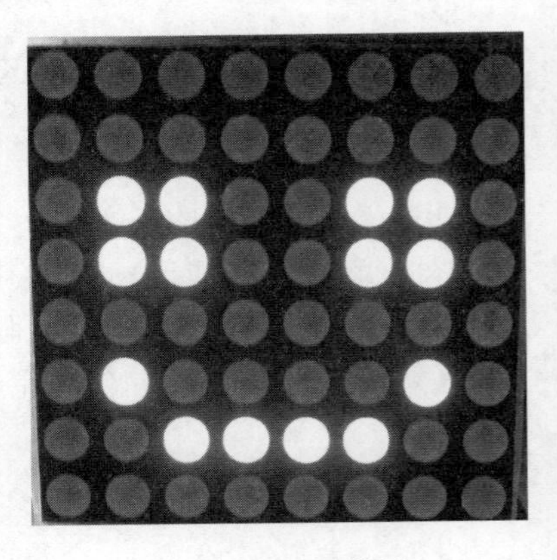

图 6.11　显示效果

6.3.2　LED 点阵跑马灯

在 6.3.5 节中实现了由 3 个 LED 组成的简易跑马灯，本节将在 8*8 的 LED 点阵上来实现跑马灯。这个示例的电路不需要改动，我们直接编写对应的程序就可以了。

【示例 6-10】 下面代码完成 LED 点阵跑马灯。

```
#define L_1 2
#define L_2 3
#define L_3 4
#define L_4 5
#define L_5 6
#define L_6 7
#define L_7 8
#define L_8 9
#define R_1 10
#define R_2 11
#define R_3 12
#define R_4 13
#define R_5 14
#define R_6 15
#define R_7 16
#define R_8 17

void lighten(int line,int row,int tm);          //声明 lighten()函数

void setup(){

}

void loop(){
  for(int i=L_1;i<=L_8;i++){                   //第一层 for 循环用来遍历行
    for(int j=R_1;j<=R_8;j++)                  //第二层 for 循环用来遍历列
      lighten(i,j,500);                        //点亮指定位置的 LED
  }
}

void lighten(int line,int row,int tm){          //lighten()函数实现
  pinMode(line,OUTPUT);
  pinMode(row,OUTPUT);
  digitalWrite(line,HIGH);
  digitalWrite(row,LOW);
  delay(tm);
  digitalWrite(row,HIGH);
  digitalWrite(line,LOW);
}
```

将上面的程序下载到 Arduino 开发板后就可以看到 LED 点阵上的跑马灯效果。

6.3.3 回纹灯

回纹表示的是从外圈向中心回旋的方式。下面我们将要实现的回纹灯就是使用 LED 点阵来实现的。回纹灯的实现电路与之前的 LED 点阵示例接法相同，因此这里只需要重新设计程序即可。

【示例 6-11】 下面代码实现基于 LED 点阵的回纹灯。

```
#define L_1 2
#define L_2 3
#define L_3 4
#define L_4 5
#define L_5 6
#define L_6 7
#define L_7 8
#define L_8 9
```

```
#define R_1 10
#define R_2 11
#define R_3 12
#define R_4 13
#define R_5 14
#define R_6 15
#define R_7 16
#define R_8 17

void lighten(int line,int row,int tm);        //lighten()函数实现

void setup(){

}

void loop(){
    for(int z=0;z<=8;z++){                     //控制 LED 向内圈回纹
      for(int i=0;i<8-2*z;i++)                 //控制 LED 从左到右滚动
        lighten(L_1+z,R_1+i+z,50);
      for(int i=1;i<8-2*z;i++)                 //控制 LED 从上到下滚动
        lighten(L_1+i+z,R_8-z,50);
      for(int i=1;i<8-2*z;i++)                 //控制 LED 从右到左滚动
        lighten(L_8-z,R_8-i-z,50);
      for(int i=1;i<7-2*z;i++)                 //控制 LED 从下到上滚动
        lighten(L_8-i-z,R_1+z,50);
    }
}

void lighten(int line,int row,int tm){        //lighten()函数实现
  pinMode(line,OUTPUT);
  pinMode(row,OUTPUT);
  digitalWrite(line,HIGH);
  digitalWrite(row,LOW);
  delay(tm);
  digitalWrite(row,HIGH);
  digitalWrite(line,LOW);
}
```

以上代码的实现思想就是，LED 各个方向的滚动都由一个 for 循环来控制，然后通过对每个 for 循环中的循环条件进行改变来控制 LED 向中心运行。将上面的代码下载到 Arduino 开发板后就可以看到实现效果。

6.3.4　矩形回缩灯

矩形回缩灯就是从 LED 点阵最外圈的 8*8 矩形回缩到最小的 2*2 的矩形（以 8*8 点阵为例），以这种形式来展现类似矩形缩放的效果。其电路接法与前面的所有示例相同，因此这里只需要重新编写程序即可。

【示例 6-12】 下面代码实现基于 LED 点阵的矩形回缩灯。

```
#define L_1 2
#define L_2 3
#define L_3 4
#define L_4 5
#define L_5 6
#define L_6 7
```

```
#define L_7 8
#define L_8 9
#define R_1 10
#define R_2 11
#define R_3 12
#define R_4 13
#define R_5 14
#define R_6 15
#define R_7 16
#define R_8 17

void lighten(int line,int row,int tm);       //声明 lighten()函数

void setup(){

}

void loop(){
  for(int z=0;z<=4;z++){                     //用来控制坐标向中心回缩
    for(int i=0;i<=3;i++){                   //每一次回缩运行 3 次以避免回缩太快
      for(int i=0;i<8-2*z;i++)               //控制矩形的上边框
        lighten(L_1+z,R_1+i+z,1);
      for(int i=1;i<8-2*z;i++)               //控制矩形的右边框
        lighten(L_1+i+z,R_8-z,1);
      for(int i=1;i<8-2*z;i++)               //控制矩形的下边框
        lighten(L_8-z,R_8-i-z,1);
      for(int i=1;i<8-2*z;i++)               //控制矩形的左边框
        lighten(L_8-i-z,R_1+z,1);
    }
  }
}

void lighten(int line,int row,int tm){       //lighten()函数实现
 pinMode(line,OUTPUT);
 pinMode(row,OUTPUT);
 digitalWrite(line,HIGH);
 digitalWrite(row,LOW);
 delay(tm);
 digitalWrite(row,HIGH);
 digitalWrite(line,LOW);
}
```

上面的代码只是基于【示例 6-11】的代码进行了少许修改。将代码下载到 Arduino 开发板后就可以在 LED 点阵实现一个矩形回缩的效果。

6.4　使用 74HC595 驱动 LED

在之前的章节中，我们使用 Arduino 的针脚驱动 LED 点阵做了一些有趣的事情。但是，经过电路的硬件连接以及软件编写过程，读者应该体会到了其中的困难之处。在本节中我们将介绍一个体积小而功能强大的器件——74HC595。这个器件可以帮助我们更加容易地

控制多个 LED 或者 LED 点阵。

6.4.1　74HC595 使用方式

74HC595 是一个 CMOS（Complementary Metal-Oxide-Semiconductor）器件，它的外观如图 6.12 所示。

从图 6.12 中可以看到 74HC595 有非常多的引脚，它的每个引脚都有其特定的作用，所以我们首先需要了解每个针脚的作用才能正确地使用它。其针脚编号及名称如图 6.13 所示。

图 6.12　74HC595 外观

74HC595

引脚	名称	名称	引脚
1	Q1	V_{CC}	16
2	Q2	Q0	15
3	Q3	DS	14
4	Q4	$\overline{OE}$	13
5	Q5	ST_CP	12
6	Q6	SH_CP	11
7	Q7	$\overline{MR}$	10
8	GND	Q7′	9

图 6.13　74HC595 引脚

74HC595 的作用是将串行输出转为并行输出。其中的各个针脚的作用如下：

- 1~7 和 15 针脚是并行输出端口；
- 8 针脚是 GND（地），需要接在 Arduino 的 GND 针脚；
- 9 是串行数据输出端口，用于多芯片级联；
- 10 是主复位端口，低电平时会将移位寄存器中的数据清除；
- 11 是移位寄存器时钟输入，用来控制数据寄存器中数据移位；
- 12 是存储寄存器时钟输入，用来控制移位寄存器的数据进入存储寄存器；
- 13 针脚是使能端口，用来控制输出，它是低电平有效的；
- 14 是串行数据输入端口；
- 16 是 Vcc 端口，需要连接 Arduino 的 5V 针脚。

在 Arduino 语言中，使用 shiftOut()函数可以非常容易地使用 74HC595。该函数的原型如下：

```
shiftOut(dataPin, clockPin, bitOrder, value)
```

其中，参数 dataPin 是数据端口，用来发送串行数据；参数 clockPin 是时钟输入端口，用来控制存储寄存器；bitOrder 是操作数据的方式，有 MSBFIRST 和 LSBFIRST 可选；参数 value 是写入 dataPin 的值。在进行后续的学习之前，我们首先应该将 Arduino 开发板、74HC595 和 LED 等元器件按照如图 6.14 所示的方式连接起来。

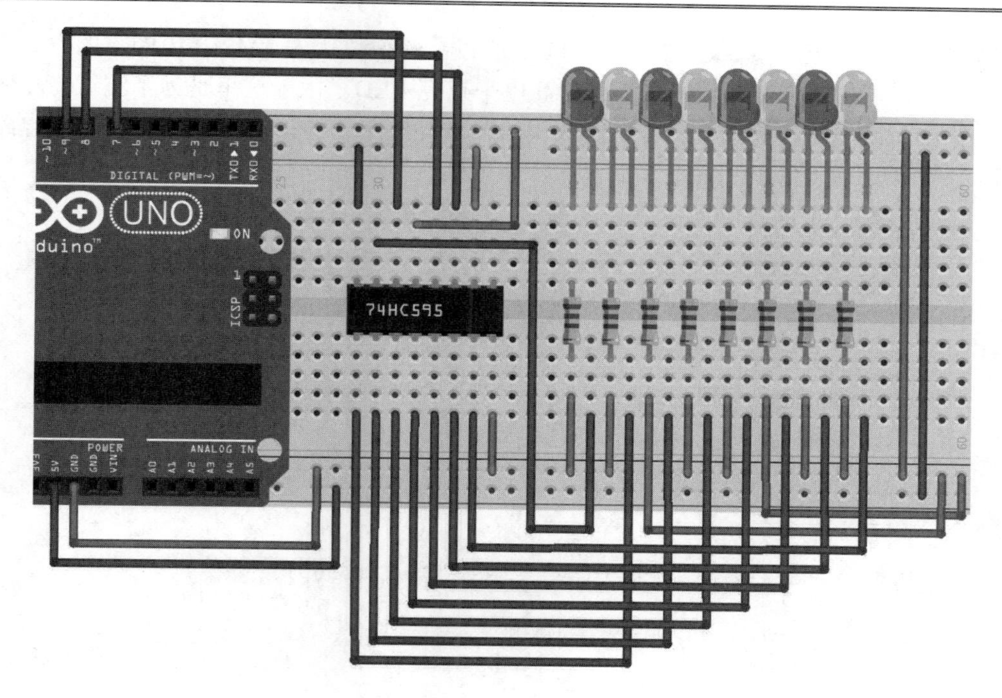

图 6.14　8LED 示例连接图

这个电路的实现原理是，Arduino 发出的 8 位串行数据经过 74HC595 处理后输出到 8 个 LED，可以通过不同的数据来控制 8 个 LED 的点亮和熄灭。在连接电路后就可以写一个简单的程序来验证电路是否正确。

【示例 6-13】 下面的代码验证电路的连接是否正确。

```
int dataPin=9;        //Arduino 连接到 74HC595 数据端口（14）的针脚号
int latchPin=7;       //Arduino 连接到 74HC595 移位寄存器时钟输入端口（11）的针脚号
int clockPin=8;       //Arduino 连接到 74HC595 存储寄存器时钟输入端口（12）的针脚号

void setup(){
  //设置所有针脚为输出模式
  pinMode(dataPin,OUTPUT);
  pinMode(latchPin,OUTPUT);
  pinMode(clockPin,OUTPUT);
}

void loop(){
    digitalWrite(latchPin,LOW);     //将 latchPin 设置为 LOW 以允许数据输入芯片
    shiftOut(dataPin,clockPin,MSBFIRST,0b11111111);
                                    //将二进制数 11111111 输入芯片
    digitalWrite(latchPin, HIGH);   //将 latchPin 设置为 HIGH 以锁存并输出数据
}
```

将以上代码下载到 Arduino 开发板后期望的效果是 8 个 LED 均被点亮，如果出现不同的效果则需要检查并调整电路直到 LED 全部被点亮。

这里需要分析一下下面这行代码：

```
shiftOut(dataPin,clockPin,MSBFIRST,0b11111111);
```

在这行代码中表示将二进制数值 11110000 以高有效位优先（MSBFIRST）的方式存入 74HC595 中，那么对应针脚 A0~A7 输出高电平点亮 LED。由于这里是为了测试而使所有针脚均输出为高电平，现在我们可以修改代码以点亮电路中的第 5~8 个 LED（假设电路中的 LED 从左向右编号为 1~8）。

【示例 6-14】 下面代码演示点亮 8 个 LED 中的 4 个。

```
int dataPin=9;
int latchPin=7;
int clockPin=8;

void setup(){
  pinMode(dataPin,OUTPUT);
  pinMode(latchPin,OUTPUT);
  pinMode(clockPin,OUTPUT);
}

void loop(){
    digitalWrite(latchPin,LOW);
    shiftOut(dataPin,clockPin,MSBFIRST,0b11110000);
                                          //将二进制数11110000输入芯片
    digitalWrite(latchPin, HIGH);
}
```

将上面的代码下载到 Arduino 开发板后就可以看到编号为 5~8 的 LED 被点亮。上面的程序中是以高有效位优先的方式调用 shiftOut()函数，那么，以低有效位优先的方式调用 shiftOut()函数将会点亮编号为 1~4 的 LED。

【示例 6-15】 下面代码演示点亮 8 个 LED 中的另外 4 个 LED。

```
int dataPin=9;
int latchPin=7;
int clockPin=8;

void setup(){
  pinMode(dataPin,OUTPUT);
  pinMode(latchPin,OUTPUT);
  pinMode(clockPin,OUTPUT);
}

void loop(){
    digitalWrite(latchPin,LOW);
    shiftOut(dataPin,clockPin,LSBFIRST,0b11110000);
                                          //将二进制数11110000输入芯片
    digitalWrite(latchPin, HIGH);
}
```

在将上面的代码下载到 Arduino 开发板后就可以看到编号为 1~4 的 LED 被点亮。上面的两个示例分别点亮编号为 5~8 和 1~4 的 LED，那么通过将这两个代码做一下简单的合并就可以做出一个交替闪烁的效果。

【示例 6-16】 下面代码演示一个交替闪烁的 LED 灯。

```
int dataPin=9;
int latchPin=7;
int clockPin=8;

void setup(){
```

```
  pinMode(dataPin,OUTPUT);
  pinMode(latchPin,OUTPUT);
  pinMode(clockPin,OUTPUT);
}

void loop(){
    //点亮编号为 1~4 的 LED
    digitalWrite(latchPin,LOW);
    shiftOut(dataPin,clockPin,LSBFIRST,0b11110000);
    digitalWrite(latchPin, HIGH);
    delay(200);
    //点亮编号为 5~8 的 LED
    digitalWrite(latchPin,LOW);
    shiftOut(dataPin,clockPin,MSBFIRST,0b11110000);
    digitalWrite(latchPin, HIGH);
    delay(200);
}
```

将上面的代码下载到 Arduino 开发板后可以看到 8 个 LED 以 4 个为一组交替闪烁。在有了【示例 5-16】的经验后，我们还可以将 LED 编号以奇偶分组的方式来交替点亮。

【示例 6-17】 下面代码演示以奇偶分组的方式交替点亮 LED。

```
int dataPin=9;
int latchPin=7;
int clockPin=8;

void setup(){
  pinMode(dataPin,OUTPUT);
  pinMode(latchPin,OUTPUT);
  pinMode(clockPin,OUTPUT);
}

void loop(){
    digitalWrite(latchPin,LOW);
    shiftOut(dataPin,clockPin,MSBFIRST,0b01010101);
    digitalWrite(latchPin, HIGH);
    delay(200);
    digitalWrite(latchPin,LOW);
    shiftOut(dataPin,clockPin,LSBFIRST,0b01010101);
    digitalWrite(latchPin, HIGH);
    delay(200);
}
```

在将上面的代码下载到 Arduino 开发板后可以看到编号为偶数的 LED 和编号为奇数的 LED 交替点亮。在 6.3.5 节中完全使用 Arduino 的端口实现了 3 个 LED 的跑马灯，在 74HC595 的帮助下我们可以更加容易地实现 LED 跑马灯。

【示例 6-18】 下面代码使用 74HC595 完成 8 个 LED 的跑马灯。

```
int dataPin=9;
int latchPin=7;
int clockPin=8;

void setup(){
  pinMode(dataPin,OUTPUT);
  pinMode(latchPin,OUTPUT);
```

```
  pinMode(clockPin,OUTPUT);
}

void loop(){
  for(int i=0;i<8;i++){
    digitalWrite(latchPin,LOW);
    shiftOut(dataPin,clockPin,MSBFIRST,1<<i);//使用<<操作符修改存入芯片的值
    digitalWrite(latchPin, HIGH);
    delay(100);
  }
}
```

将上面的代码下载到 Arduino 开发板后可以看到 8 个 LED 依次交替点亮，从而实现了跑马灯的效果。在【示例 6-18】的基础上我们还可以做一下简单的修改来实现一个往复式的跑马灯。

【示例 6-19】 下面代码在【示例 6-18】代码的基础上实现往复式 LED 跑马灯。

```
int dataPin=9;
int latchPin=7;
int clockPin=8;

void setup(){
  pinMode(dataPin,OUTPUT);
  pinMode(latchPin,OUTPUT);
  pinMode(clockPin,OUTPUT);
}

void loop(){
  for(int i=0;i<8;i++){
    digitalWrite(latchPin,LOW);
    shiftOut(dataPin,clockPin,MSBFIRST,1<<i);
    digitalWrite(latchPin, HIGH);
    delay(100);
  }
  for(int i=1;i<7;i++){
    digitalWrite(latchPin,LOW);
    shiftOut(dataPin,clockPin,LSBFIRST,1<<i);
    digitalWrite(latchPin, HIGH);
    delay(100);
  }
}
```

将上面的代码下载到 Arduino 开发板后就可以看到往复式 LED 跑马灯的效果。为了使每个 LED 点亮的时间均等，所以在程序中第二个 for 循环中修改了循环的起始值和循环次数。

6.4.2　使用 74HC595 驱动 LED 点阵

在 6.3.1 节中使用 Arduino 的端口实现了控制 LED 点阵，在本节中将借助 74HC595 来减少 Arduino 端口的占用。首先需要按照如图 6.16 所示的方式连接电路。

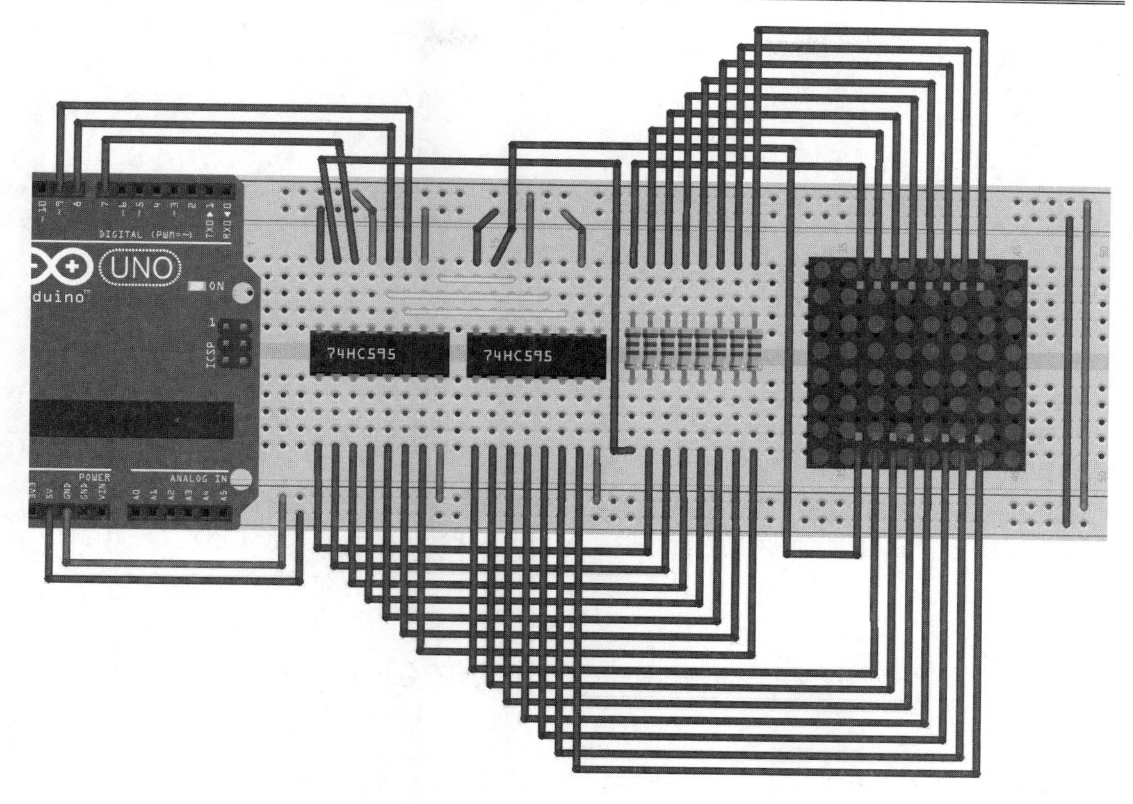

图 6.15　74HC595 驱动 LED 点阵

从如图 6.15 所示的电路图中可以看出驱动 LED 点阵只使用了 Arduino 上的 5 个端口（其中包括 5V 电源和 GND）。一个 74HC595 就可以控制 8 个输出，那么我们就可以使用两个 74HC595 来控制 LED 点阵的 16 个引脚。然后通过级联来使用一条数据线控制两个 74HC595 芯片。

【示例 6-20】下面代码演示使用两个 74HC595 控制 8*8LED 显示一个宽度为两个 LED 的正方形。

```
int dataPin=9;
int latchPin=7;
int clockPin=8;

void setup(){
  //初始化所有端口为输出模式
  pinMode(dataPin,OUTPUT);
  pinMode(latchPin,OUTPUT);
  pinMode(clockPin,OUTPUT);
}

//led 数组使用二进制位来控制要点亮的 LED
byte led[8]={B11111111,
             B10011001,
             B10011001,
             B11111111,
             B11111111,
             B10011001,
             B10011001,
```

```
        B11111111
};

void loop(){
  for(int i=0;i<8;i++){
    digitalWrite(latchPin,LOW);          //将 latchPin 设置为低电压以接收数据
    shiftOut(dataPin,clockPin,LSBFIRST,~led[i]);
                                                  //向第二个 74HC595 发送数据
    shiftOut(dataPin,clockPin,LSBFIRST,1<<i);
                                                  //向第一个 74HC595 发送数据
    digitalWrite(latchPin, HIGH);  //将 latchPin 设置为高电压以锁存并输出数据
  }
}
```

将上面的代码下载到 Arduino 开发板后就可以看到 LED 显示一个“田”字形图案。如果读者仔细对比过 led 数组中每个元素为 1 的二进制位和 LED 点阵被点亮的 LED 灯的位置的话，可以发现二进制位中 1 对应到 LED 点阵中就是点亮对应位置的 LED，而 0 则表示不点亮对应位置的 LED，那么我们就可以通过修改 led 数组的元素来使 LED 点阵显示不同的图案。

6.5　使用 MAX7219 驱动 LED

MAX7219 是一种业余电子设计中常见的共阴极 LED 点阵和数码管驱动器。这种芯片价格低廉，并且内建有寄存器，使得在控制过程中不会造成显式闪烁，因而在电路爱好者的使用中非常普及。本节将从 MAX7219 的内部构造到控制 LED 点阵以及数码管做完整的介绍。

6.5.1　MAX7219LED 显示驱动器

MAX7219 是小巧但功能强大的串行输入输出共阴极显示驱动器。它非常容易驱动七段 LED 数码管和 LED 点阵，其外形和针脚名如图 6.16 所示。

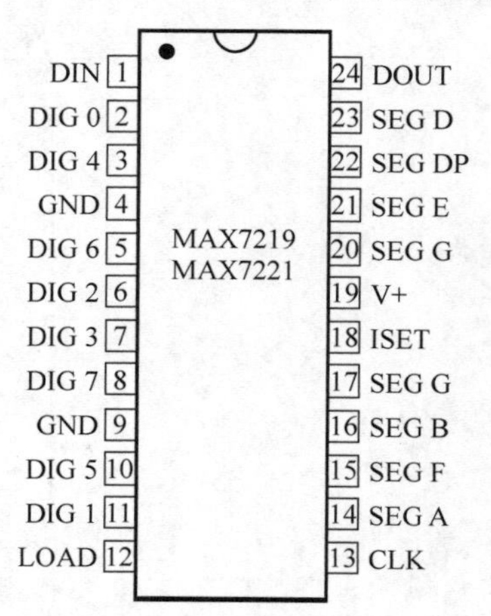

图 6.16　MAX7219 外形及针脚图

虽然 MAX7219 的针脚比 74HC595 多许多，但是它与 Arduino 的连接也只需要 3 条线，它的各个针脚说明如下。

- DIG 0～DIN 7：位选线。在与七段数码管连接时候控制点亮哪个位，在与 LED 点阵连接时候控制点亮行或列；
- SEG A～SEG G：段选线。在与七段数码管连接时候控制点亮一位中的指定段，在与 LED 点阵连接时候控制点亮一行或一列中指定的 LED；
- V+：电源输入。允许的范围是 4.0~5.5V；
- GND（两个）：接地；
- ISET：段驱动电流。用来设置 LED 亮度，允许的电流在 30~45mA，所以通常从 V+串联一个 10K 电阻作为输入；
- DIN：串行数据输入。数据在时钟信号上升沿将数据加载到内部 16 位移位寄存器；
- CLK：串行时钟输入。支持的最大频率是 10MHz。在时钟信号的上升沿，数据一如内部移位寄存器。在时钟信号的下降沿，数据从 DOUT 输出；
- LOAD：数据加载输入。在上升沿将串行数据的最后 16 位数据锁住，也就是说这 16 位数据将会保持到 LOAD 电平改变；
- DOUT：串行数据输出。输入 DIN 的数据在 16.5 个时钟周期之后在 DOUT 端可用。

也就是说，MAX7219 与 Arduino 连接的数据线是 DIN、CLK 和 LOAD 3 条，如果需要级联多个 MAX7219，那么只需要将 DOUT 作为下一级芯片的输入即可连接 DIN，就像如图 6.17 所示的接法。

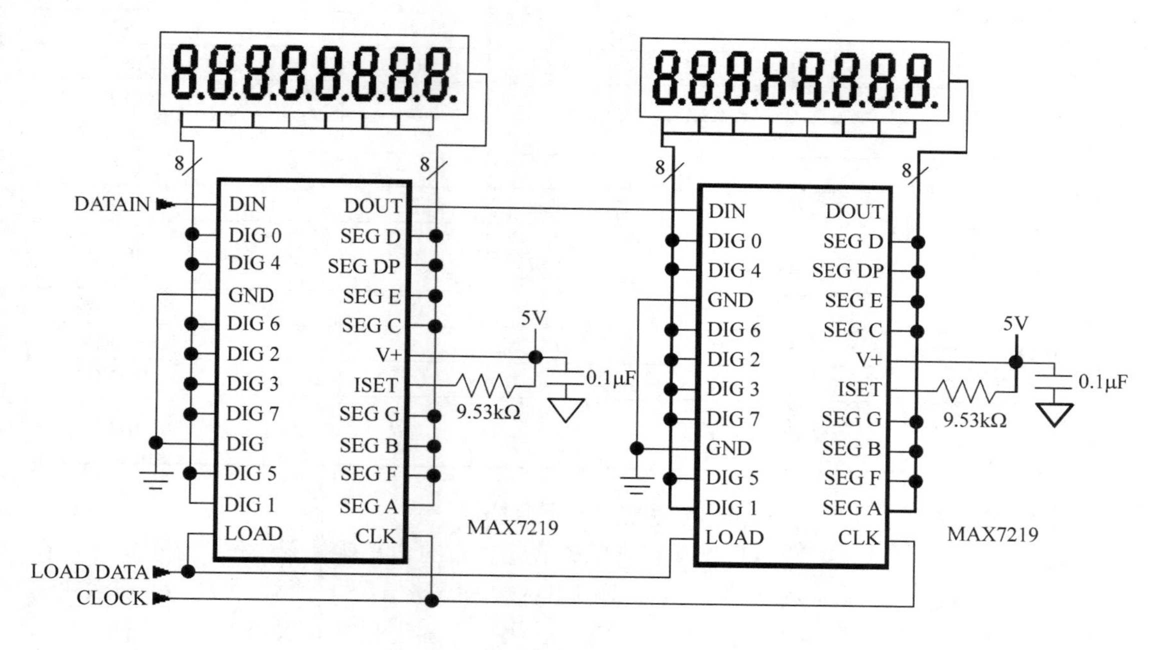

图 6.17　两片 MAX7219 级联

在介绍了 MAX7219 电气部分的知识后，再来简单介绍一下 MAX7219 的数据格式，以及内部寄存器的知识，它可以使读者更好地理解和使用这个 IC。

6.5.2　MAX7219 的数据格式

MAX7219 的数据是以 16 位为一个单位的，它是以如表 6.2 的方式组织的。

表 6.2　MAX7219 的数据格式

D15	D14	D13	D12	D11	D10	D9	D8	D7	D6	D5	D4	D3	D2	D1	D0
X	X	X	X	寄存器地址				数据							

其中的 D15～D12 是无用数据，即它们的值不会影响到原有逻辑。MAX7219 的数据发送方式是 MSB，即 D15 首先被发送。

6.5.3　MAX7219 的寄存器

MAX7219 有 14 个可编址的寄存器，它们可以通过 D11~D8 的值来指定，如表 6.3 所示列出了所有 14 个寄存器。

表 6.3　MAX7219 的所有寄存器

寄存器	寄存器地址					16 进制表示
	D15～D12	D11	D10	D9	D8	
No-Op	X	0	0	0	0	0xX0
Digit 0	X	0	0	0	1	0xX1
Digit 1	X	0	0	1	0	0xX2
Digit 2	X	0	0	1	1	0xX3
Digit 3	X	0	1	0	0	0xX4
Digit 4	X	0	1	0	1	0xX5
Digit 5	X	0	1	1	0	0xX6
Digit 6	X	0	1	1	1	0xX7
Digit 7	X	1	0	0	0	0xX8
Decode Mode	X	1	0	0	1	0xX9
Intensity	X	1	0	1	0	0xXA
Scan Limit	X	1	0	1	1	0xXB
Shutdown	X	1	1	0	0	0xXC
Display Test	X	1	1	1	1	0xXF

下面对 MAX7219 所有寄存器的功能做一下介绍。

- No-Op：这个寄存器是一个最特殊的寄存器，它的含义就是无操作。这个寄存器在芯片级联的时候特别有用，例如我们想将数据发送给第 4 个 MAX7219，那么就需要在期望发送的数据后跟上 3 个 No-Op 码（十六进制的 0xXX0X）。这样，前 3 个 MAX7219 会收到 No-Op 码，而第 4 个 MAX7219 将收到我们期望发送的值；
- Digit 0～Digit 7：这些寄存器保存的是将要输出的数据，它们会根据 Decode Mode 的模式编码输出。这是 MAX7219 中使用最频繁的寄存器；

- Decode Mode：这个寄存器用来设置 MAX7219 的解码模式，可以设置为使用 Code B 模式或者不编码。它共有 4 种组合形式，如表 6.4 所示，使用 Code B 模式时使用 D7 来控制小数点，Code B 模式如表 6.5 所示。通常情况下驱动 LED 点阵不编码，驱动七段数码管时使用 Code B 模式；
- Intensity：这个寄存器用来控制 LED 显示器的亮度，即流过各个 LED 的电流（改变占空比），如表 6.6 所示是这个寄存器的数据格式；
- Scan Limit：这个寄存器用来控制哪几个位（对应到点阵中是行或者列）需要显示，可以设置的个数是 1～8，表 6.7 所示是它的数据格式；
- Shutdown：这个寄存器用来使 MAX7219 进入低功耗状态，在这个状态下可以操作所有寄存器，并且所有数据都会被保持，只是所有 LED 都不会被点亮。这个寄存器对于显示警告信息非常有用，在之后会有示例来证明。表 6.8 所示的是这个寄存器的数据格式；
- Display Test：从这个寄存器的名字就可以看出来，这个寄存器会使 MAX7219 进入测试模式，此时所有的 LED 均会被点亮，在实际使用过程中需要关闭该模式。表 6.9 所示的是这个寄存器的数据格式。

本节对 MAX7219 所有的寄存器做了简要介绍，如果读者想要进一步了解 MAX7219 的技术规格，可以查询器件的数据手册。

表 6.4　Decode Mode寄存器数据格式

DECODE MODE	寄存器数据								十六进制表示
	D7	D6	D5	D4	D3	D2	D1	D0	
不编码任何位	0	0	0	0	0	0	0	0	0x00
第 1 位使用 Code B 编码其他位不编码	0	0	0	0	0	0	0	0	0x01
3～0 位使用 Code B 编码 7～4 位不编码	0	0	0	0	1	1	1	1	0x0F
所有位使用 Code B 编码	1	1	1	1	1	1	1	1	0xFF

表 6.5　Code B模式

7 段码显示	寄存器数据						各个段状态（1 表示点亮）							
	D7	D6～D4	D3	D2	D1	D0	DP	A	B	C	D	E	F	G
0		X	0	0	0	0		1	1	1	1	1	1	0
1		X	0	0	0	1		0	1	1	0	0	0	0
2		X	0	0	1	0		1	1	0	1	1	0	1
3		X	0	0	1	1		1	1	1	1	0	0	1
4		X	0	1	0	0		0	1	1	0	0	1	1
5		X	0	1	0	1		1	0	1	1	0	1	1
6		X	0	1	1	0		1	0	1	1	1	1	1
7		X	0	1	1	1		1	1	1	0	0	0	0
8		X	1	0	0	0		1	1	1	1	1	1	1
9		X	1	0	0	1		1	1	1	1	0	1	1
-		X	1	0	1	0		0	0	0	0	0	0	1
E		X	1	0	1	1		1	0	0	1	1	1	1

续表

7 段码显示	寄存器数据						各个段状态（1 表示点亮）							
	D7	**D6～D4**	**D3**	**D2**	**D1**	**D0**	**DP**	**A**	**B**	**C**	**D**	**E**	**F**	**G**
H		X	1	1	0	0		0	1	1	0	1	1	1
L		X	1	1	0	1		1	1	0	0	1	1	1
P		X	1	1	1	0		1	1	0	0	1	1	1
空白		X	1	1	1	1		0	0	0	0	0	0	0

表 6.6　Intensity寄存器格式

占空比	寄存器数据					十六进制表示
	D7～D4	**D3**	**D2**	**D1**	**D0**	
1/32（最暗）	X	0	0	0	0	0xX0
3/32	X	0	0	0	1	0xX1
5/32	X	0	0	1	0	0xX2
7/32	X	0	0	1	1	0xX3
9/32	X	0	1	0	0	0xX4
11/32	X	0	1	0	1	0xX5
13/32	X	0	1	1	0	0xX6
15/32	X	0	1	1	1	0xX7
17/32	X	1	0	0	0	0xX8
19/32	X	1	0	0	1	0xX9
21/32	X	1	0	1	0	0xXA
23/32	X	1	0	1	1	0xXB
25/32	X	1	1	0	0	0xXC
27/32	X	1	1	0	1	0xXD
29/32	X	1	1	1	0	0xXE
31/32	X	1	1	1	1	0xXF

表 6.7　Scna Limit寄存器格式

显示的 **LED** 位数（从 **0** 开始）	寄存器数据				十六进制表示
	D7～D3	**D2**	**D1**	**D0**	
0	X	0	0	0	0xX0
0 1	X	0	0	1	0xX1
0 1 2	X	0	1	0	0xX2
0 1 2 3	X	0	1	1	0xX3
0 1 2 3 4	X	1	0	0	0xX4
0 1 2 3 4 5	X	1	0	1	0xX5
0 1 2 3 4 5 6	X	1	1	0	0xX6
0 1 2 3 4 5 6 7	X	1	1	1	0xX7

表 6.8　Shutdown寄存器格式

模　　式	寄存器数据	
	D7～D1	**D0**
Shutdown Mode（关闭模式）	X	0
Normal Mode（正常模式）	X	1

表 6.9　Display Test寄存器格式

模　　式	寄存器数据	
	D7～D1	D0
Normal Operation（正常操作模式）	X	0
Display Test Mode（显示测试模式）	X	1

至此，MAX7219 的主要知识就介绍完毕了，虽然本节的内容看起来专业性的知识比较多，但实际只需要明确各个寄存器的地址和对应数据的组织格式，今后在使用时就会非常轻松。

6.5.4　LedControl 库

在上一节中以较大的篇幅介绍了 MAX7219 的基础知识，虽然看起来内容比较多，而且并不是那么容易理解。依据 Arduino 的设计理念，它使得非专业用户也可以完成自己的电子设计。所以，在实际使用 MAX7219 的过程中，我们通常不会直接编写代码来控制它，而是通过官方或者社区的库来简化这个过程，除非现有的库不能满足你的需求，才会考虑自己独自来完成。

LedControl 函数库是一个可以全面控制 MAX7219 的一个第三方库，它可以从 http://playground.arduino.cc/uploads/Main/LedControl.zip 获取。在 LedControl 库中，作者将 MAX7219 的寄存器地址以预定义常量的形式进行了定义：

```
#define OP_NOOP   0
#define OP_DIGIT0 1
#define OP_DIGIT1 2
#define OP_DIGIT2 3
#define OP_DIGIT3 4
#define OP_DIGIT4 5
#define OP_DIGIT5 6
#define OP_DIGIT6 7
#define OP_DIGIT7 8
#define OP_DECODEMODE  9
#define OP_INTENSITY   10
#define OP_SCANLIMIT   11
#define OP_SHUTDOWN    12
#define OP_DISPLAYTEST 15
```

因此，在实际使用过程中读者可以很容易操作对应的寄存器，而且作者在库中已经定义了非常多的方法来对应各种对寄存器的操作。首先是 LedControl 库的构造函数，如下是它的原型：

```
LedControl(int dataPin, int clkPin, int csPin, int numDevices=1);
```

其中，参数 dataPin 是 MAX7219 的 DIN 针脚连接到 Arduino 的端口号，clkPin 是 CLK 连接到 Arduino 的端口号，csPin 是 LOAD 连接到 Arduino 的端口号，numDevices 是 Arduino 控制的 MAX7219 的个数，一个 LedControl 的变量最多可以寻址 8 个 MAX7219，所以要驱动 8 个以上的 MAX7219 就需要多定义几个 LedControl 变量。LedControl 库的其他方法及作用如表 6.10 所示。

表 6.10 LedControl库的部分方法

成员方法	参数	作用
int getDeviceCount()	无	获取 LcdControl 变量中设备的个数
void shutdown(int addr, bool status)	addr：设备地址 status：状态即开启或关闭	设置 Shutdown 模式
void setScanLimit(int addr, int limit)	addr：设备地址 limit：七段数码管显示的位数	设置 Scan Limit 寄存器
void setIntensity(int addr, int intensity)	addr：设备地址 intensity：亮度值	设置 Intensity 寄存器
void clearDisplay(int addr)	addr：设备地址	清除显示
void setLed(int addr, int row, int col, boolean state	addr：设备地址 row：目标 LED 所在的行 col：目标 LED 所在的列 state：状态即点亮或熄灭	点亮或熄灭 LED 点阵指定位置的一个 LED
void setRow(int addr, int row, byte value)	addr：设备地址 row：目标 LED 所在的行 value：一个 byte 类型的值，表示要点亮的 LED 位置	点亮给定值二进制表示中的 1 对应位置的 LED，如值为 1 则点亮 LED 的第 7 个 LED，因为 1 的二进制表示为 00000001，对应的如果为 8，则点亮第 1 和第 2 个 LED，因为 3 的二进制表示为 00000011
void setColumn(int addr, int col, byte value)	addr：设备地址 col：目标 LED 所在的列 value：一个 byte 类型的值，表示要点亮的 LED 位置	点亮给定值二进制表示中的 1 对应位置的 LED，如值为 1 则点亮 LED 的第 7 个 LED，因为 1 的二进制表示为 00000001，对应的如果为 3，则点亮第 1 和第 2 个 LED，因为 3 的二进制表示为 00000011
void setDigit(int addr, int digit, byte value, boolean dp)	addr：设备地址 digit：七段数码管显示的位置 value：要显示的值 dp：是否点亮小数点	在七段数码管指定位置显示指定的值
void setChar(int addr, int digit, char value, boolean dp)	addr：设备地址 digit：七段数码管显示的位置 value：要显示的字符 dp：是否点亮小数点	在七段数码管指定位置显示指定的字符，只支持如下字符：0、1、2、3、4、5、6、7、8、9、0、A、b、c、d、E、F、H、L、P、.、-、_

LedControl 库为各个寄存器操作都提供了对应的操作方法，这会对之后的编程带来相当大的便利。

6.5.5 Arduino 通过 MAX7219 控制 8*8LED 点阵

在介绍了这么多的理论知识后，现在终于可以来实际使用一下了。现在，读者手中可能拿着的是独立的 MAX7219 和 8*8LED 点阵，如图 6.18 所示；也可能是一个集成模块，如图 6.19 所示。因此，在下面的连接电路中，将这两种形式都做对应的展示，以供读者对照。

图 6.18　单独的器件

图 6.19　集成的器件

1. MAX7219控制8*8LED点阵的连接电路

首先，来看单独的 MAX7219 和 8*8LED 点阵的连接电路，如图 6.20 所示。由于 MAX7219 有 24 个针脚，而且在这个应用中全部的针脚都需要用到，所以接线过程中需要十分细心才可能连接正确；另外 MAX7219 对外界的干扰非常敏感，所以需要各个部件的品质都比较上乘才能保证正常运作。

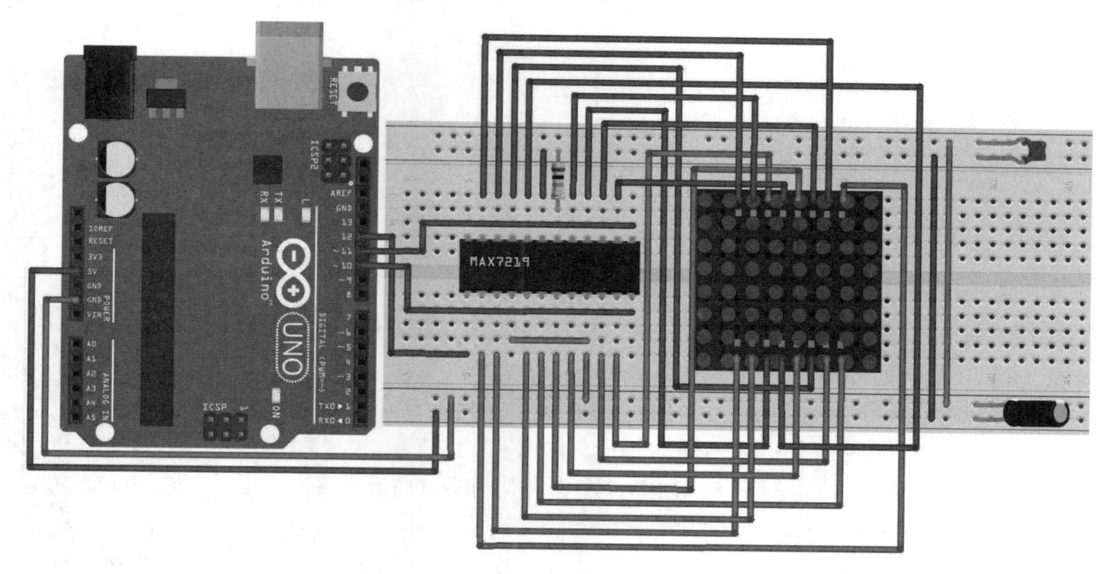

图 6.20　Arduino 通过 MAX7219 控制 8*8LED

在图 6.20 的右上方为一个 100nF 的无极电容，右下方为一个 10μF 的单极电容，这两个电容并联可以提高电路的高频特性。MAX7219 的段选线（SEG 命名的针脚）提供电源，位选线（DIG 命名的针脚）吸入电流，也就是说电流从段选线流入位选线，读者在接线时必须明白。笔者在使用过程中发现这种方式不但接线复杂，而且运行极其不稳定，所以推荐读者尽量使用集成好的模块。

集成好的模块不仅执行比较稳定，而且连接起来也非常简单，如图 6.21 所示。

集成模块处理了 MAX7219 与 8*8LED 之间的连接，只留出了主要的 5 个接口与外界连接。在图 6.21 所示的电路中 Arduino 的 12 针脚作为数据输入连接在集成模块的 DIN 脚，11 针脚作为时钟信号连接在集成模块的 CLK 脚，10 针脚作为片选信号连接在集成模块的 CS 脚。在后续的内容中都以集成模块作为主体进行介绍。

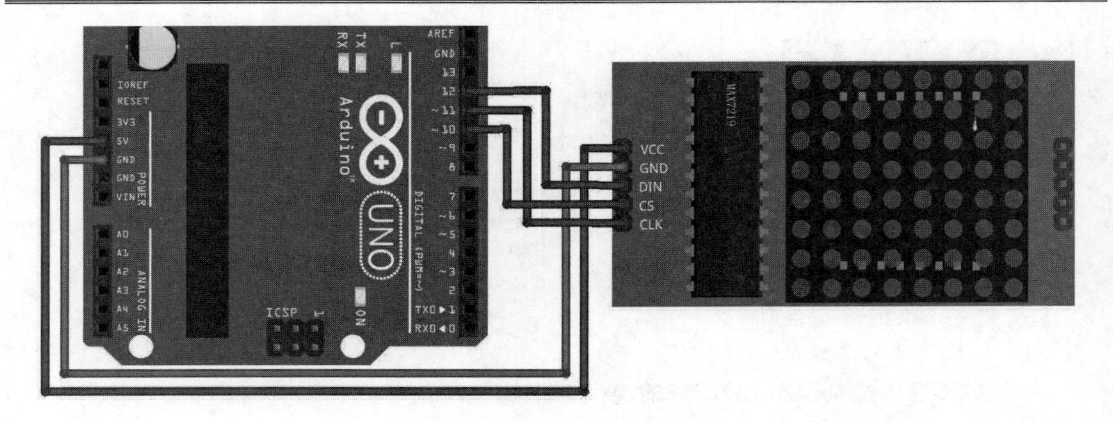

图 6.21　Arduino 与集成 MAX7219 的 8*8LED 连接

2．Arduino通过MAX7219控制8*8LED的代码实现

在使用 LedControl 库控制 MAX7219 时，通常需要进行一些初始化，如下是最常用的一种初始化模式：

```
LedControl lc=LedControl(12,11,10,1);          //实例化一个 LedControl 类的对象
void setup(){
    lc.shutdown(0,false);                       //关闭 Shutdown 模式
    lc.setIntensity(0,5);                       //设置亮度
    lc.clearDisplay(0);                         //清除屏幕
}
```

当然，这些初始化过程并不是必需的，读者需要结合自己的需求灵活变通。下面就来实现一个常见的禁止通行标志，如图 6.22 所示。

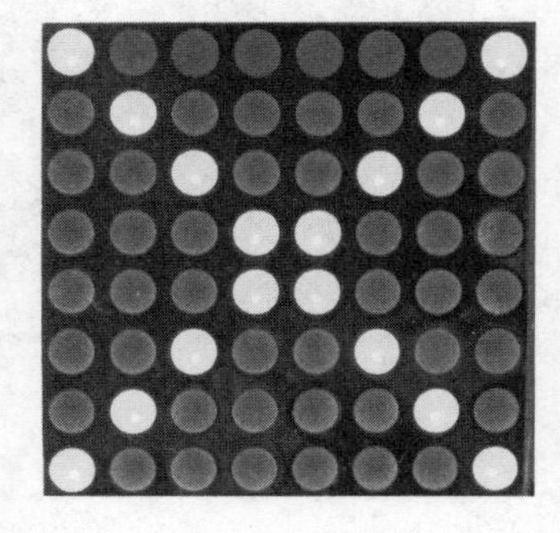

图 6.22　禁止通行标志

这个标志的实现非常有规则，从左上角到右下角的这条斜线中各个 LED 的坐标为（0，0）、（1，1）、（2，2）、（3，3）等。由于我们使用的是 8*8LED，那么使用如下的 for 循环就可以完成这条斜线：

```
for(int i=0;i<8;i++)
    lc.setLed(address,i,i,true);
```

同样地，从右上角到左下角的这条斜线中各个 LED 的坐标为（0，7）、（1，6）、（2，5）、（3，6）等。坐标的 x 与 y 值变化都有固定的步长，所以使用下面的 for 循环就可以完成这条斜线：

```
for(int j=7;j>=0;j--)
    lc.setLed(address,7-j,j,true);
```

下面的示例就将这些思路整合起来实现一个完整的示例。

【示例 6-21】 以下代码实现如图 6.22 所示的禁止标志。

```
#include "LedControl.h"                         //包含头文件

LedControl lc=LedControl(12,11,10,1);          //实例化 LedControl 类的对象
```

```
void setup() {
    lc.shutdown(0,false);                    //关闭 Shutdown 模式
    lc.setIntensity(0,0);                    //设置亮度
    lc.clearDisplay(0);                      //清除显示

    //点亮左上角到右下角的连线上的 LED
    for(int i=0;i<8;i++)
      lc.setLed(0,i,i,true);
    //点亮右上角到左下角的连线上的 LED
    for(int j=7;j>=0;j--)
      lc.setLed(0,7-j,j,true);
}
void loop(){

}
```

正确连接电路并将以上代码下载到 Arduino 开发板后，就可以看到如图 6.22 所示的执行效果。在现实生活中，有时候静态的东西会让人视而不见。下面的代码将使图 6.22 所示的标志闪烁起来。这样，在引起注意的同时，还可以节省电量。

【示例 6-22】 以下代码使图 6.22 中所示的标志以 0.75 秒的间隔闪烁起来。

```
#include "LedControl.h"

LedControl lc=LedControl(12,11,10,1);

void setup() {
    lc.setIntensity(0,0);
    lc.clearDisplay(0);

    for(int i=0;i<8;i++)
      lc.setLed(0,i,i,true);
    for(int j=7;j>=0;j--)
      lc.setLed(0,7-j,j,true);
}
void loop(){
  lc.shutdown(0,true);
  delay(750);
  lc.shutdown(0,false);
  delay(750);
}
```

这个示例与【示例 6-21】除了在 loop()函数中增加了内容外，在 setup()函数中还减少了一条 lc.shutdown(0,false);语句，这是因为在 loop()函数中会修改这个寄存器的值，所以这里无需存在这条语句。这个示例的目的就是告诉读者，如果 LED 屏要显示一些警示性的信息，不妨使用这种设置 Shutdown 状态的方式。

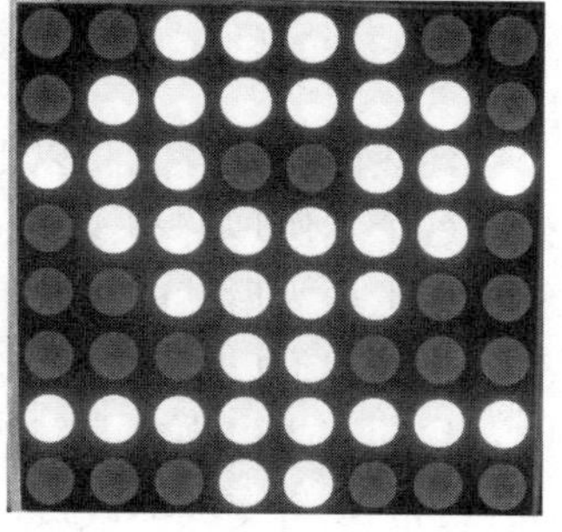

图 6.23　不规则图案

我们既然可以显示禁止通行的标志，当然也可以显示一些其他图形。由于禁止通行标志是比较有规律的，它可以通过两个循环很容易地绘制出来，而其他一些图形则不一定适用，如图 6.23 所示的图案。

这种不规则的图案一般不会使用 setLed()函数来完成，而是使用 setRow()函数或者 setColumn()函数来完成。这两个函

数可以以行或者列为单位来控制 LED。例如，图 6.23 中所示的图案第一行按照 setRow()的要求可以使用 B00111100 来表示，即中间的 4 个 LED 点亮，那么可以将整个图案中的所有行组织到一个数组，如下：

```
byte dot[8]={
  B00111100,
  B01111110,
  B01100110,
  B01111110,
  B00111100,
  B00011000,
  B00111100,
  B00011000
};
```

然后使用一个 for 循环来设置所有的 8 行。

【示例 6-23】 以下代码将 8*8LED 点阵设置为如图 6.23 所示的图案。

```
#include "LedControl.h"

LedControl lc=LedControl(12,11,10,1);  //实例化 LedControl 类的一个对象

//保存图 6.23 所示图案的数组
byte dot[8]={
  B00111100,
  B01111110,
  B11100111,
  B01111110,
  B00111100,
  B00011000,
  B11111111,
  B00011000
};

void setup() {
    lc.setIntensity(0,3);
    lc.shutdown(0,false);
    lc.clearDisplay(0);
    for(int row=0;row<8;row++)
       lc.setRow(0,row,dot[row]);   //循环 8 次使用 setRow()函数设置所有的行
}
void loop(){

}
```

连接好电路并且将以上代码下载到 Arduino 开发板后，就可以看到如图 6.23 所示的效果。这个示例理解和操作起来都比较简单。下面我们趁热打铁来让这个图案实现滚动，当然，这也是为后续的内容做一下铺垫，所以这里实现将图案完全移出和移入屏幕。

这里我们以图 6.23 所示的图案为基础，将其向左移出。下面就来分析这个图案的移动，向左移动一步，也就是代表图案第一行的 B00111100 将变成 B01111000、代表第二行的 B01111110 将变成 B11111100 等，其实也就是将之前的 dot 数组左移一位，这种操作正好对应左移位操作符<<。那么程序中将这个操作执行 8 次，就将所有的图案移出了 8*8LED

点阵，下面的示例就来实现这个思路。

【示例 6-24】 下面的代码使用移位操作将在【示例 6-23】中实现的图案移出屏幕。

```
#include "LedControl.h"

LedControl lc=LedControl(12,11,10,5);

byte dot[8]={
  B00111100,
  B01111110,
  B11100111,
  B01111110,
  B00111100,
  B00011000,
  B11111111,
  B00011000
};

void setup() {
  lc.setIntensity(0,3);
  lc.shutdown(0,false);
  lc.clearDisplay(0);
}

void loop(){
  for(int times=0;times<8;times++){          //循环 8 次，对应图案移动 8 次
    for(int row=0;row<8;row++)
      lc.setRow(0,row,dot[row]<<times);      //每循环一次重绘一次图案
    delay(500);
  }
}
```

正确连接电路并将以上代码下载到 Arduino 开发板后，就可以看到【示例 6-23】中的图案向左移出屏幕。

接着，再来实现将【示例 6-23】所示的图案从右侧移入屏幕。下面来分析这次图案的移动，向右移动一步，也就是代表图案第一行的 B00111100 将变成 B00000000、代表第二行的 B01111110 将变成 B00000001 等，其实也就是将之前的 dot 数组中的各个元素右移 7-n（n 为移动的次数）位，这种操作正好对应右移位操作符>>。那么程序中将这个操作执行 8 次，就将所有的图案移入了 8*8LED 点阵。

【示例 6-25】 以下代码实现将【示例 6-23】中绘制的图案从右侧移入屏幕。

```
#include "LedControl.h"

LedControl lc=LedControl(12,11,10,5);

byte dot[8]={
  B00111100,
  B01111110,
  B11100111,
  B01111110,
  B00111100,
  B00011000,
  B11111111,
  B00011000
};
```

```
void setup() {
  lc.setIntensity(0,3);
  lc.shutdown(0,false);
  lc.clearDisplay(0);
}
void loop(){
  for(int times=0;times<8;times++){
    for(int row=0;row<8;row++)
      lc.setRow(0,row,dot[row]>>7-times);//移动的位数为 7-times 这样可以保证每
                                         次移动都会少移动 1 位，对应的图像就多
                                         显示 1 列
    delay(500);
  }
}
```

正确连接电路并将以上代码下载到 Arduino 开发板后，就可以看到图 6.23 中所示的图案从屏幕外部移动到屏幕中心。至此，单个 LED 点阵上的玩法已经介绍完毕，下面就来看 LED 点阵级联起来的玩法。

6.5.6　MAX7219 级联控制 8*40LED 点阵

所谓级联就是将两个以上的设备通过某种方式连接起来，起到扩容的效果。MAX7219 的级联非常容易，只需要将上一级的 DOUT 作为下一级的 DIN，然后共用 LOAD 和 CLK 信号。

1．MAX7219级联电路

在本节中，实际电路是将 5 个使用 MAX7219 的 8*8LED 点阵级联，由于之后设备的连接方式与前两个设备的连接方式是相同的，所以为了使连接图看起来更清晰，在如图 6.24 所示的电路中只显示两个 LED 点阵的连接方式。

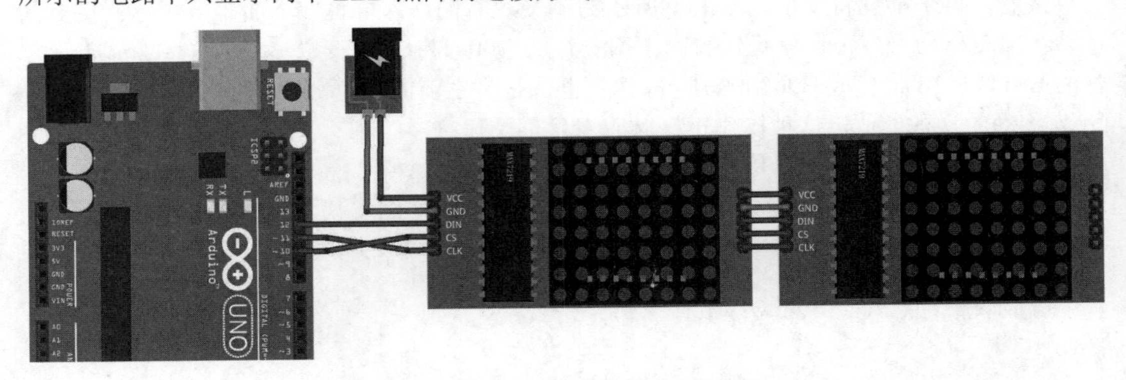

图 6.24　MAX7219 级联

注意：使用 USB 供电的 Arduino 不足以驱动 5 个 8*8LED 点阵，所以必须使用外部电源。

如果使用的是如图 6.19 所示的集成模块，那么它就可以以如图 6.24 所示的方式连接起来。

在如图 6.25 所示的连接方式中，是将 8*8 点阵模块上下两端的针脚连接在了两块面包

板上，然后在模块的后部参照如图 6.24 所示的方式连接电路即可。

2．MAX7219级联的控制代码

在连接好电路后，首先来完成一个最简单的任务，从第一行开始依次点亮所有的 8*40 个 LED。这个示例将带我们了解控制级联的 LED 点阵最基本的操作。

图 6.25　集成模块的一种连接方式

注意：在下面所有示例使用的电路中必须使用外部电源，否则极有可能损坏 Arduino 电路板。

【示例 6-26】 以下代码实现从第一行开始依次点亮所有 8*40 个 LED。

```
#include "LedControl.h"

LedControl lc=LedControl(12,11,10,5);
```

以上代码包含必要的头文件，并且在实例化 LedControl 对象的时候指定设备的个数为 5。

```
void setup() {
  for(int i=0;i<lc.getDeviceCount();i++){
    lc.setIntensity(i,3);
    lc.shutdown(i,false);
    lc.clearDisplay(i);
  }
}
```

由于有多于一个的设备，并且这些设备都需要进行初始化，所以这里使用 for 循环来完成。循环的次数使用 LedControl 库提供的 getDeviceCount()方法获取。

```
void loop(){
  for(int row=0; row<8;row++)
```

在 loop()函数中的第一层循环用于修改控制列的变量。由于一行中的所有 LED 都点亮后才点亮其他列，所以这个循环需要放在第一层。

```
for(int addr=0;addr<lc.getDeviceCount();addr++)
```

第二层 for 循环用于修改控制设备地址的变量。因为点亮一行需要跨越多个设备，因此这个循环需要放在控制列的变量循环（即上一个 for 循环）之后。

```
for(int col=0;col<8;col++){
```

```
  lc.setLed(addr,col,row,true);
  delay(500);
}
```

最内层的 for 循环用于控制一个设备上的 8 列 LED。一行中各个列是值修改最频繁的，所以放在最内层。然后使用 setLed()方法点亮指定位置的 LED 并在执行一次后等待 500 毫秒。

```
}
```

将以上代码下载到 Arduino 开发板后，就可以看到级联的 LED 点阵上的 LED 依次点亮。如图 6.26 所示是程序执行一段时间后的效果。

图 6.26 【示例 6-26】的执行效果

在完成了上面的示例后，我们已经掌握了控制级联的 MAX7219 的最基本方法。此时读者最想实现的一个示例一定是滚动的字幕，这是在日常生活中最常见的一种 LED 点阵应用。下面就来实现一个滚动的字幕。

首先，需要了解字幕滚动最基本的原理。字幕滚动的原理其实非常容易理解，但一定有许多读者因为走在了错误的思路上而痛苦不已。字幕滚动实际上并不是从一个模块（例如一个 8*8LED 点阵）滚动到另一个模块的，并且恰与之相反，两个模块之间并无联系，而是独自显示自己的信息，只是两个模块之间差滚动一列的时间而已。此时，读者应该先运行一下上一节中的【示例 6-25】然后再运行【示例 6-24】，可以看到它们其实已经接近完成一个图形从一侧移入，从另一侧移出的步骤。下面的示例要做的，就是将这两个步骤整合，然后稍微做一下调整，就可以实现一个完美的滚动字幕。

【示例 6-27】 下面的代码将【示例 6-25】和【示例 6-24】进行组合，实现滚动字幕。

```
#include "LedControl.h"

LedControl lc=LedControl(12,11,10,5);

byte dot[8]={
  B00111100,
  B01111110,
  B11100111,
  B01111110,
  B00111100,
```

```
  B00011000,
  B11111111,
  B00011000
};

void setup() {
  for(int i=0;i<lc.getDeviceCount();i++){
    lc.setIntensity(i,3);
    lc.shutdown(i,false);
    lc.clearDisplay(i);
  }
}
void loop(){
  for(int devices=lc.getDeviceCount();devices>=0;devices--){
                                              //获取设备个数并循环
    for(int col=0;col<8;col++){
      for(int row=0;row<8;row++){
        //同时控制两个 LED 点阵
        lc.setColumn(devices-1,7-row,dot[row]<<col+1);
        lc.setColumn(devices-2,7-row,dot[row]>>7-col);
      }
      delay(500);
    }
  }
}
```

正确地连接电路并将以上代码下载到 Arduino 开发板后，就可以看到图案在 5 块 LED 点阵之间平滑滚动起来。执行的效果如图 6.27 所示。

图 6.27　字幕滚动效果

在这个示例中已经将一个复杂的图案完美地滚动了起来，想要扩展它来实现显示更多的信息在此时已并非难事，这就留给读者自己发挥吧。

6.6　RGB 三色 LED

在前面的内容中我们使用过各种单独颜色的 LED 灯，而 RGB 三色 LED 是将 Red（红色）、Green（绿色）和 Blue（蓝色）3 种颜色封装在一起的 LED。这种 LED 共用一个 GND

管脚，因此只有 4 个管脚，相对单独的 LED 来说减小了体积并且减少了管脚。RGB 三色 LED 的外形如图 6.28 所示。

注意：三色 LED 模块上集成了电阻，因此可以直接接入 Arduino 使用，而单独的三色 LED 则需要在电路中单独接入电阻。

之所以将 RGB 3 种颜色封装在一起是为了符合三原色光模式。这种模式可以通过调整 3 种颜色的组合比例（Arduino UNO 可以产生 0～255 占空比范围的 PWM 波，因此可以控制 RGB 三色 LED 显示 16581375 种颜色）来显示不同的颜色。由于只是改变了封装的形式，因此 RGB 三色 LED 的使用方法与普通 LED 非常相似，我们可以按照如图 6.29 所示的方式连接电路。

图 6.28　RGB 三色 LED 模块

图 6.29　接线图

这个电路的实现原理显而易见，它使用 Arduino 的 3 个针脚分别控制三色 LED 的各个针脚，通过将不同的电压输出到对应的针脚来提高一个原色比例从而改变整体颜色。按照图 6.29 所示的方式连接好电路图后我们就可以编写一个简单的程序来使用 RGB 三色 LED 了。

【示例 6-28】 下面的代码驱动 RGB 三色 LED 循环显示 16 581 375 种颜色（即通常所说的 1 600 万色）。

```
int redPin=9;                          //控制红色的针脚
int greenPin=10;                       //控制绿色的针脚
int bluePin=11;                        //控制蓝色的针脚
void setup(){
}
void loop(){
  for(int x=0;x<=255;x++){
   analogWrite(bluePin,x++);
                  //使用 analogWrite()函数循环提高蓝色的亮度（三色中所占的比例）
   for(int y=0;y<=255;y++){
```

```
      analogWrite(greenPin,y++);
                          //使用 analogWrite()函数循环提高绿色的亮度（三色中所占的比例）
      for(int z=0;z<=255;z++){
        analogWrite(redPin,z++);
                          //使用 analogWrite()函数循环提高红色的亮度（三色中所占的比例）
        delay(10);                       //在循环暂停以查看结果
      }
    }
  }
}
```

在将代码下载到 Arduino 开发板后就可以看到三色 LED 在通过改变 RGB 3 种颜色所占的比例来改变 LED 显示的颜色。

6.7　七段数码管

七段数码管是用来显示数字的一类数码管。这类数码管是由多个发光二极管构成的，常见的七段数码管及其引脚图如图 6.30 所示。

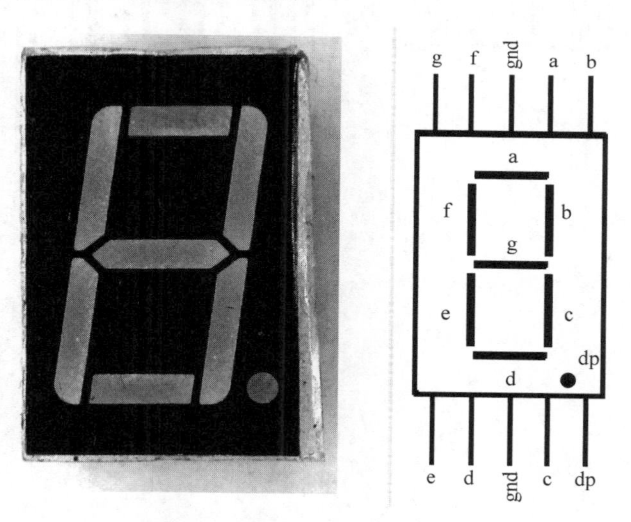

图 6.30　七段数码管及其引脚图

其中的引脚名称对应“8”字中各个位置的 LED。

提示：市面上存在两种类型的七段数码管——共阴极和共阳极数码管。要确定其类型可以通过使用万用表的二极管挡来确定。

6.7.1　Arduino 直接控制七段数码管

根据图 6.30 中所示的七段数码管的引脚图，我们就可以按照如图 6.31 所示的接线图连接电路。

七段码数码管有 8 个针脚分别控制 8 个段的点亮和熄灭，所以需要使用 Arduino 的 8

个端口来直接控制。按照如图 6.31 所示的连接方式连接电路后就可以编写一个简单的代码来验证电路。

【示例 6-29】 以下代码实现点亮七段数码管的所有二极管单元。

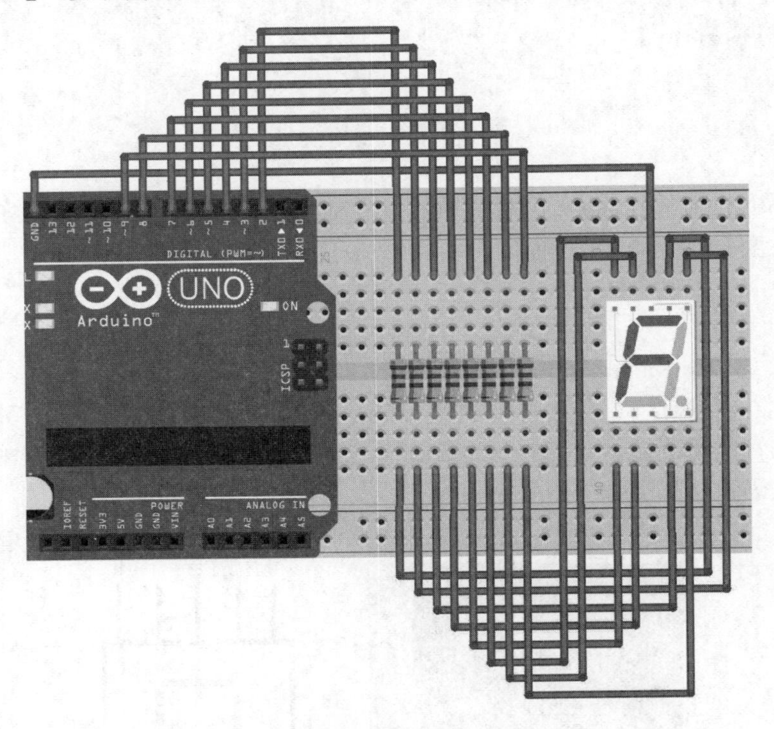

图 6.31　七段数码管接线图

```
//定义连接二极管的针脚
int aPin=2;
int bPin=3;
int cPin=4;
int dPin=5;
int ePin=6;
int fPin=7;
int gPin=8;
int dpPin=9;

void setup(){
  //设置针脚模式为输出
  pinMode(aPin,OUTPUT);
  pinMode(bPin,OUTPUT);
  pinMode(cPin,OUTPUT);
  pinMode(dPin,OUTPUT);
  pinMode(ePin,OUTPUT);
  pinMode(fPin,OUTPUT);
  pinMode(gPin,OUTPUT);
  pinMode(dpPin,OUTPUT);
}

void loop(){
  //向所有针脚输出高电压点亮七段数码管的所有单元
  digitalWrite(aPin,HIGH);
  digitalWrite(bPin,HIGH);
```

```
  digitalWrite(cPin,HIGH);
  digitalWrite(dPin,HIGH);
  digitalWrite(ePin,HIGH);
  digitalWrite(fPin,HIGH);
  digitalWrite(gPin,HIGH);
  digitalWrite(dpPin,HIGH);
}
```

将上面的代码下载到 Arduino 开发板后可以看到七段数码的所有单元全部被点亮。

6.7.2　Arduino 通过 74HC595 控制一个七段数码管

在完成上一节的示例以后，我们并不会使用七段数码管显示一些其他的数字，因为可以通过使用熟悉的 74HC595 来更容易地实现，修改后的接线图如图 6.32 所示。

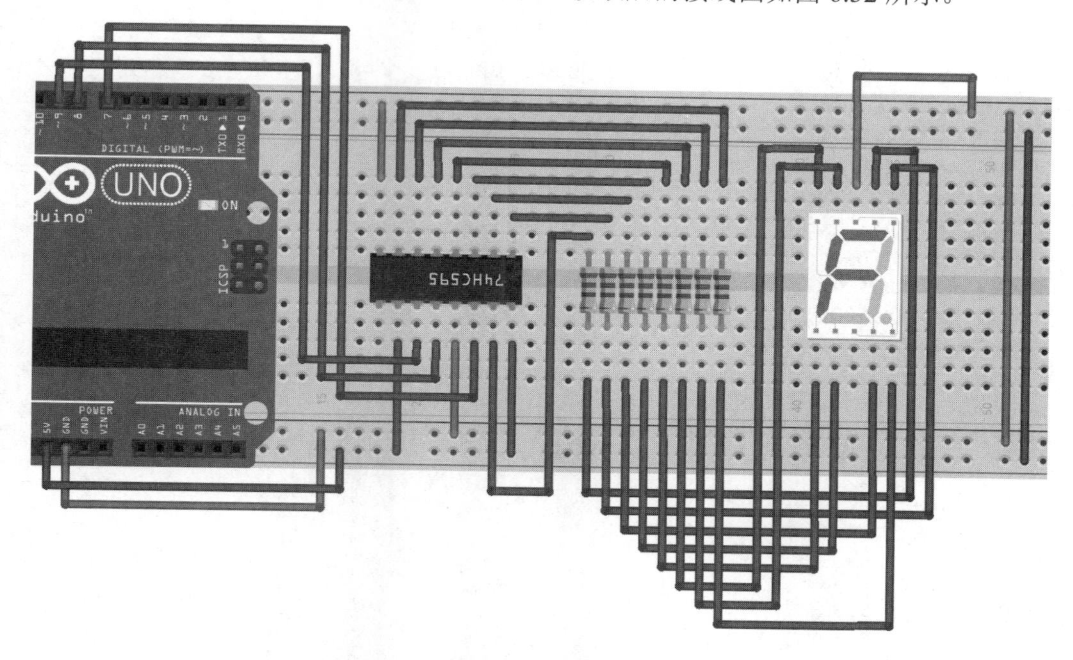

图 6.32　使用 74HC595 控制七段数码管

注意：*为了使接线图更加美观，在图中将 74HC595 顺时针旋转 180°，读者在接线时一定要注意。*

上面的接线图只是将图 6.31 中直接连接在 Arduino 上的 8 条线接在了 74HC595 的 8 个输出端上，这样只需要占用 Arduino 的 3 个接口就可以控制一个七段数码管。修改电路后我们就来实现与【示例 6-29】中一致的效果。

【示例 6-30】 下面使用改进后的电路实现与【示例 6-29】相同的效果。

```
int dataPin=7;                          //指定串行数据输入针脚
int latchPin=8;                         //指定存储寄存器时钟输入针脚
int clockPin=9;                         //指定移位寄存器时钟输入针脚

void setup(){
  //设置所有针脚为输出模式
  pinMode(clockPin,OUTPUT);
```

```
  pinMode(latchPin,OUTPUT);
  pinMode(dataPin,OUTPUT);
}

void loop(){
  digitalWrite(latchPin,LOW);        //向 latchPin 写入低电压以允许数据输入
  shiftOut(dataPin,clockPin,MSBFIRST,B11111111);   //向芯片中写入数据
  digitalWrite(latchPin,HIGH);       //向 latchPin 写入高电压以存储数据并输出
}
```

在将上面的代码下载到 Arduino 开发板后就会出现与【示例 6-29】相同的效果。代码中的二进制数 11111111 的每位分别控制七段数码管的 a～f 以及 dp 单元，因此通过修改该二进制数就可以实现显示数字。

【示例 6-31】 下面代码实现在七段数码管显示数字 0～9。

```
//定义数字对应的二进制值
#define NUM1 0x60            //对应 B01100000
#define NUM2 0xda            //对应 B11011010
#define NUM3 0xf2            //对应 B11110010
#define NUM4 0x66            //对应 B01100110
#define NUM5 0xb6            //对应 B10110110
#define NUM6 0xbe            //对应 B10111110
#define NUM7 0xe0            //对应 B11100000
#define NUM8 0xfe            //对应 B11111110
#define NUM9 0xf6            //对应 B11110110
#define NUM0 0xfc            //对应 B11111100

//定义一个数组来存放显示数字的二进制位
byte num[]={NUM1,NUM2,NUM3,NUM4,NUM5,
            NUM6,NUM7,NUM8,NUM9,NUM0
          };

//定义针脚
int dataPin=7;
int latchPin=8;
int clockPin=9;

void setup(){
  //设置所有针脚为输出模式
  pinMode(clockPin,OUTPUT);
  pinMode(latchPin,OUTPUT);
  pinMode(dataPin,OUTPUT);
}

void loop(){
  //循环访问数组元素并等待 1000ms
  for(int i=0;i<10;i++){
    digitalWrite(latchPin,LOW);
    shiftOut(dataPin,clockPin,LSBFIRST,num[i]);
    digitalWrite(latchPin,HIGH);
    delay(1000);
  }
}
```

在将上面的代码下载到 Arduino 开发板后可以看到七段数码管开始循环显示 0～9 这 10 个数字。

6.7.3　使用两个 74HC595 驱动 4 位七段数码管

4 位七段数码管通过多路复用技术将 4 个七段数码管封装在一起，如图 6.33 所示。

图 6.33　4 位七段数码管

在它的内部，各个对应段都并联在一起，然后公共接地端用做位选线，其连接可以用如图 6.34 所示的电路表示。那么，想要更多位的数码管就可以把它们的各个段与现有电路连接，然后公共接地作为位选线即可。稍后的示例中将会见到将两个 4 位七段数码管连成 8 位。

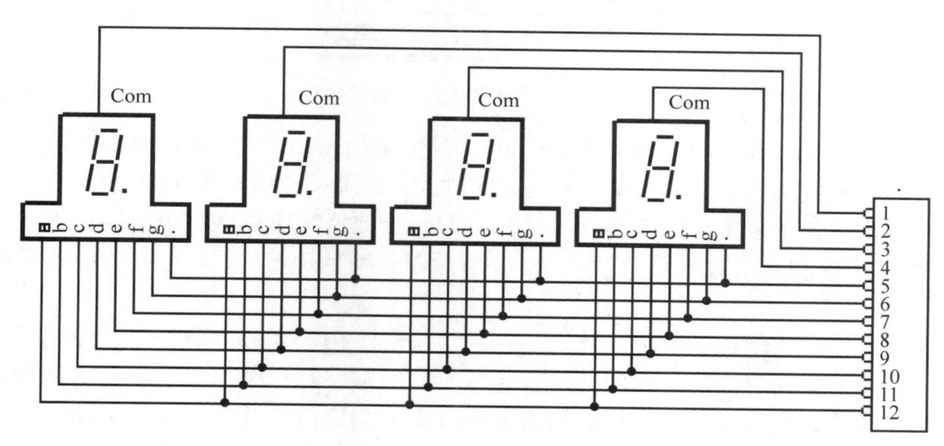

图 6.34　4 位七段数码管内部连接

74HC595 已经被我们在多个示例中使用过了，本节中演示的示例与【示例 6-30】类似，只不过我们需要多使用一个 74HC595 来选择要点亮的数码管。在连接电路前应该了解一下 4 位七段数码管各个管脚的作用（这里以 HSN-3643S 为例，其他型号通常也是这种布局，如果不对应则参考对应的手册）。电子器件的管脚一般将左下角的第一个针脚指定为 1，然后沿着逆时针顺序递增，如图 6.35 所示。

图 6.35　HSN-3643S 管脚编号

由于元器件的生产商有很多，其针脚作用可能是不同的，HSN-3643S 各个针脚作用如下：

- 针脚 11、7、4、2、1、10 和 5 分别对应

控制七段数码管中 A、B、C、D、E、F 和 G 段。针脚 3 控制 DP 段。

- 针脚 12、9、8、6 分别为第 1、2、3、4 位数码管的公共极。

那么，同【示例 6-30】类似，我们需要使用一个 74HC595 来发送段选信号，而另一个 74HC595 则要用来发送位选信号，首先按照如图 6.36 所示的方式连接电路。

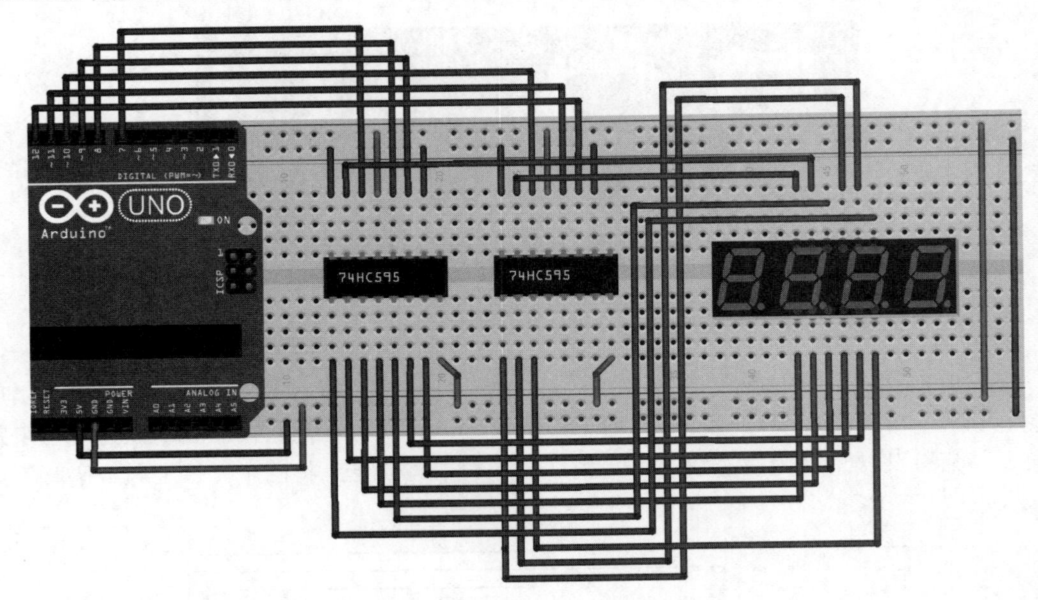

图 6.36　驱动 4 位七段数码管电路

在这个电路中一共使用了两个 74HC595，我们知道使用一个 74HC595 就可以控制一个七段数码管正常工作。在控制多位数码管的时候，如果只使用一个 74HC595 控制所有的数码管，那么就会导致所有的数码管只能显示同一个数值。所以在这个电路中加入了另一个 74HC595 来控制一个时刻只点亮一个位，然后以极快的速度循环，使得所有位看起来是同时被点亮。

下面的程序将实现在 4 个数码管上显示数字 1～4。由于 4 位七段数码管使用了多路复用技术，因此不能同时控制不同的数码管显示不同的数字。一个简单的实现思路就是创建一个函数，该函数每次调用都会点亮指定数码管上的指定段，其中一种实现函数如下：

```
void lightenDidit(byte nums,int location){
   digitalWrite(latchPin1,LOW);                //写入低电平以使芯片接收段选数据
   shiftOut(dataPin1,clockPin1,LSBFIRST,nums);        //向芯片发送段选数据
   digitalWrite(latchPin2,LOW);                //写入低电平以使芯片接收位选数据
   shiftOut(dataPin2,clockPin2,MSBFIRST,~(B1<<location));
     //向芯片发送位选数据，由于使用的数码管为共阴极（低电平有效），因此写入的数据取反
   digitalWrite(latchPin2,HIGH);               //写入高电平以存储并输出位选信号
   digitalWrite(latchPin1,HIGH);               //写入高电平以存储并输出段选信号
}
```

在实现了上面的函数后，就可以通过循环调用 lightenDidit()函数来实现前面的功能。

【示例 6-32】 下面代码演示使用两个 74HC595 控制 4 位七段数码管显示数字 1～4。

```
//数字 1~4 的二进制位（十六进制表示）
#define NUM1 0x60
#define NUM2 0xda
#define NUM3 0xf2
```

```
#define NUM4 0x66
byte num[]={NUM1,NUM2,NUM3,NUM4};   //保存数字 1~4 的二进制位到数组以方便访问

//定义连接到段选 74HC595 的针脚
int dataPin1=7;
int latchPin1=8;
int clockPin1=9;

//定义连接到位选 74HC595 的针脚
int dataPin2=10;
int latchPin2=11;
int clockPin2=12;

void lightenDigit(byte,int);          //声明在指定位显示指定数字的函数

void setup(){
  //设置所有针脚为输出模式
  pinMode(clockPin1,OUTPUT);
  pinMode(latchPin1,OUTPUT);
  pinMode(dataPin1,OUTPUT);
  pinMode(clockPin2,OUTPUT);
  pinMode(latchPin2,OUTPUT);
  pinMode(dataPin2,OUTPUT);
}

void loop(){
  for(int i=0;i<4;i++){
    lightenDigit(num[i],i%4);       //循环调用 lightenDigit()函数以显示数字 1~4
  }
}

//lightenDigit()函数的实现
void lightenDigit(byte nums,int location){
    digitalWrite(latchPin1,LOW);
    shiftOut(dataPin1,clockPin1,LSBFIRST,nums);
    digitalWrite(latchPin2,LOW);
    shiftOut(dataPin2,clockPin2,MSBFIRST,~(B1<<location));
    digitalWrite(latchPin2,HIGH);
    digitalWrite(latchPin1,HIGH);
}
```

在将上面的代码下载到 Arduino 开发后可以看到在 4 位七段数码管上显示出了数字 1～4。虽然实际上 4 个数字是被分别点亮的，但是由于循环速度极快，在我们人眼看来就像是同时被点亮。

提示：可以在调用 lightenDigit()的函数中使用 delay()函数延时一段时间，以观察 4 位七段数码管的点亮顺序。

6.7.4　Arduino 通过 MAX7219 控制七段数码管

七段数码管就是用来显示一些数值的，例如时间、温度、电压值等。在前面介绍了多种方式来控制一位或者多位七段数码管。MAX7219 与直接使用 Arduino 控制七段数码管的优势是占用的端口少，而且一个 MAX7219 可以同时控制最多 8 位七段数码管；与使用 74HC595 相比，其优势同样是占用较少的端口，而且由于 MAX7219 自身拥有寄存器，所以被控制的七段数码管不会闪烁。

1. MAX7219控制七段数码管的连接电路

MAX7219 控制 4 位七段数码管的连接电路如图 6.37 所示。

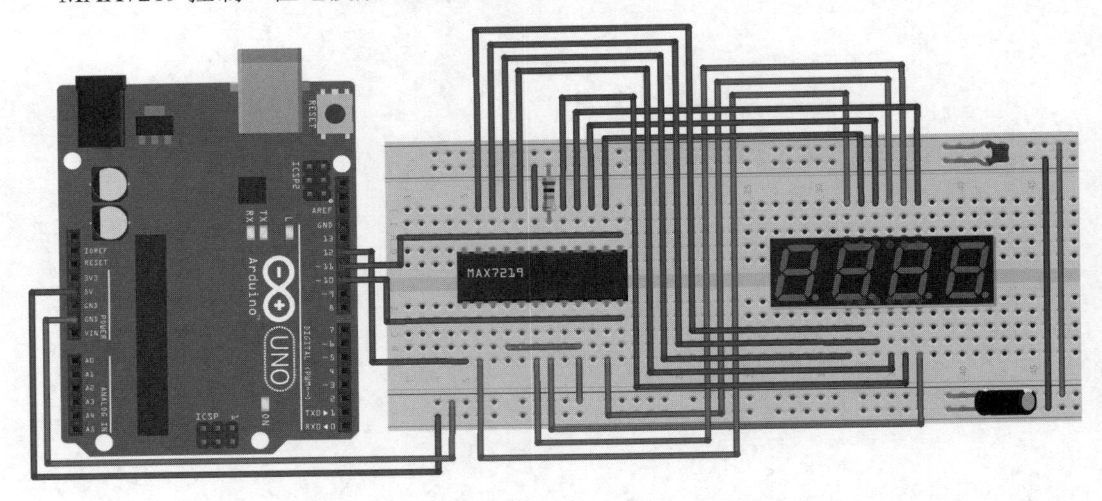

图 6.37　Arduino 通过 MAX7219 控制 4 位七段数码管

一个 MAX7219 最多可以控制 8 位 7 段数码管，如果你有一个 8 位的七段数码管，它的连接电路与图 6.36 所示的方式一致。如果你有两个 4 位的七段数码管，那也可以非常容易地组合为一个 8 位的七段数码管，如图 6.38 所示是连接方法。

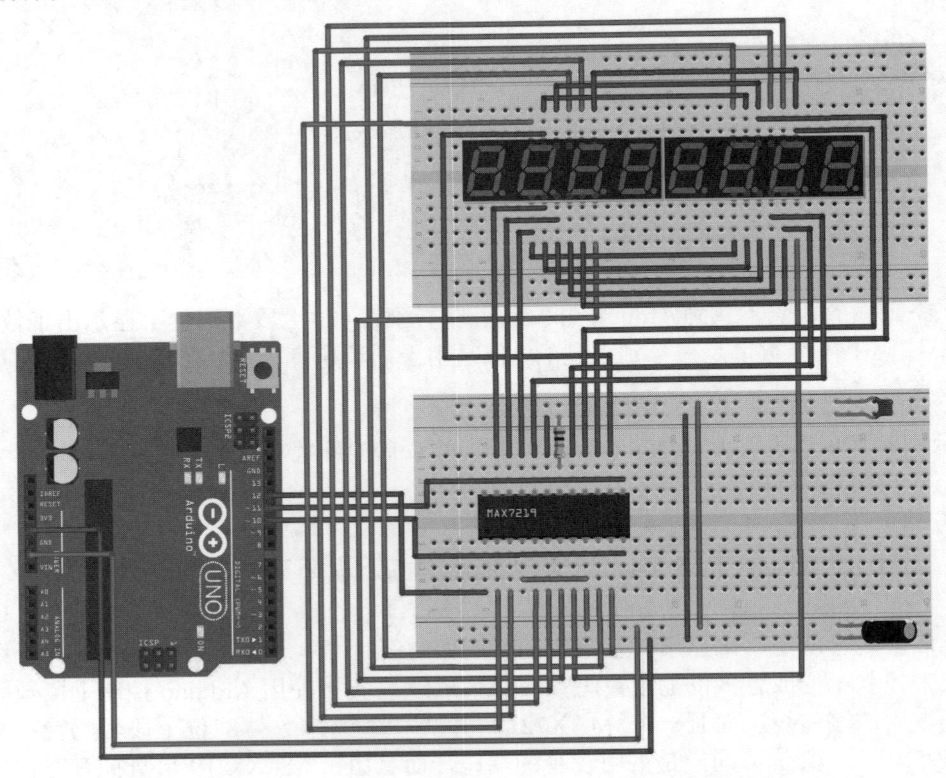

图 6.38　两个 4 位七段数码管组合为一个 8 位七段数码管

图6.38中的电路看起来接线纵横交错不容易连接，实际上接线非常容易。只需要将多个七段数码管的段选线并联，然后将各个位选线连接到MAX7219对应的DIG针脚即可。

2．MAX7219控制七段数码管的实现代码

当前，在不添加新硬件的情况下，就可以实现一个最简单的示例——在4位七段数码管上显示数字1～4。

【示例6-33】 下面的代码实现在4位七段数码管上显示1～4。

```
#include "LedControl.h"

LedControl lc=LedControl(12,11,10,1);        //实例化一个LedControl库的对象

void setup() {
  lc.setIntensity(0,3);
  lc.shutdown(0,false);
  lc.clearDisplay(0);

  lc.setDigit (0,0,1,false);                 //将第一位数码管显示为1
  lc.setDigit (0,1,2,false);                 //将第二位数码管显示为2
  lc.setDigit (0,2,3,false);                 //将第三位数码管显示为3
  lc.setDigit (0,3,4,false);                 //将第4位数码管显示为4
}
void loop(){
  //loop()函数不需要执行任何操作
}
```

按照如图6.37所示的方式连接电路，然后将以上代码下载到Arduino开发板，就可以看到4位数码管上显示出了数字1、2、3、4。

显示时间是七段数码管的一个重要应用之一，这里我们不用来显示当前的日期，而是显示Arduino运行的时间。Arduino运行时间可以使用millis()函数获得，这个函数返回Arduino运行当前程序的毫秒数。

【示例6-34】 以下代码实现记录Arduino运行当前程序的时间，以秒为单位。

```
#include "LedControl.h"

LedControl lc=LedControl(12,11,10,1);

void setup() {
  lc.setIntensity(0,3);
  lc.shutdown(0,false);
  lc.clearDisplay(0);
}
void loop(){
  unsigned long runTime=millis();  //获取Arduino运行当前程序的时间，单位为毫秒
  String seconds=String(runTime/1000);
                                  //将获取到的时间转换为秒后转换为String类型

  lc.setChar(0,3,seconds[seconds.length()-1],false);
  //由于seconds的长度是随时增长的，所以需要使用seconds.length()-n来指定各个位显
    示的位置
  lc.setChar(0,2,seconds[seconds.length()-2],false);
  lc.setChar(0,1,seconds[seconds.length()-3],false);
  lc.setChar(0,0,seconds[seconds.length()-4],false);
}
```

按照如图 6.37 所示的方式连接电路，然后将以上代码下载到 Arduino 开发板，就可以看到 4 位数码管开始由 0000 开始计时，这种连接方式最大只可以计时到 9 999 秒。如果按照图 6.38 所示的方式连接的电路，则最大可以计时到 99 999 999 秒，但是由于 millis()函数会在大约 50 天后重置，也就是大约 4 320 000 秒，所以实际使用时候只需要使用其中的 7 位即可，即将 ScanLimit 寄存器设置为 7。

如果实在不满足于只使用数码管显示数字，那么还可以在数码管上显示几个有限的字符，如下的示例就在 4 位数码管上显示 HELP，并且以 1 秒的间隔闪烁。

【示例 6-35】 以下代码在 4 位七段数码管上显示字符 HELP，并且以 1 秒的间隔闪烁。

```
#include "LedControl.h"

LedControl lc=LedControl(12,11,10,1);

void setup() {
  lc.setIntensity(0,3);
  lc.clearDisplay(0);

  lc.setChar(0,0,'H',false);
  lc.setChar(0,1,'E',false);
  lc.setChar(0,2,'L',false);
  lc.setChar(0,3,'P',false);
}
void loop(){
  lc.shutdown(0,true);
  delay(1000);
  lc.shutdown(0,false);
  delay(1000);
}
```

按照如图 6.38 所示的方式连接电路，然后将以上代码下载到 Arduino 开发板，就可以看到 4 位数码管上显示出了 HELP 字符，并以 1 秒的时间间隔闪烁。

第 7 章　蜂　鸣　器

蜂鸣器是一种简易的发声设备。它虽然灵敏度不高，但是制作工艺简单，成本低廉。因此常用在计算机、电子玩具和定时器等设备中。本章将详细讲解蜂鸣器的各种使用方式。

7.1　蜂鸣器的工作原理及分类

蜂鸣器是通过给压电材料供电来发出声音的。压电材料可以随电压和频率的不同产生机械变形，从而产生不同频率的声音。蜂鸣器又分为有源蜂鸣器和无源蜂鸣器两种，这两种蜂鸣器如图 7.1 所示。

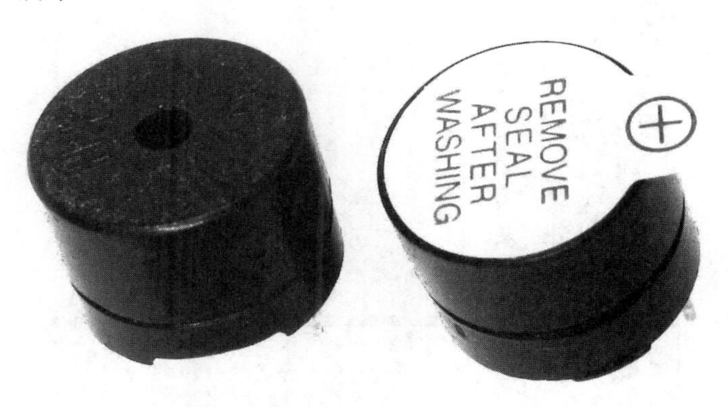

图 7.1　两种类型的蜂鸣器

有源蜂鸣器内部集成有震荡源，因此只要为其提供直流电源就可以发声。对应的无源蜂鸣器由于没有集成震荡源，因此需要接在音频输出电路中才可以发声。

区分有源和无源蜂鸣器可以初步地从外观来判断：

- 无源蜂鸣器通的电路板通常是裸露的，如图 7.2 所示；
- 有源蜂鸣器的电路通常是被黑胶覆盖的，如图 7.3 所示。

图 7.2　无源蜂鸣器

图 7.3　有源蜂鸣器

更精确的判断方法是通过万用表来测量蜂鸣器的电阻：

- ❑ 无源蜂鸣器的电阻一般为 8Ω 或 16Ω；
- ❑ 有源蜂鸣器的电阻则要大得多。

7.2 驱动蜂鸣器程序

由于蜂鸣器分为有源和无源两种，因此需要两种方式来驱动蜂鸣器。下面依次讲解这两种方式。

7.2.1 驱动有源蜂鸣器

由于有源蜂鸣器内部集成有震荡源，因此无需在电路中提供震荡源。这样，驱动有源蜂鸣器就变得非常简单，完全可以使用与驱动 LED 类似的程序来驱动，元器件接法如图 7.4 所示。

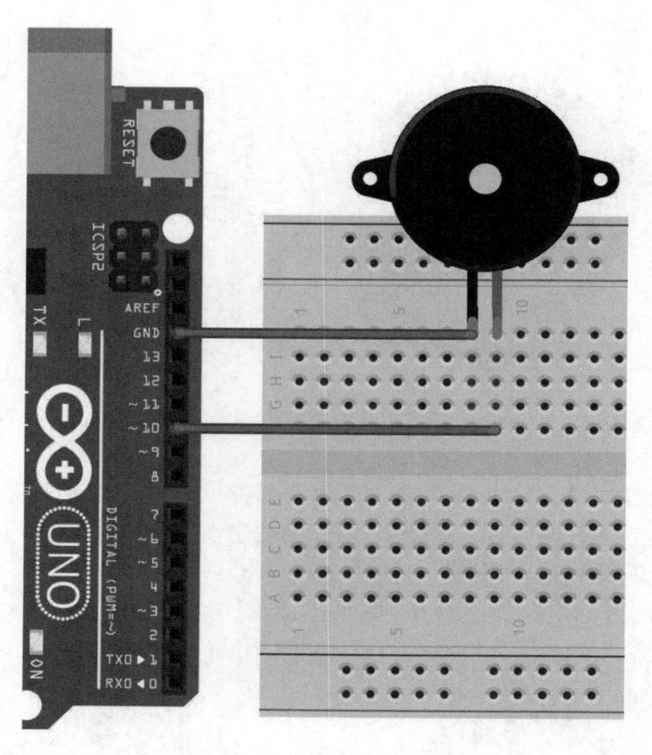

图 7.4 驱动有源蜂鸣器接法

有源蜂鸣器只要通入电流就可以发声，所以这里只需要将 Arduino 的数字输出端口与蜂鸣器的正极连接即可，驱动有源蜂鸣器的代码如【示例 7-1】所示。

【示例 7-1】 下面程序驱动有源蜂鸣器。

```
int buzzerPin=10;                    //蜂鸣器针脚
```

```
void setup(){
  pinMode(buzzerPin,OUTPUT);      //设置针脚模式为输出
}

//交替向针脚输出高低电压
void loop(){
  digitalWrite(buzzerPin,HIGH);
  delay(1000);
  digitalWrite(buzzerPin,LOW);
  delay(1000);
}
```

在将上述代码下载到 Arduino 开发板后，有源蜂鸣器就会以 1 秒的间隔进行发声。

7.2.2　驱动无源蜂鸣器

由于无源蜂鸣器在内部没有集成震荡源，因此需要驱动电路提供震荡源才能正常工作。Arduino 语言提供了 tone()函数来驱动无源蜂鸣器，该函数的原型如下：

```
tone(pin, frequency,[duration])
```

其中，参数 pin 表示方波输出的针脚；frequency 表示方波的频率，以赫兹（Hz）为单位；duration 表示持续的时间，以毫秒为单位，该参数是可选的。如果在调用 tone()函数的过程中不指定持续时间（duration），那么 tone()函数会一直持续执行，直到程序调用 noTone()函数为止。noTone()函数用来停止 tone()函数产生的方波，该函数原型如下：

```
noTone(pin)
```

其中，参数 pin 表示方波输出的针脚。

无源蜂鸣器的元器件接法与有源蜂鸣器接法类似，如图 7.5 所示。

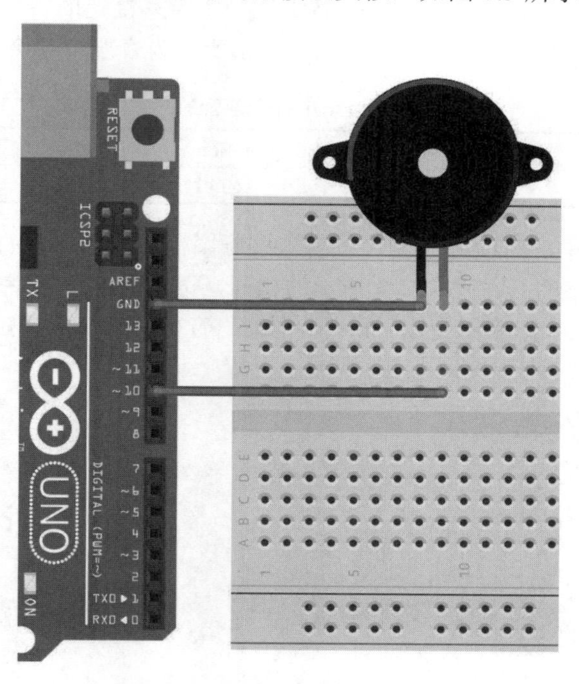

图 7.5　驱动无源蜂鸣器接法

Arduino 的 tone()函数提供指定频率震荡源来驱动无源蜂鸣器，代码如下所示。

【示例 7-2】 下面是驱动无源蜂鸣器的代码。

```
int puzzerPin=10;                //蜂鸣器针脚

void setup(){

}

void loop(){
  tone(puzzerPin,520);           //向蜂鸣器针脚输出 440Hz 的方波来驱动蜂鸣器发声
  delay(1000);                   //延时 1000 毫秒
  noTone(puzzerPin);             //停止生产方波，蜂鸣器不再发声
  delay(1000);
}
```

在将上面的代码下载到 Arduino 开发板后，蜂鸣器就开始以 1 秒为间隔发出频率为440Hz 的声音。

7.3　蜂鸣器使用实例

本节将介绍 3 个蜂鸣器的使用实例。

7.3.1　使用无源蜂鸣器输出 7 个基本音阶

声音是由物体振动所产生的。只是由于物体的材料以及振幅、频率不同，而产生不同的声音。声音的响度是由振幅决定的，而音调则是由频率决定的，那么我们只需要控制物体振动的频率，就可以发出固定的声调。如表 7.1 所示为音乐中各个乐音的频率。

表 7.1　音乐中各个乐音的频率

音阶	1（Do）	2（Re）	3（Mi）	4（Fa）	5（Sol）	6（La）	7（Si）
频率	262	294	330	349	392	440	494

那么，根据上表中的对应关系就可以将这些频率值传递给 tone()函数以输出对应频率的声音。该示例的元器件接法与图 7.5 所示的相同，读者对照连接就可以了。

【示例 7-3】 以下代码演示使用 tone()函数输出音乐中的基本音阶。

```
//定义音阶常量
#define Do 262
#define Re 294
#define Mi 330
#define Fa 349
#define Sol 392
#define La 440
#define Si 494

int buzzerPin=10;                          //定义蜂鸣器针脚
int scale[]={Do,Re,Mi,Fa,Sol,La,Si};       //定义音阶数组
```

```
void setup(){
  pinMode(buzzerPin,OUTPUT);
}
void loop(){
  for(int i=0;i<7;i++){              //使用 for 循环依次播放音阶数组中的元素
    tone(buzzerPin,scale[i]);
    delay(1000);
    noTone(buzzerPin);
    delay(1000);
  }
}
```

将上面的代码下载到 Arduino 开发板后，蜂鸣器就会循环播放 7 个基本音阶。

7.3.2 使用无源蜂鸣器演奏音乐

有了演奏 7 个基本音阶的经验后，我们就可以根据乐音知识来简易地演奏一些音乐。这里就以生日歌中的一个片段来进行演示。该示例的元器件接法同【示例 7-3】相同。

【示例 7-4】 下面的代码驱动无源蜂鸣器来演奏生日快乐歌的片段。

```
//为了演奏效果更佳，这里加入了 7 个基本音的高八度音
#define Do 262
#define Re 294
#define Mi 330
#define Fa 349
#define Sol 392
#define La 440
#define Si 494
#define Do_h 523
#define Re_h 587
#define Mi_h 659
#define Fa_h 698
#define Sol_h 784
#define La_h 880
#define Si_h 988
int buzzerPin=10;

int scale[]={Sol,Sol,La,Sol,Do_h,Si,
             Sol,Sol,La,Sol,Re_h,Do_h,
             Sol,Sol,Sol_h,Mi_h,Do_h,Si,La,
             Fa_h,Fa_h,Mi_h,Do_h,Re_h,Do_h};      //生日歌曲谱
int length;

void setup(){
  pinMode(buzzerPin,OUTPUT);                        //设置针脚输出模式
  length=sizeof(scale)/sizeof(scale[0]);            //获取曲谱数组的长度
}

void loop(){
  for(int i=0;i<length;i++){                  //使用 for 循环依次播放曲谱数组中的元素
    tone(buzzerPin,scale[i]);
    delay(250);
    noTone(buzzerPin);
    delay(250);
  }
}
```

在将上面的程序下载到 Arduino 开发板后，蜂鸣器就开始循环演奏生日快乐歌。读者可以在该程序中加入更多的音阶及曲谱来演奏更加优美的旋律。

7.3.3　使用有源蜂鸣器发送 S.O.S 摩尔斯电码

在第 6 章中使用 LED 发送了 S.O.S 摩尔斯码。在本节中就使用有源蜂鸣器来发送 S.O.S 摩尔斯电码。关于摩尔斯电码的介绍这里就不再赘述，读者可以参考第 6 章的知识。使用有源蜂鸣器发送 S.O.S 摩尔斯电码的接法如图 7.4 所示，读者参照其连接即可。

使用有源蜂鸣器发送 S.O.S 摩尔斯电码的程序与使用 LED 非常类似，只需稍做修改即可。

【示例 7-5】　以下代码为使用有源蜂鸣器发送 S.O.S 摩尔斯电码。

```
int buzzerPin=10;              //蜂鸣器针脚
int stdd=300;                  //基准时间
void dot();                    //声明点信号发送函数
void dash();                   //声明划信号发送函数
void wait();                   //两个字母间的间隔

void setup(){
  pinMode(buzzerPin,OUTPUT);
}

void loop(){
  dot();dot();dot();           //调用 dot()函数发送 3 个点信号
  wait();                      //两个字母间的时间间隔
  dash();dash();dash();        //调用 dash()函数发送 3 个横信号
  wait();                      //两个字母间的时间间隔
  dot();dot();dot();           //调用 dot()函数发送 3 个点信号
  delay(3000);                 //开始下一轮发送的延时
}

//定义 dot()函数
void dot(){
  digitalWrite(buzzerPin,HIGH);
  delay(stdd);
  digitalWrite(buzzerPin,LOW);
  delay(stdd*2);
}

//定义 dash()函数
void dash(){
  digitalWrite(buzzerPin,HIGH);
  delay(stdd*3);
  digitalWrite(buzzerPin,LOW);
  delay(stdd*2);
}

//定义 wait()函数
void wait(){
  delay(stdd*7);
}
```

在将上面的代码下载到 Arduino 开发板后，有源蜂鸣器就开始以 3 秒为间隔循环发送 S.O.S 摩尔斯电码。

第 8 章　按　　钮

按钮的作用是接通或者断开电路。根据构造的不同，按钮可以分为常开、常闭、常开/常闭和动作点击 4 种按钮。根据作用的不同又分为启动、停止、急停和组合按钮等。本章将主要介绍简单的常开按钮和组合按钮。

8.1　按钮的作用及分类

按钮是一种常见而且形式多样的控制电器元件。它常用来接通或者断开控制电路。按钮可以分为如下几种。

- 常开按钮：开关触点在默认状态下是断开的。
- 常闭按钮：开关触点在默认状态下是接通的。
- 常开/常闭按钮：在默认状态下有接通和断开的按钮。

在学习的过程中，最常用的是如图 8.1 所示的常开按钮。

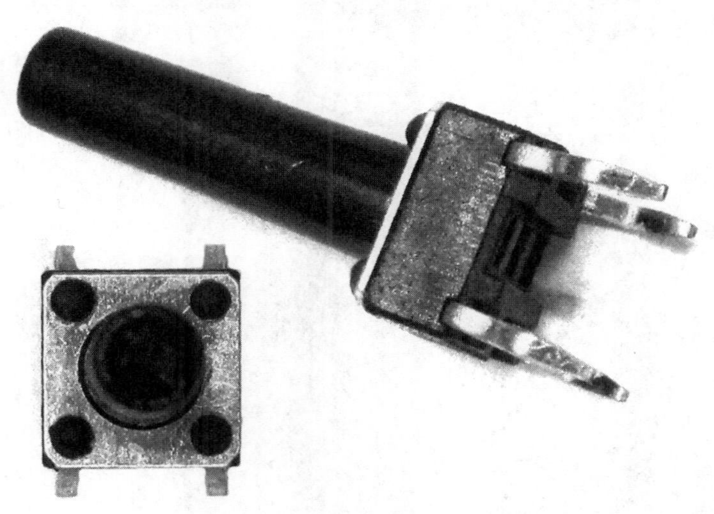

图 8.1　一种常开按钮

这种常开按钮有四个引脚，而且引脚之间是两两联通的，如图 8.2 所示为其内部连接方式。

将多个按钮使用多路复用技术连接起来可以组成一个按钮矩阵，如图 8.3 所示。

按钮矩阵的使用方式与 LED 矩阵类似，都需要通过行列扫描的方式来确定哪一个按钮被按下。

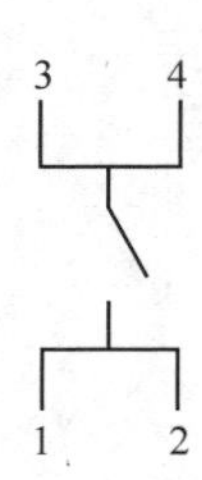

图 8.2　一种常开按钮的内部连接方式

图 8.3　按钮矩阵

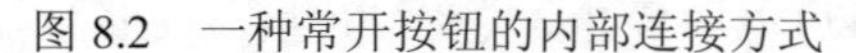

8.2　按钮的实质

按钮的实质就是用来发送一个电信号（低电平或者高电平），软件可以根据检测到的信号进行相应的操作，例如点亮或者熄灭 LED 灯。要在 Arduino 上正确地使用按钮，还需要了解两个重要的概念——上拉电阻和下拉电阻。首先来看一个不使用下拉电阻的电路，它用一个常开按钮控制 Arduino 的板载 LED（名为 L）。按钮被按下时 LED 点亮，松开时熄灭。首先按照如图 8.4 所示的方式连接电路。

图 8.4　不使用上拉电阻的接线图

这个电路的实现原理就是通过按钮接通或者断开 5V 与 2 号端口间的连接，在 2 号端口检测到电流则点亮板载 LED。

在编写配套的代码前还要认识一个新的函数 digitalRead()。该函数用来从指定的针脚读取电信号并返回读取到的值（LOW 或 HIGH），该函数的原型如下：

```
digitalRead(pin)
```

其中，参数 pin 即为要读取的电信号的针脚。

【示例 8-1】 下面代码实现使用按钮控制 Arduino 板载 LED。

```
int buttonPin = 2;                          //按钮针脚
int ledPin =  13;                           //板载 LED 针脚
int buttonState = 0;                        //记录按钮状态

void setup() {
  pinMode(ledPin, OUTPUT);                  //设置 LED 针脚为输出模式
  pinMode(buttonPin, INPUT);                //设置按钮针脚为输入模式
}

void loop(){
  buttonState = digitalRead(buttonPin);//读取按钮状态
  if (buttonState == HIGH) {                //判断读取到的按钮状态
    digitalWrite(ledPin, HIGH);             //按钮状态为高电平则向 ledPin 输出高电位
  }
  else {
    digitalWrite(ledPin, LOW);              //按钮状态为低电平则向 ledPin 输出地电位
  }
}
```

在将上面的代码下载到 Arduino 开发板后，就可以看到板载 LED 已经亮起来了，但是并没有按下按钮。这并不是程序的问题，而是电路中出现了问题。

当输入端口未连接设备或者处于高阻抗状态下，那么它的电位是不确定的。上拉电阻就是将这个不确定的电信号“拉”成高电平。对应上拉电阻的是下拉电阻，它用来将一个不确定的电平“拉”成低电平。

在 Arduino 的板载 LED 之所以在按钮没有被按下的时候也被点亮，就是由于 buttonPin 在高阻态下被输入了一个稍高的电平。通过下拉电阻可以将该电平保持在低电平，如图 8.5 所示为修改后的连接图。

按照图 8.5 的方式修改电路后重新接通 Arduino 的电源就可以看到 Arduino 板载 LED 已经熄灭。当按下按钮的时候 LED 才会被点亮，松开按钮则熄灭。当然，如果使用上拉电阻（将 buttonPin 的电平“拉”到高电平），那么将会出现按下按钮则 LED 熄灭，松开按钮则 LED 点亮的情况。

在 Arduino 中，通用的 I/O 端口内部都有一个上拉电阻。这个上拉电阻可以通过在调用 pinMode()函数的时候，使用 INPUT_PULLUP 参数来开启。由于是上拉电阻，就会导致一些行为出现颠倒。例如，按钮被按下时应该发送的是一个低电平，这样 Arduino 的 I/O 端口才能察觉到信号的到来。下面就来使用 Arduino 的内部上拉电阻来完成前面的示例，首先按照如图 8.6 所示的方式连接电路。

图 8.5　加入下拉电阻后的电路

图 8.6　使用 Arduino 的内部上拉电阻

这个连接电路图与图 8.5 中所示的电路在实现逻辑上是一致的，只不过这里使用的是 Arduino 内建的上拉电阻，这就使得电路中省去了一条连线和一个电阻。

【示例 8-2】 下面代码使用 Arduino 的内部上拉电阻完成【示例 8-1】的功能。

```
int buttonPin = 2;
int ledPin =  13;
int buttonState = 0;

void setup() {
 pinMode(ledPin, OUTPUT);
 pinMode(buttonPin, INPUT_PULLUP);//设置针脚模式为输入模式，并启用内部上拉电阻
}

void loop(){
 buttonState = digitalRead(buttonPin);
 if (buttonState == HIGH) {
   digitalWrite(ledPin, LOW);
                         //读取到高电平（按钮未被按下）则向 ledPin 针脚输出低电平
 }
 else {
   digitalWrite(ledPin, HIGH);
                         //读取到低电平（按钮被按下）则向 ledPin 针脚输出高电平
 }
}
```

将上面的代码下载到 Arduino 开发板后，按下按钮 LED 点亮，松开则 LED 熄灭。

8.3 按钮的使用示例

通过前面简单示例的学习，读者已经了解了按钮的实质，接下来就通过多个示例来深入了解按钮的实质，以及其简单的应用。

8.3.1 使用按钮控制 LED 灯

在【示例 8-1】中演示了使用按钮控制 LED 灯的点亮与熄灭。在本节将要实现一个模仿普通手电筒的程序。因为现实中的手电筒通常使用的是开关，如果将开关换成按钮，则会导致要想保持手电筒常亮，就需要持续按下按钮。在接下来的电路中使用的确实是按钮，但是实现的效果却与普通手电筒相同。首先，按照如图 8.7 所示的方式连接电路。

在该电路中就要将一个新的因素考虑进来了——按钮抖动。因为我们在电路中使用的是机械按钮，由于机械触点的弹性作用，按钮在按下时并不会马上稳定地接通电路，而 Arduino 运行速度非常快而且灵敏，这就可能导致按钮在一次被按下的过程中输出几次不同的电信号。消除按钮抖动可以采用硬件消抖和软件消抖两种方式。由于硬件消抖又会引入一些新的硬件，因此在接下来的示例中将使用软件消抖，而且使用最简单易行的方式——延时一段时间以保证按钮被完全按下。

图 8.7　仿手电筒电路连接图

【示例 8-3】 以下代码使用软件消抖实现按钮控制 LED。

```
int buttonPin=2;
int ledPin=13;
boolean ledState=false;                    //使用 ledState 变量记录 LED 状态

void setup(){
  pinMode(buttonPin,INPUT_PULLUP);         //使用 Arduino 内置上拉电阻
  pinMode(ledPin,OUTPUT);
}

void loop(){
  if(digitalRead(buttonPin)==LOW){         //判断按钮是否被按下
    delay(20);                             //延时一段时间以保证按钮被完全按下
    while(digitalRead(buttonPin)==LOW);    //执行一个 while 死循环以等待按钮释放
    ledState=!ledState;                    //检测到按钮被按下则修改 ledState 的值
  }
  if(ledState==false){                     //根据 ledState 的值点亮或者熄灭 LED
    digitalWrite(ledPin,LOW);
  }else{
    digitalWrite(ledPin,HIGH);
  }
}
```

将上面的代码下载到 Arduino 开发板后，读者可以通过按钮来控制 LED。在有了控制 LED 的经验后，使用按钮控制蜂鸣器等器件就会变得非常简单。下面再来演示一个模拟户外手电筒的示例。

户外手电筒除了制作材料及使用的电子元件与普通手电筒不同之外，它还有 3 种模式：强光模式、弱光模式、闪光模式（可用来发送求救信号），这 3 种模式可以通过连续按下机身上的按钮来循环激活。

首先按照如图 8.8 所示的方式连接电路。

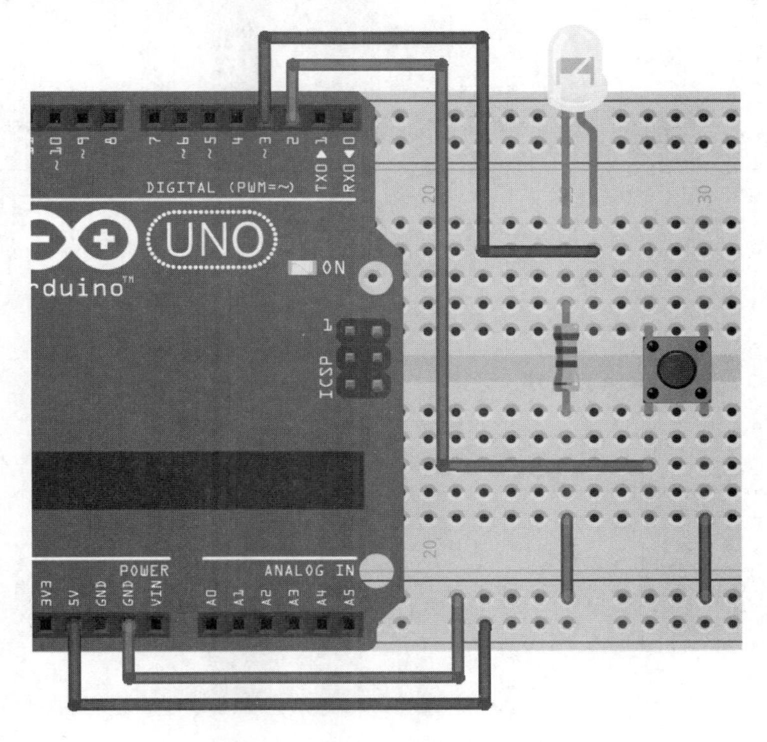

图 8.8　模拟户外手电筒电路连接图

这个电路中 Arduino 的 2 号端口连接一个接地的按钮，在 3 号端口连接了一个 LED 灯。当按钮被按下，2 号端口检测到电流，然后点亮 3 号端口上的 LED，松开按钮后，2 号端口的电流消失，LED 灯熄灭。

按照上面的方式连接电路后就可以着手编写代码了，基本的设计思路是为 3 种模式分别定义一个函数，然后通过修改一个状态标识来分别调用 3 个函数。

【示例 8-4】 以下代码实现模拟户外手电筒。

```
int buttonPin=2;                              //按钮端口
int ledPin=3;                                 //外部 LED 端口
int ledState=0;                               //记录 LED 状态

void setup(){
  pinMode(buttonPin,INPUT_PULLUP);            //设置端口状态并激活上拉电阻
  pinMode(ledPin,OUTPUT);
}

void loop(){
  if(digitalRead(buttonPin)==LOW){            //判断按钮是否被按下
    delay(20);
    while(digitalRead(buttonPin)==LOW);
    ledState++;                               //递增记录 LED 状态的 ledState
```

```
    if(ledState==4)ledState=0;                  //状态变量超过指定值后归零
  }
  switch(ledState){                             //根据 ledState 的值执行不同的操作
    case 0:                                     //熄灭 LED
      digitalWrite(ledPin,LOW);
      break;
    case 1:                                     //弱光
      lowLight();
      break;
    case 2:                                     //强光
      highLight();
      break;
    case 3:
      flicker();                                //闪光
      break;
  }
}

void highLight(){                               //强光模式函数
  analogWrite(ledPin,255);
}

void lowLight(){                                //弱光模式函数
  analogWrite(ledPin,150);
}

void flicker(){                                 //闪光模式函数
  digitalWrite(ledPin,HIGH);
  delay(100);
  digitalWrite(ledPin,LOW);
  delay(100);
}
```

将上面的代码下载到 Arduino 开发板后，就可以通过按钮控制 LED 以 3 种不同的模式点亮。

8.3.2　使用 Arduino 的中断

从前面几个示例的程序中可以看到，程序在开始运行后就持续不断地扫描是否有信号传来。这就会导致 Arduino 的 CPU 负载非常高，其他的一些任务得不到执行。由此可知，这种运行方式是非常低效的。当然之前的很多研究人员都意识到了这个问题并且对此提出了一个高效的解决方案——中断。

中断会在需要的时候向 CPU 发送请求以通知 CPU 处理。CPU 在接收到中断后会暂停执行当前的任务转而处理中断，处理完成后继续执行之前的任务。而在中断未发送的时间段内，CPU 可以执行其他的任务，这明显可以大幅度提高运行效率。完成一个完整的中断需要两个过程：产生中断和处理中断。中断可以由硬件和软件产生，处理中断则需要软件来完成。

中断有两种类型：外部中断和引脚电平变化中断。电平引脚中断可以在所有 20 个针脚使用，但是其使用方法是比较复杂的。外部中断在 Arduino UNO 上只可以在针脚 2 和 3 使用，但是其使用方法是非常简单的，可以使用 attachInterrupt()函数为中断绑定一个处理函数；使用 detachInterrupt()函数解绑处理函数，这两个函数的原型如下：

```
attachInterrupt(interrupt, ISR, mode)
detachInterrupt(interrupt)
```

其中，参数 interrupt 为中断号，在 Arduino UNO 上可选 0 和 1 分别对应 2、3 端口；参数 ISR 为中断处理函数名；参数 mode 可以为如下参数：

- LOW：中断在低电平时被触发；
- CHANGE：中断在电平改变的时候触发；
- RISING：中断在电平从低到高变化后触发；
- FALLING：中断在电平从高到低变化后触发。

下面通过两个示例来演示 attachInterrupt()函数根据不同的参数表现出的不同效果，这两个示例均使用如图 8.9 所示的电路。

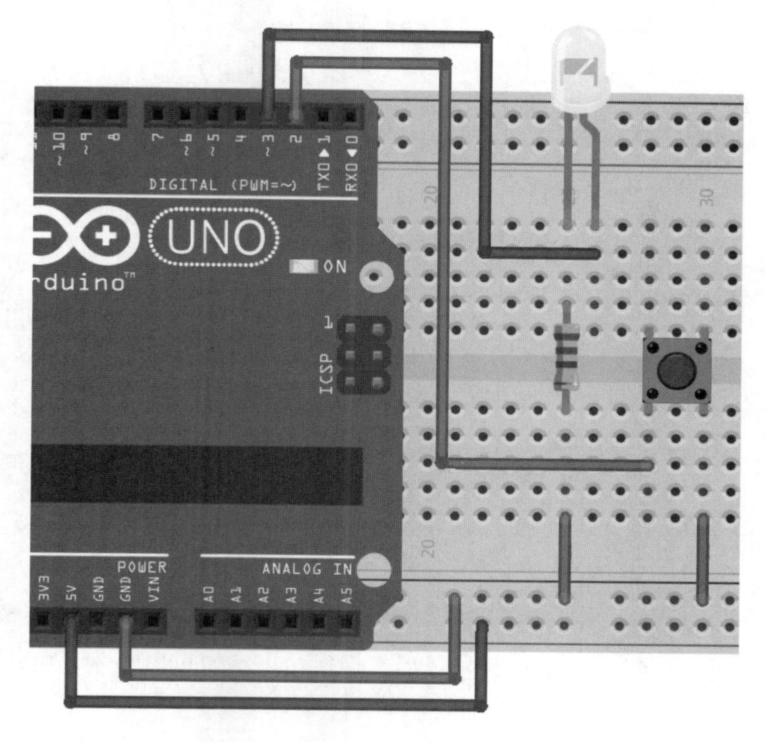

图 8.9　演示 attachInterrupt()函数

这个电路与【示例 8-4】使用的电路是一样的，只是在代码实现中使用了高效的中断。下面将演示类似【示例 8-2】的效果，即按下按钮 LED 点亮，松开则熄灭。

【示例 8-5】 以下代码完成同【示例 8-2】类似的效果。

```
int ledPin = 3;                              //LED 端口
int buttonPin = 2;                           //按钮端口
int ledState = LOW;                          //LED 状态

void setup()
{
  pinMode(ledPin, OUTPUT);
  pinMode(buttonPin,INPUT_PULLUP);           //启用 buttonPin 的内部上拉电阻
  attachInterrupt(0, blink, CHANGE);
                         //启用 0 号中断并绑定 blink 函数，并且使用 CHANGE 参数
```

```
}

void loop()
{
  digitalWrite(ledPin, ledState);
}

void blink()
{
  ledState = !ledState;
}
```

将以上代码下载到 Arduino 开发板后，就可以实现按下按钮点亮 LED，松开按钮则熄灭 LED。由于这里使用的是中断，因此不需要对端口进行扫描进而降低了 CPU 使用率。

【示例 8-6】 下面代码实现同【示例 8-3】类似的功能。

```
int ledPin = 3;                              //LED 端口
int buttonPin = 2;                           //按钮端口
int ledState = LOW;                          //LED 状态

void setup()
{
  pinMode(ledPin, OUTPUT);
  pinMode(buttonPin,INPUT_PULLUP);           //启用 buttonPin 的内部上拉电阻
  attachInterrupt(0, blink, FALLING);
                     //启用 0 号中断并绑定 blink 函数，并且使用 FALLING 参数
}

void loop()
{
  digitalWrite(ledPin, ledState);
}

void blink()
{
  ledState = !ledState;
}
```

将上面的代码下载到 Arduino 开发板后，通过按下按钮可以控制 LED 持续点亮或者熄灭。

8.3.3　按钮矩阵的使用

按钮矩阵的驱动方式同 LED 矩阵是类似的。只是 LED 矩阵是通过扫描来点亮对应的 LED，而按钮矩阵则是通过扫描来确定哪一个按钮被按下。在本节中将换一种方式来实现——使用第三方库。第三方库需要通过导入 Arduino IDE 才可以使用。导入的过程也非常简单，可以分为以下 3 步。

（1）下载第三方库。

（2）将第三方库放在 Arduino IDE 目录下的 libraries 目录中。

（3）在 Arduino IDE 中通过“程序”|“导入库...”命令，将第三方库加入代码。

在本节中使用的是名为 Keypad 的第三方库。该库可以从 http://playground.arduino.cc//Code/Keypad#Download 下载。Keypad 被正确导入到 Arduino IDE 后会在当前项目中自动

加入头文件，如图 8.10 所示。

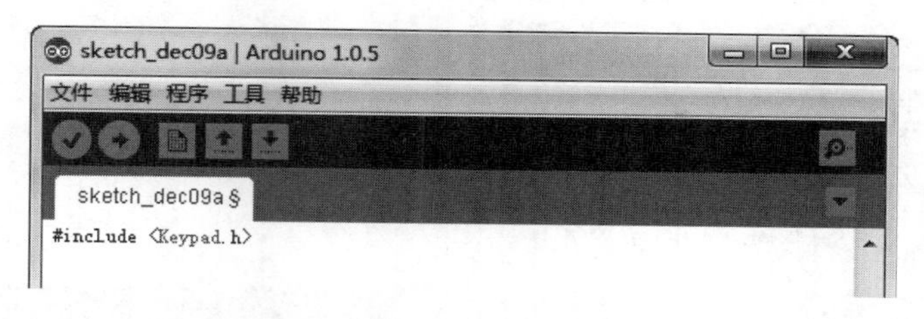

图 8.10　导入 Keypad 库后自动加入的头文件

在学会导入第三方库之后，这里首先使用一个修改自 Keypad 作者提供的示例来演示该库的使用方法。

【示例 8-7】 以下代码修改自 Keypad 作者提供的示例程序，修改程序实现在串口监视器中显示按下的按钮。

```
#include <Keypad.h>

const byte ROWS = 4;                          //按钮矩阵的行数
const byte COLS = 4;                          //按钮矩阵的列

//按钮对应的符号
char hexaKeys[ROWS][COLS] = {
  {'0','1','2','3'},
  {'4','5','6','7'},
  {'8','9','A','B'},
  {'C','D','E','F'}
};

byte rowPins[ROWS] = {3, 2, 1, 0}; //按钮矩阵行对应接入 Arduino 的端口
byte colPins[COLS] = {7, 6, 5, 4}; //按钮矩阵列对应接入 Arduino 的端口

//初始化一个 Keypad 类的对象
Keypad customKeypad = Keypad( makeKeymap(hexaKeys), rowPins, colPins, ROWS,
COLS);

void setup(){
  Serial.begin(9600);
}

void loop(){
  char customKey = customKeypad.getKey();

  if (customKey){
    Serial.println(customKey);
  }
}
```

对应该代码的接线图如图 8.11 所示。

这个电路只是简单地将 4*4 的按钮矩阵的 8 个针脚分别连接到 Arduino 的 8 个端口上，然后使用程序不停地扫描各行各列，使得在有按钮被按下后可以迅速检测到。

图 8.11　【示例 8-7】接线图

将【示例 8-7】的代码下载到 Arduino 开发板后，打开串口监视器并从按钮矩阵左上角开始依次按下每个按钮，可以在串口监视器看到如图 8.12 所示。

图 8.12　【示例 8-7】的输出

如果不是按照 0～f 的顺序输出，则需要在程序中调整 rowPins 和 colPins 两个数组中对应的元素。

8.3.4　使用按钮矩阵模拟钢琴

在【示例 8-7】中很容易地使用第三方库 Keypad 完成了按钮矩阵的使用。在本节中将使用这 16 个按钮来模拟钢琴。在接下来的示例中利用 16 个键盘中的 14 个来对应两个音组中的 7 个乐音，剩下的两个按钮则分别用来控制升调与降调，这样就将 16 个按钮进行了充分利用。首先按照如图 8.13 所示的方式连接电路。

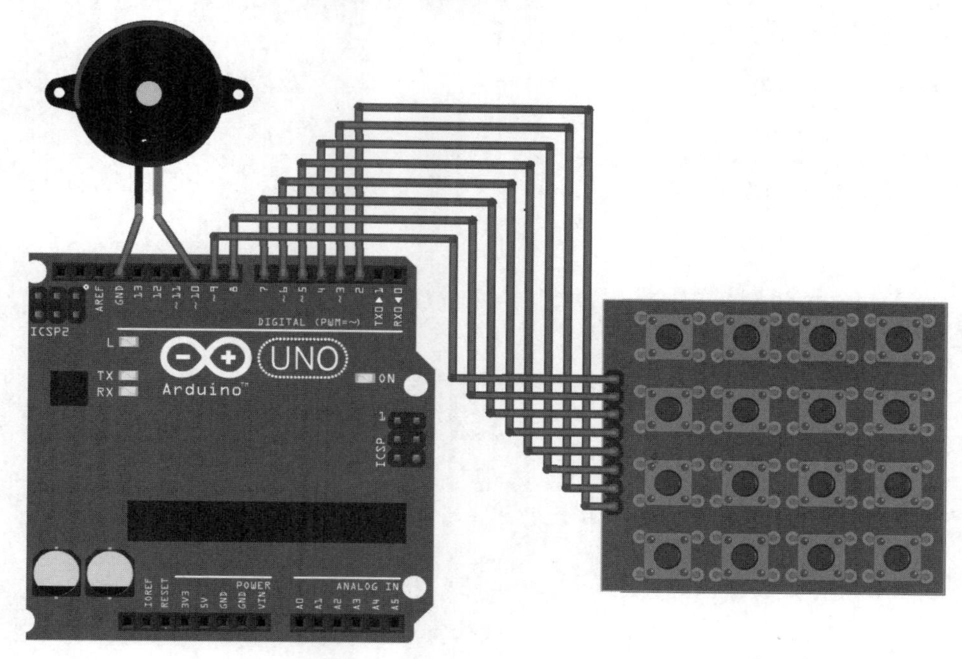

图 8.13　【示例 8-8】连接图

这个电路是在图 8.11 所示的电路中加入了一个蜂鸣器。在【示例 8-7】中我们已经可以准确检测到各个键被按下，在下面的示例中会根据检测到的按钮来实现发出不同的音或者控制升调与降调。

【示例 8-8】 以下代码演示模拟钢琴。

```
#include <Keypad.h>

//定义 7 个基础音
#define Do 262
#define Re 294
#define Mi 330
#define Fa 349
#define Sol 392
#define La 440
#define Si 494

int buzzerPin=10;                          //定义连接无源蜂鸣器的端口
int pitch=1;                               //用来记录音高
int sounds[]={Do,Re,Mi,Fa,Sol,La,Si};      //定义基础音数组
```

```
const byte ROWS = 4;
const byte COLS = 4;

char hexaKeys[ROWS][COLS] = {
  {'0','1','2','3'},
  {'4','5','6','7'},
  {'8','9','A','B'},
  {'C','D','E','F'}
};

byte rowPins[ROWS] = {5, 4, 3, 2};
byte colPins[COLS] = {6, 7, 8, 9};

Keypad customKeypad = Keypad( makeKeymap(hexaKeys), rowPins, colPins, ROWS,
COLS);

void setup(){
  pinMode(buzzerPin,OUTPUT);                      //设置扬声器针脚为输出模式
}

void loop(){
  char customKey = customKeypad.getKey();         //获取到被按下的按钮对应的名称

  if (customKey){                                 //根据被按下的按钮执行不同操作
    switch(customKey){
      case '0':
        playSound(sounds[0],pitch);
        break;
      case '1':
        playSound(sounds[1],pitch);
        break;
      case '2':
        playSound(sounds[2],pitch);
        break;
      case '3':
        playSound(sounds[3],pitch);
        break;
      case '4':
        playSound(sounds[4],pitch);
        break;
      case '5':
        playSound(sounds[5],pitch);
        break;
      case '6':
        playSound(sounds[6],pitch);
        break;
      case '7':
        playSound(sounds[0],pitch+1);
        break;
      case '8':
        playSound(sounds[1],pitch+1);
        break;
      case '9':
        playSound(sounds[2],pitch+1);
        break;
      case 'A':
        playSound(sounds[3],pitch+1);
        break;
      case 'B':
        playSound(sounds[4],pitch+1);
        break;
```

```
    case 'C':
      playSound(sounds[5],pitch+1);
      break;
    case 'D':
      playSound(sounds[6],pitch+1);
      break;
    case 'E':
      pitch++;              //升调
      break;
    case 'F':
      if(pitch>=2)          //判断是否可以再降调
        pitch--;            //降调
      break;
    }
  }
}

//驱动蜂鸣器发声
void playSound(int fre,int mult){
  tone(buzzerPin,fre*mult);
  delay(250);
  noTone(buzzerPin);
  delay(250);
}
```

将上面的代码下载到 Arduino 开发板后，就可以通过按下按钮来演奏一些简单的曲子。

第 9 章　电　位　器

电位器在电器产品中使用得非常广泛，如收音机的音量调节旋钮。它是一种常用的旋转式电位器。在混音器，以及老式的电视机有一种直线滑动式的电位器。这种电位器相对旋转式电位器能更加直观地展现出控制量。而在立体声音响系统中常使用的是双联式的电位器，这种电位器使用同一个转轴控制，因此可以同时调节两个声道。在本章中将详细介绍旋转式单联电位器的使用。其他类型的电位器同旋转式单联电位器原理类似，读者在掌握本章知识后自然会使用其他类型的电位器。

9.1　普通电位器

电位器是一种三端元件，它由两个固定端和一个滑动端组成，如图 9.1 所示。其内部结构如图 9.2 所示。

图 9.1　常见的旋转式电位器

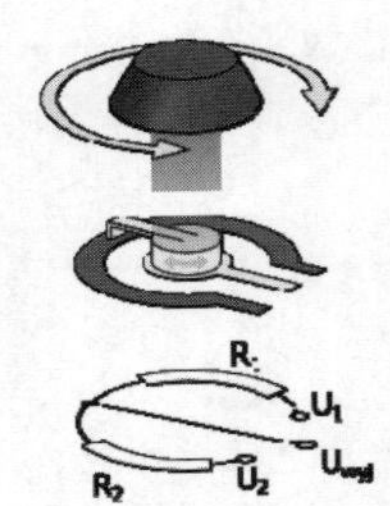

图 9.2　常见电位器内部结构

从图 9.2 的结构可以看到，其内部结构类似一个滑动变阻器。因此，电位器可以作为一个两端元件使用，即只接 U_1 和 U_2 端则为一个固定电阻；接 U_{wyj} 和其他任意一端则可以作为可变电阻使用。但是在日常使用中还是作为三端元件来使用的，正确的接法是 U_1 和 U_2 分别接电源和地，U_{wyj} 接输出。

电位器的工作原理是通过修改接入回路中的电阻来使回路中的电压发生变化。因此，电位器可以直接用来控制电路。对于我们使用的 Arduino 来说，则可以通过读取 U_{wyj} 的电压，然后根据读取到的值来控制其他器件，如 LED 和电动机等。

9.2　游 戏 摇 杆

游戏摇杆其实也是一种特殊的电位器。它的 X 轴和 Y 轴上分别装有一个电位器，如图 9.3 所示是一个游戏摇杆模块。

游戏摇杆在移动的过程中，会导致两个电位器的阻值不断发生变化。程序根据值的范围即可知道当前摇杆的位置。在后面的内容中，将会为读者演示游戏摇杆的使用。

现在的游戏摇杆通常分为两种：一种是 4 向的，它只可以控制 4 个方向；另一种在 4 向的基础上多了一个开关功能。这个功能是通过连接在摇杆下的按钮开关实现的，在不同的应用中这个开关会实现不同的功能。图 9.3 中所示的游戏摇杆是带有开关功能的。

游戏摇杆的接线非常简单，两种类型都有电源、接地和 XY 轴输出。5 向游戏摇杆多一个开关输出，在不需要的时候可以将其悬空。

图 9.3　游戏摇杆模块

9.3　使 用 示 例

在本节将通过使用 4 个示例演示电位器的使用。其中，第一个示例演示如何使用 Arduino 读取电位器的值，而接下来的几个示例则演示其具体的应用。读者通过这些示例可以完全学会如何使用常见的电位器。

9.3.1　读取电位器的值

电位器在旋转（旋转式电位器）和滑动（滑动式电位器）的过程中会将更大或者更小的电阻接入电路，而对应的电压则变小或者变大。通过 Arduino 的模拟输入端口，可以读取到这个电压，并为其映射一个相应的值。在 Arduino 编程语言中可以使用 analogRead() 函数读取这个值。该函数的原型如下：

```
analogRead(pin)
```

其中，参数 pin 为需要读取的端口。该函数会返回 0~1023 之间的值，也就是说 analogRead()函数会将 0~5V 的范围映射到 0~1023。

注意： 该函数 Arduino UNO 上只有 A0~A5 端口可以用做模拟输入，对应端口编号为 14~19。

下面通过【示例 9-1】来演示读取电位器的值。首先按照如图 9.4 所示的方式连接电路。

【示例 9-1】 以下代码演示使用 Arduino 读取电位器的变化。

```
int potPin=14;                          //电位器输入端口
void setup(){
  Serial.begin(9600);                   //开启串口
}
void loop(){
  int num=analogRead(potPin);           //读取电位器的值
  Serial.println(num);                  //将电位器的值输出到终端
  delay(500);                           //等待一段时间以看到输出值
```

```
}
```

将以上代码下载到 Arduino 后，打开串口监视器，并且转动电位器的转轴，串口监视器通常会显示如图 9.5 所示的值。

图 9.4 【示例 9-1】连接图

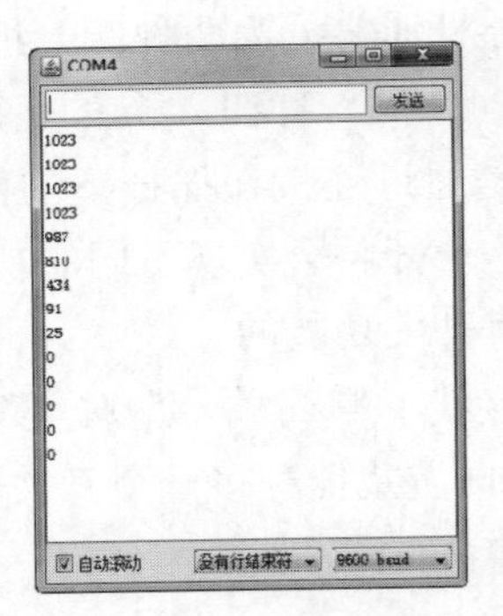

图 9.5　Arduino 读取到的值

当然，由于使用的电位器精度不是很高，所以可以看出数值跨度很大。但是通过这个示例就已经充分了解了电位器在 Arduino 上的使用。

9.3.2　使用电位器控制 LED 亮度

在前面的章节中学习过使用软件控制 LED 的亮度，实现的原理是使用 analogWrite()函数输出一个模拟值来控制 LED 亮度。在本节中实现的原理也是类似的，只是需要根据 analogRead()函数读取到的电位器的值来指定 analogWrite()函数的参数。由于 analogRead()函数返回值的范围是 0~1023，而 analogWrite()函数的第二个参数的取值范围是 0~255，因此需要通过简单的运算来进行转换：

```
256/1024.0*potValue
```

其中，potValue 为 analogRead()函数返回的值。

注意： 以上运算中的除数必须为 1024.0，这样可以使编译器进行强制类型转换。否则，将会出现运算式的结果永远为 0 的结果。

接下来按照如图 9.6 所示的方式连接电路。

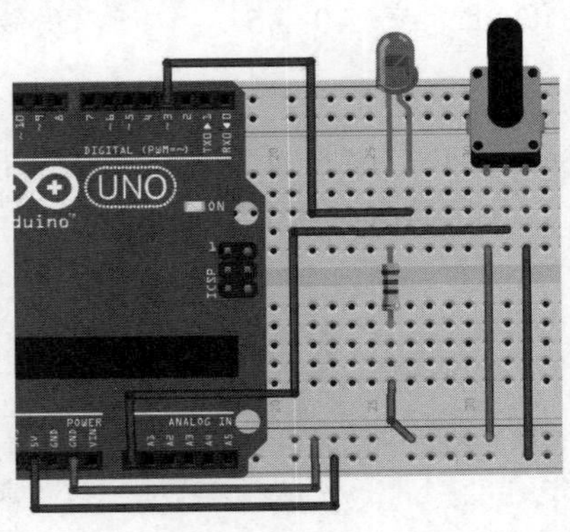

图 9.6 【示例 9-2】连接图

【示例 9-2】 以下代码演示使用电位器控制 LED 亮度。

```
int potPin=14;                                      //电位器输入端口
int ledPin=3;                                       //LED 端口
void setup(){

}
void loop(){
  int potValue=analogRead(potPin);                  //读取电位器的值
  analogWrite(ledPin,256/1024.0*potValue);  //将读取到的值进行转换后输出
}
```

将以上代码下载到 Arduino 开发板后，就可以通过旋转电位器的转轴来实现控制 LED 的亮度。当然，既然可以控制 LED 的亮度，那么也可以控制蜂鸣器等。这些项目就交由读者自己实践了。

9.3.3　使用电位器控制 LED 流水灯速度

之前的流水灯示例中，流水灯的流动速度是通过程序控制的。如果需要修改流水灯的速度，则必须修改程序。在学习了电位器与 Arduino 的结合使用后，我们就可以很轻松地使用电位器来控制流水灯的流动速度。首先按照如图 9.7 所示的方式连接电路图。

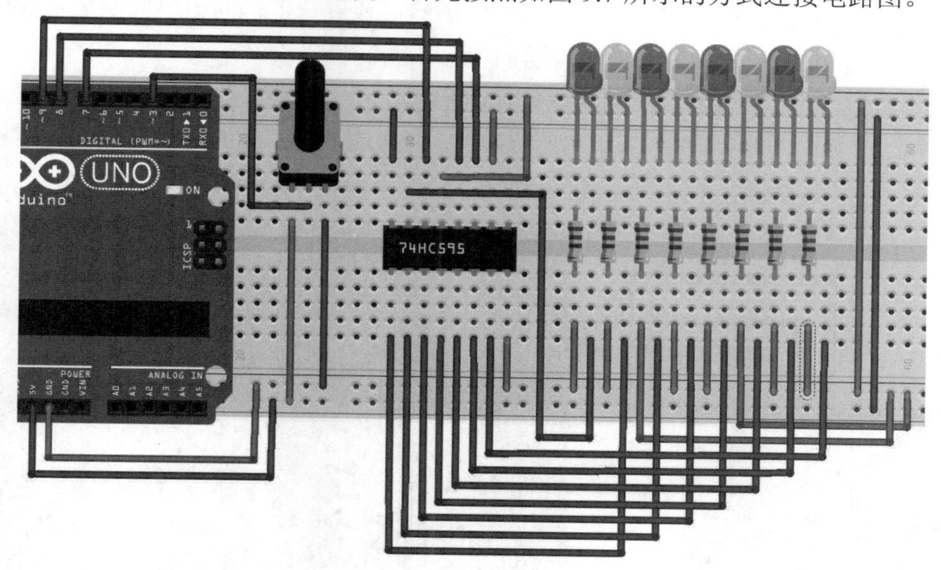

图 9.7 【示例 9-3】连接图

【示例 9-3】 以下代码使用电位器控制 LED 流水灯流速。

```
//定义连接 74HC595 和电位器的端口
int dataPin=9;
int latchPin=7;
int clockPin=8;
int potPin=14;
void setup(){
  //设置连接 74HC595 的端口模式为输出
  pinMode(dataPin,OUTPUT);
  pinMode(latchPin,OUTPUT);
```

```
  pinMode(clockPin,OUTPUT);
}
void loop(){
    for(int i=0;i<8;i++){
      digitalWrite(latchPin,LOW);
      shiftOut(dataPin,clockPin,LSBFIRST,0b1<<i);    //循环依次点亮 8 个 LED
      digitalWrite(latchPin, HIGH);
      delay(analogRead(potPin));//将从电位器读取到的值作为 delay()函数的参数
    }
}
```

将以上代码下载到 Arduino 开发板后，就可以通过电位器来控制 LED 的流动速度，其流动速度在 0~1023 的范围内。

9.3.4　游戏摇杆的使用

游戏摇杆主要构成部件是两个电位器。它的基础知识已经在本章开头做了介绍。本节就来使用两个示例来演示游戏摇杆的使用。

1．获取游戏摇杆的XY轴方向的值

前面说过游戏摇杆的主体就是两个电位器，然后通过电位器的电阻判断摇杆的位置。在【示例 9-1】中演示了读取一个电位器的值，下面同样来看一下游戏摇杆在不同的位置会有什么样的值，这将为之后的判断位置打下基础。

在编码之前首先需要连接电路。如果读者使用的是带有开关的游戏摇杆，在连接过程中可以将开关针脚悬空，4 向摇杆则需要连接全部针脚，如图 9.8 所示是连接图。

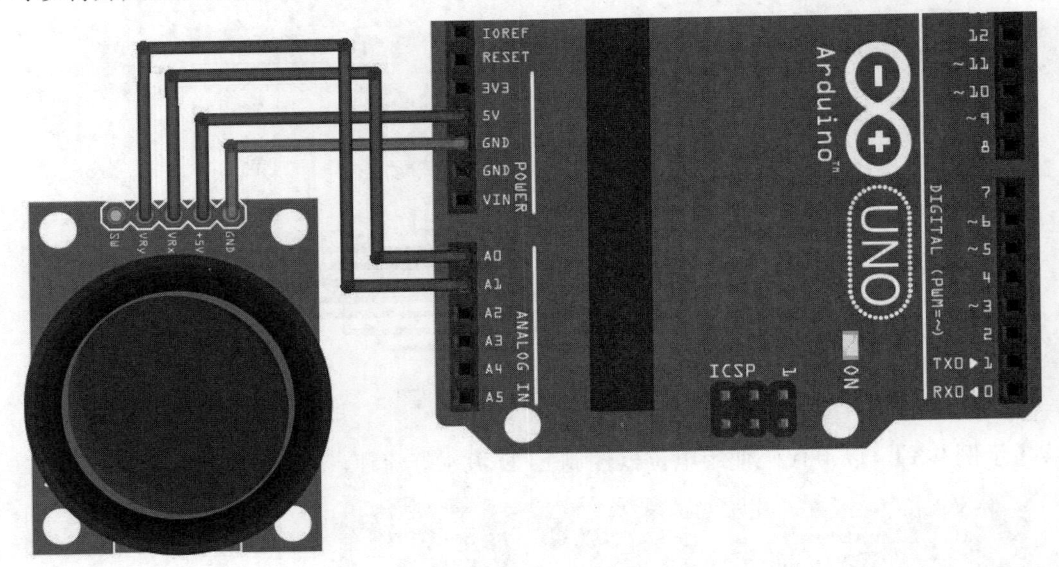

图 9.8　游戏摇杆连接图

这个电路的实现原理是将游戏摇杆中两个电位器的输出由 Arduino 的 A0 和 A1 端口接收，然后在程序中将接收到的结果输出到串口监视器中。

【示例 9-4】下面的代码实现从 Arduino 的 A0 和 A1 分别读取 X 轴和 Y 轴电位器的值，然后输出到串口监视器。

```
#define VRX A0
#define VRY A1

void setup(){
  Serial.begin(9600);                    //初始化串口
}

void loop(){
  Serial.print("X: ");
  Serial.println(analogRead(VRX));       //输出 X 轴的值
  Serial.print("Y: ");
  Serial.println(analogRead(VRY));       //输出 Y 轴的值
  Serial.println();
  delay(1000);
}
```

正确连接电路并将上面的代码下载到 Arduino 开发板后，就可以观察到摇杆在各个位置的值，如图 9.9 所示是在摇动摇杆时输出的值。

判断摇杆的位置是通过相对于中心点的偏移来确定的。判断中心点的位置的方法就是让摇杆处于自然状态，然后在串口监视器中查看对应 X 轴和 Y 轴的值。例如，示例中使用的摇杆中心位置下 X 的值为 512、Y 的值为 507。那么 X 轴的值大于 512，则说明摇杆偏向右侧，小于 512 则偏向左侧；Y 轴可以以相同的方式判断。当然，在实际使用中通常使用摇杆的 8 个方向，如图 9.10 所示为以中心点为 X512、Y507 的摇杆作为基础时，各个方向对应的值。

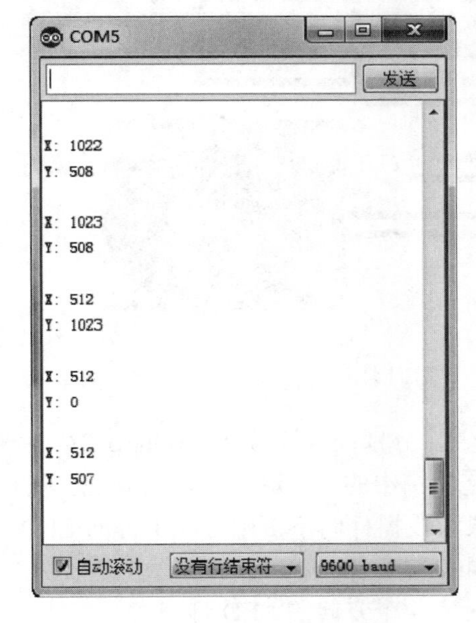

图 9.9　移动摇杆时输出的不同值

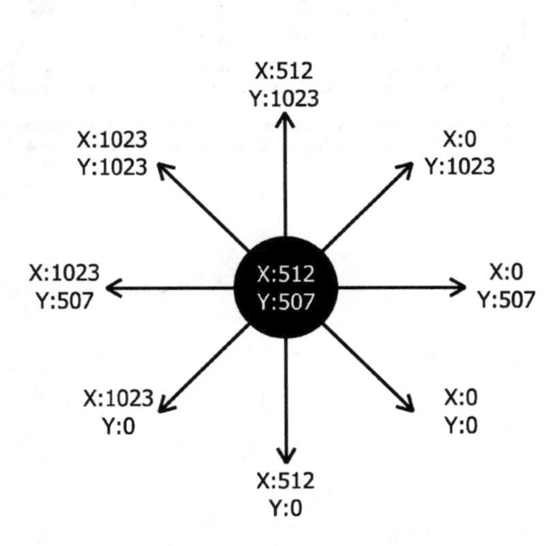

图 9.10　游戏摇杆各位置对应的值

虽然看起来是有 8 个方向，但是实际在程序中只需要判断 X 轴和 Y 轴的值，就可以正确地表示出 8 个方向，下面的示例就可以证明。

2．使用游戏摇杆控制4个LED

从【示例 9-4】中我们可以得知，从 A0 和 A1 中读取到的值会被 analogRead()函数映射到 0~1023 的范围内，而实际的游戏摇杆的输出并没有那么线性。所以在实际程序中，一般不会以太精确的值作为测试的条件。例如，将 512 做为摇杆的中心点，然后作为判断语句的条件，通常会导致误判。因为这个值很可能在±1 或者更大的范围内跳动。所以，在实际的程序中，我们可以对这个值做一下修剪，将 0~1023 的范围缩小在 0~9 的范围内，最简单可以这样实现：

```
n=n*9/1023
```

其中，n 即为 analogRead()函数读取到的值。下面的程序就来以更加直观的方式来验证一下前面的思路，首先按照如图 9.11 所示的方式连接电路。

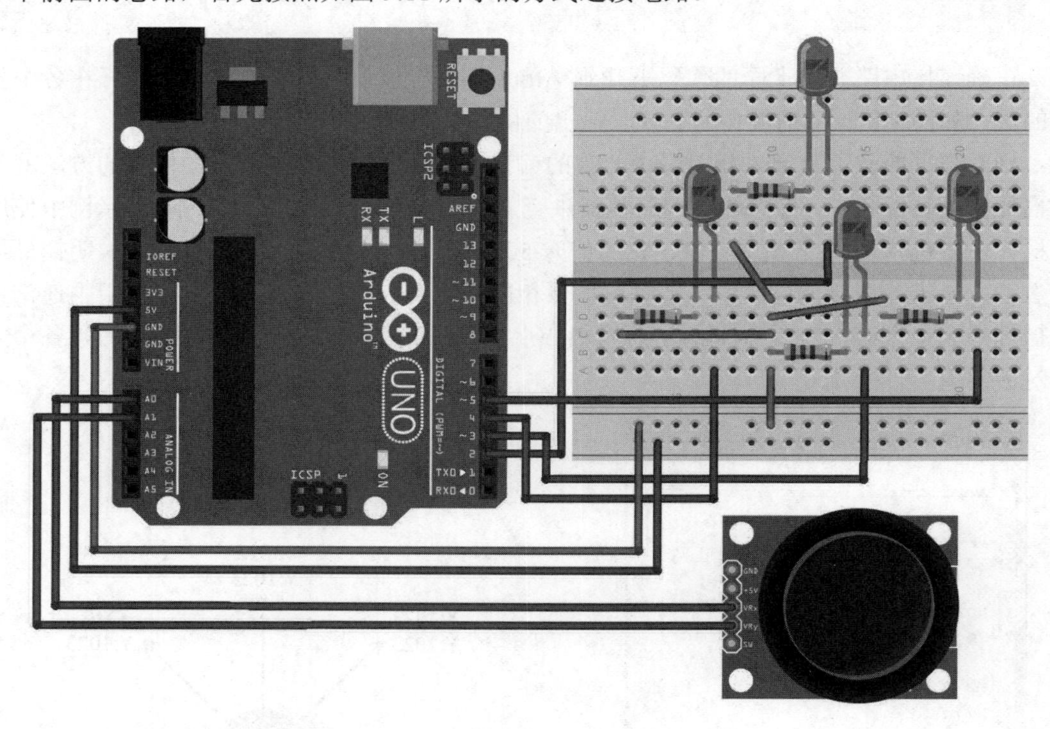

图 9.11　游戏摇杆控制 4 个 LED 灯

这个电路的设计思路是通过检测游戏摇杆的位置，分别控制连接在 Arduino 2~4 号端口上的 LED。为了使 LED 与方向对应更形象，在连接图中的 LED 位置做了相应的调整。如果游戏摇杆向上，则对应上方的 LED 点亮；如果游戏摇杆向下，则对应下方的 LED 点阵；如果游戏摇杆向左上，则左侧和上侧的 LED 同时点亮。

【示例 9-5】 以下代码实现使用游戏摇杆控制对应 4 个方向的 LED 灯。

```
//定义对应于各个方向 LED 的接线端口
#define UP 3
#define RIGHT 4
#define DOWN 5
```

```
#define LEFT 6

#define VRX A0
#define VRY A1

void setup(){
  //设置 4 个 LED 端口为输出
  pinMode(UP,OUTPUT);
  pinMode(RIGHT,OUTPUT);
  pinMode(DOWN,OUTPUT);
  pinMode(LEFT,OUTPUT);
}

void loop(){
  int xValue=analogRead(VRX)*9/1023        //获取并修剪摇杆 X 轴的值
  int yValue=analogRead(VRY)*9/1023        //获取并修剪摇杆 Y 轴的值

  //判断 X 轴的值，并且点亮对应方向的 LED
  if(xValue>4)
    digitalWrite(LEFT,HIGH);
  else if(xValue<4)
    digitalWrite(RIGHT,HIGH);
  else{
    digitalWrite(LEFT,LOW);
    digitalWrite(RIGHT,LOW);
  }

  //判断 Y 轴的值，并且点亮对应方向的 LED
  if(yValue>4)
    digitalWrite(UP,HIGH);
  else if(yValue<4)
    digitalWrite(DOWN,HIGH);
  else{
    digitalWrite(UP,LOW);
    digitalWrite(DOWN,LOW);
  }
}
```

安装如图 9.11 所示的连接电路，并将以上代码下载到 Arduino 开发板后，移动摇杆，就可以看到对应位置的 LED 被点亮。移开该位置则对应的 LED 熄灭。在上面的程序中 if…else 语句块一定要有 else 语句块，否则在摇杆不在对应位置时不能熄灭对应的 LED。

第 10 章　光敏电阻和常见传感器

传感器是一种检测装置，它是实现自动检测和自动控制的首要环节。传感器可以将被检测的量按照一定的规律转换为电信号或者其他形式的信息并输出。例如，温度传感器可以将检测到的温度转换为电信号进行输出；火焰传感器可以将检测到的火焰转换为电信号等。本章将讲解一些常用的传感器。

10.1　光 敏 电 阻

光敏电阻是一种特殊的电阻。它并不是传感器，但是之所以将它与一些常见传感器放在一起介绍，是因为它也会像传感器一样对不同的环境产生不同的效果。光敏电阻又称为光导管或者光电阻。它的电阻值和光线的强弱直接相关。一种光敏电阻随着光强度增大而电阻越小，与之对应的一种则为随着光强度的减小而减小，如图 10.1 所示为一种常见的光敏电阻。

10.1.1　光敏电阻应用原理

根据串联电路的电压规律——串联电路的总电压等于各部分电路两端的电压之和，可知，光敏电阻的阻值越大，它分到的电压就越多，而总的电压是固定的。那么，其他部分电路的电压就必然会减小。在明确这个规律之后，我们就可以在 Arduino 电路中串入一个光敏电阻，然后使用 analogRead()函数来读取其他部分的电压。其电路连接图如图 10.2 所示。

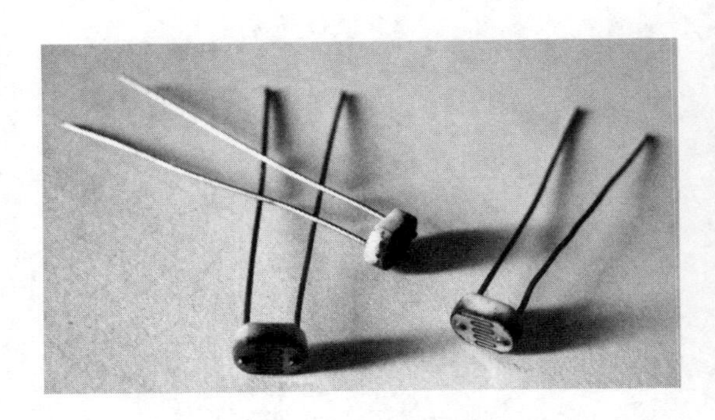

图 10.1　常见的光敏电阻

图 10.2　读取光敏电阻电路阻值

在这个电路中，只需要将光敏电阻的一端接入 Arduino 的 A0 端口，通过程序即可获得光敏电阻两侧的电压，从而判断出光照的强度。

【示例 10-1】 以下代码完成读取光敏电阻电路中的电压值。

```
int photocellPin=14;                                    //光明电阻连接端口

void setup(){
  Serial.begin(9600);                                   //初始化串口波特率
}

void loop(){
  Serial.println(analogRead(photocellPin));             //把读取到的数据输出
  delay(500);                                           //延迟一段时间以查看结果
}
```

将以上代码下载到 Arduino 开发板后，打开串口监视器，可以看到一个相对恒定的值，如图 10.3 所示。当使用手电筒忽远忽近地照射光敏电阻时，会看到较大幅度的跳动，如图 10.4 所示。

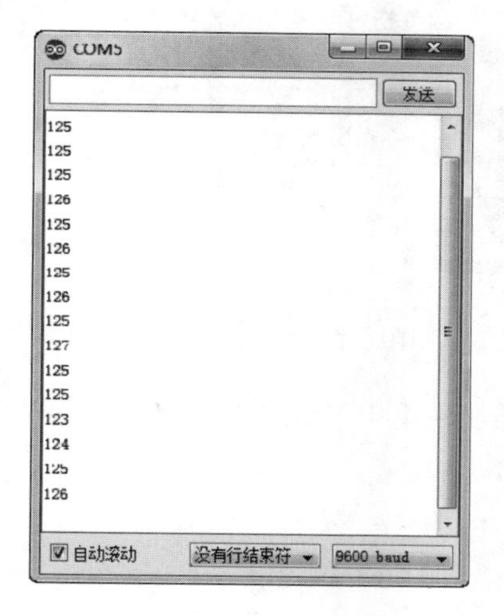

图 10.3　串口监视器

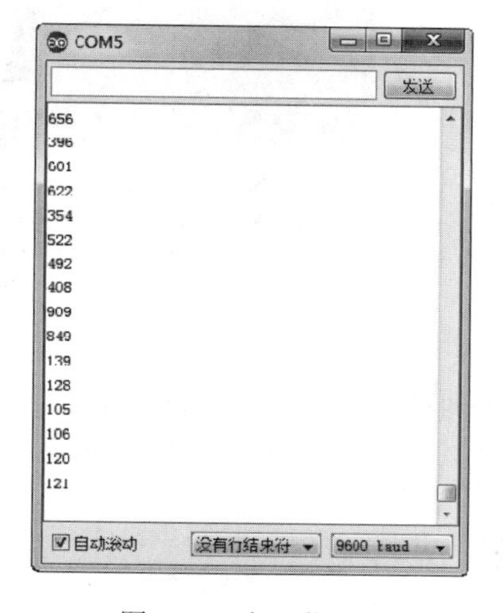

图 10.4　串口监视器

当然，这种波动可以通过一个更加直观的方式展现——使用发光二极管，其电路连接图如图 10.5 所示。

在这个电路中，光敏电阻的一端连接在 Arduino 的 A0 口，一个 LED 连接在 3 号端口。在处理程序中，获取光敏电阻的电压值，然后作为 LED 的模拟输入，LED 的亮度就会随着光强度变化。

【示例 10-2】 以下代码演示使用 LED 展示光敏电阻对光线强度的反应。

```
int photocellPin=14;                        //光明电阻端口
int ledPin=3;                               //LED 端口

void setup(){

}

void loop(){
  int val=analogRead(photocellPin);         //读取端口处电压
```

```
  analogWrite(ledPin,256/1024.0*val);    //根据读取到的电压控制 LED 亮度
}
```

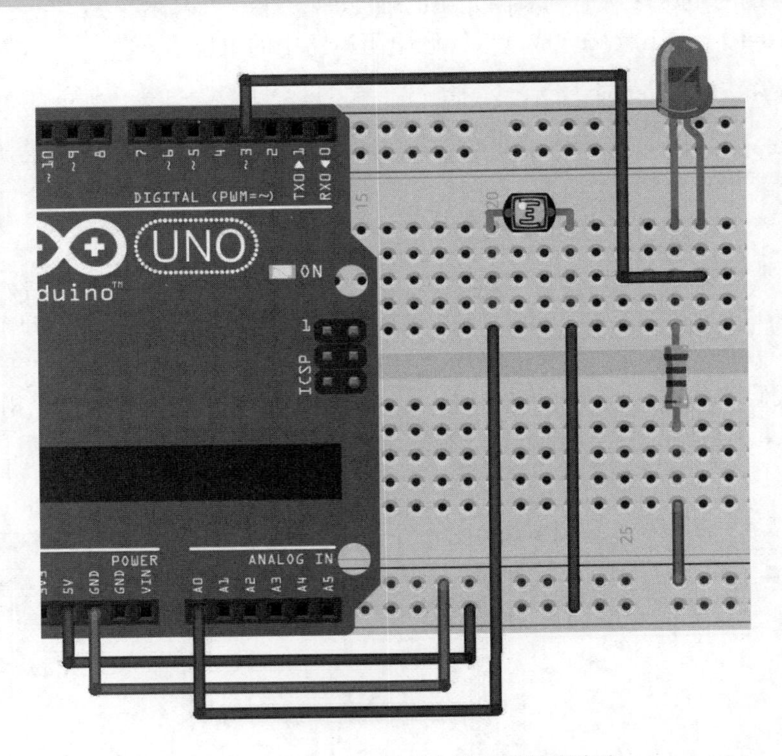

图 10.5　使用 LED 展示光敏电阻阻值波动

将上面的代码下载到 Arduino 开发板后，同样使用手电筒或者其他光源照射光敏电阻，然后就可以从 LED 的亮度判断出光敏电阻阻值的波动。

10.1.2　光控灯

在日常生活中最常见的一种光敏电阻的应用就是声控灯，当然常见的声控灯中还使用到了声音传感器，因此在本节中就实现一个光控灯。该光控灯在光线比较暗的时候点亮，而在光线明亮的时候熄灭。该示例可以使用同图 10.5 相同的电路。

【示例 10-3】 以下代码实现一个使用光敏电阻的光控灯。

```
int photocellPin=14;                          //光敏电阻端口
int ledPin=3;                                 //LED 端口

void setup(){
  pinMode(ledPin,OUTPUT);                     //针脚模式
}

void loop(){
  int val=analogRead(photocellPin);           //读取光敏电阻电路中的电压
  if(val>76)              //判断读取到的值（值越小，光越弱。该值大小可以根据需求调节）
    digitalWrite(ledPin,LOW);                 //光强度较高则输出低电压熄灭 LED
  else
    digitalWrite(ledPin,HIGH);                //光强度较低则输出高电压点亮 LED
```

```
}
```

将以上代码下载到 Arduino 开发板后，如果当前光线够强，LED 通常不会点亮，此时可以使用物体挡住光敏电阻，则 LED 通常会点亮。以上这个示例中，如果想要改变 LED 对环境做出的响应，则需要通过修改程序来解决，这相对来说是比较麻烦。接下来的示例将改进这个电路，改进电路只需要在电路中接入一个电位器即可，连接图如图 10.6 所示。

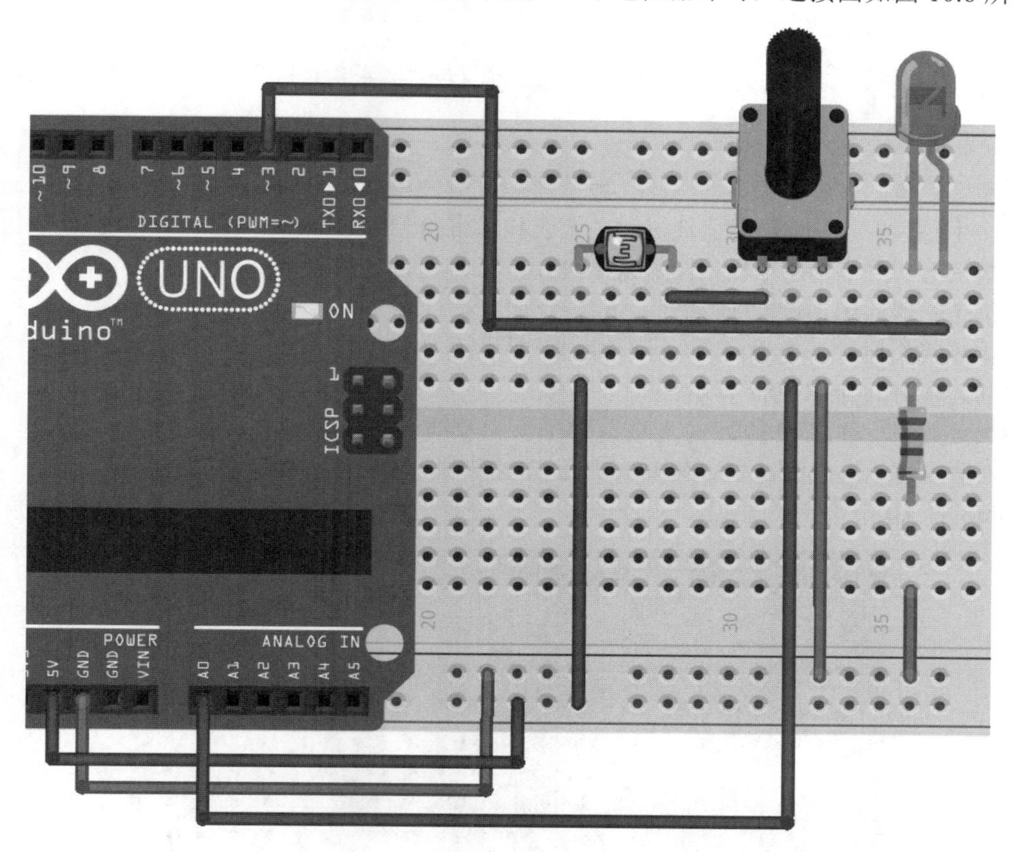

图 10.6　带调节功能的光控灯

这个电路中的电位器用来调节 LED 点亮的临界值，调节方式为，将光敏电阻放在期望被点亮的光强度下，调节电位器旋钮直到 LED 刚好点亮或者熄灭。这样，当光线进一步下降的时候，LED 就会点亮。

【示例 10-4】 以下代码实现带调节功能的光控灯。

```
int photocellPin=14;                            //光敏电阻端口
int ledPin=3;                                   //LED 端口

void setup(){
   pinMode(ledPin,OUTPUT);                      //设置引脚为输出模式
}

void loop(){
  int val=analogRead(photocellPin);       //读取端口的电压
  if(val>10)                    //判断读取到的值（值越小，光越弱。该值大小可以根据需求调节）
```

```
    digitalWrite(ledPin,LOW);
  else
    digitalWrite(ledPin,HIGH);
}
```

将以上代码下载到 Arduino 开发板后，就可以通过电位器来调节 LED 在何种光照强度下点亮。

10.2　火焰传感器

顾名思义，火焰传感器对火焰比较敏感。可燃物在燃烧的时候会产生热辐射，火焰传感器通过相关工艺技术将检测到的量转换为电信号。火焰传感器在消防系统中使用非常广泛，一种常见的火焰传感器如图 10.7 所示。

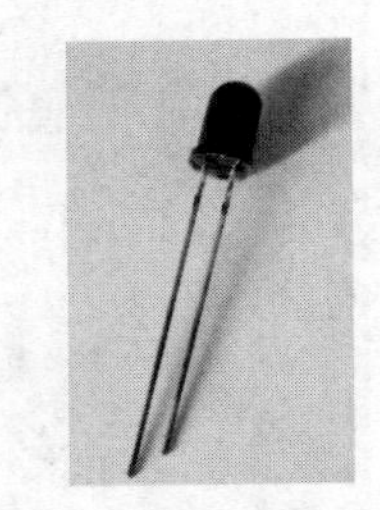

图 10.7　常见的火焰传感器

首先我们通过一个最简单的示例来演示火焰传感器的使用，电路的连接方式如图 10.8 所示。

火焰传感器的工作原理与光敏电阻类似，接收到的火焰越强，则输出的电流越大。在如图 10.8 所示的电路中，这个电流被 Arduino 的 A0 口检测。

图 10.8　火焰传感器的电路连接图

【示例 10-5】 以下代码读取火焰传感器在检测到火焰时引脚电压的变化。

```
int flameTransducerPin=14;                              //火焰传感器端口

void setup(){
  Serial.begin(9600);                                   //初始化串口
}

void loop(){
  Serial.println(analogRead(flameTransducerPin));       //输出读取到的值
  delay(500);                              //等待一段时间以防止数据刷新过快
}
```

将以上代码下载到 Arduino 开发板后，打开串口监视器，会看到如图 10.9 所示的数据。

在电路中虽然接入了下拉电阻，但是可以从输出结果看到，在没有火焰的情况下就已经有数值输出了，所以在实际的使用过程中需要考虑到这些误差。现在使用打火机在火焰传感器周围晃动，可以看到输出值有较大幅度的跳动，如图 10.10 所示。

图 10.9　串口监视器

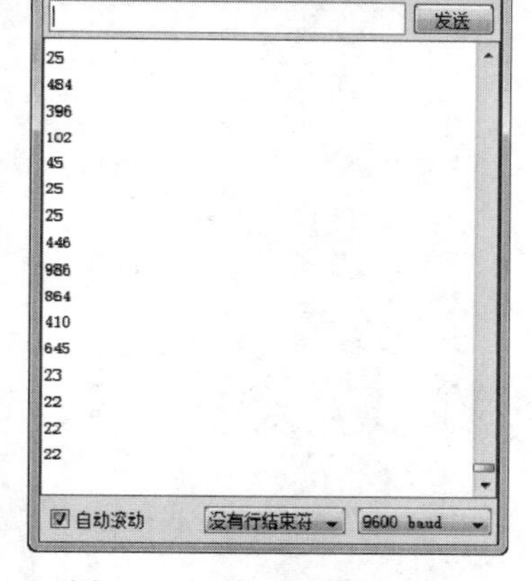

图 10.10　检测到火焰时的输出值

这些误差一般是由于光照导致的，经过查看在不同光线情况下的数值，通常不会超过 100。因此在接下来的程序中可以将 100 作为一个分界线——超过 100 则认为是起火。下面就来实现一个简单的报警器，电路连接图如图 10.11 所示。

这是一个简易的起火报警器，在检测到起火后，LED 灯会闪烁并且蜂鸣器会发出报警声。火焰传感器的值在 A0 端口检测，驱动 LED 和蜂鸣器的针脚则分别是 2 号和 3 号口。

【示例 10-6】 以下代码实现一个简易的起火报警器。

```
int ledPin=2;                                  //LED 端口
int buzzerPin=3;                               //蜂鸣器端口
int flameTransducerPin=14;                     //火焰传感器端口

void setup(){
  pinMode(ledPin,OUTPUT);                      //初始化 LED 端口为输出模式
}

void loop(){
  if(analogRead(flameTransducerPin)>100)       //判断读取到的值是否大于 100 以确定
是否起火
```

```
    alert();                                    //如果确定起火则调用 alert()函数
}

void alert(){                                   //报警函数，使 LED 闪烁，蜂鸣器发声
  for(int i=0;i<100;i++){
    digitalWrite(ledPin,HIGH);
    tone(buzzerPin,500);
    delay(500);
    digitalWrite(ledPin,LOW);
    noTone(buzzerPin);
    delay(500);
  }
}
```

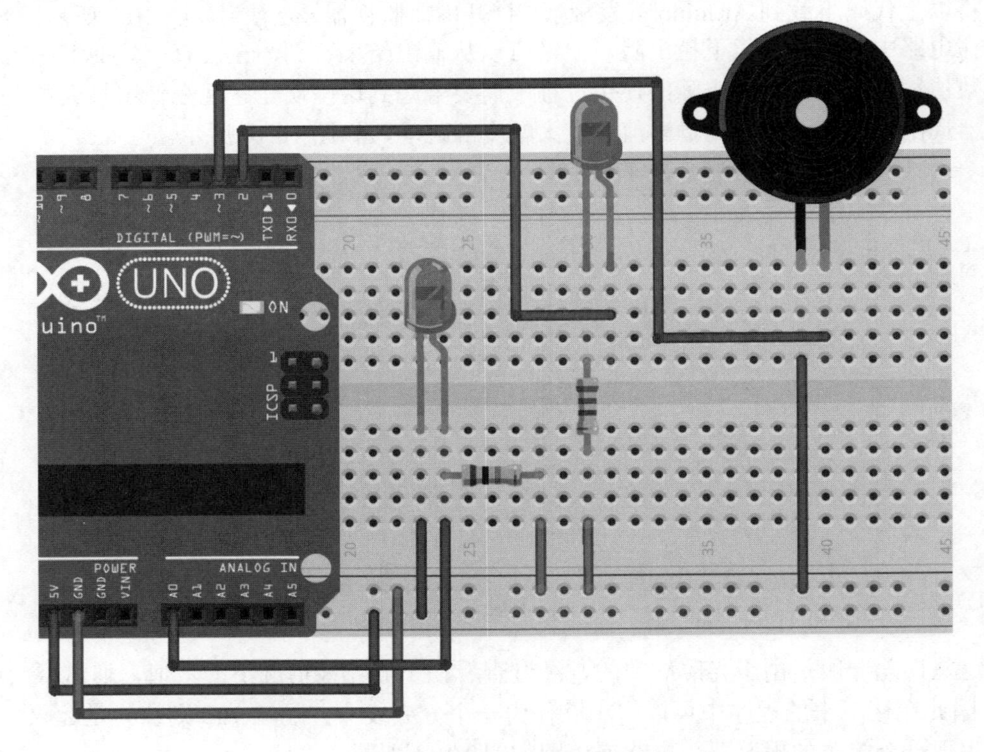

图 10.11　起火报警器连接图

将以上代码下载到 Arduino 开发板后，可以使用打火机等火源在火焰传感器周围晃动，此时警报应该会立刻响起，由于示例程序并没有中断报警的功能，因此它会持续报警大约 100 秒后自动停止。

10.3　温湿度传感器

温湿度传感器就是将温度和湿度转换为电信号的元器件。现在市面上有单独用来检测温度和湿度的传感器，也有温湿度一体的传感器。在本节首先介绍一个比较简单的精密摄氏温度传感器，然后再介绍一个温湿度一体的传感器，当然还会实现一个简单的数字显示的温湿度计。

10.3.1　精密摄氏温度传感器 LM35

在本节将使用美国 NS 公司的 LM35 系列传感器来进行介绍，LM35 系列有多种封装形式。我们将使用 TO-92 塑封形式的 LM35DZ，如图 10.12 所示。

图 10.12　TO-92 塑封形式的 LM35

LM 系列是精密集成电路温度传感器。其输出的电压线性地与摄氏温度成正比，所以检测到的电信号与实际温度之间转换非常方便，其对应+10mV/℃。LM35DZ 工作温度范围是 0℃~100℃。首先，以一个最简单的示例来演示如何读取到 LM35DZ 输出的电信号，其电路连接图如图 10.13 所示。

图 10.13　读取 LM35DZ 输出的电信号

LM35 温度传感器的数据会从中间的针脚传出，所以将它接在 A0 口以检测它的值。温度越高，它的输出越大。

【示例 10-7】 以下代码实现读取 LM35DZ 输出的电信号。

```
int lm35Pin=14;                                  //LM35DZ 端口

void setup(){
  Serial.begin(9600);                            //初始化串口
}

void loop(){
  Serial.println(analogRead(lm35Pin));           //将读取到的值从串口输出
  delay(500);                                    //等待一段时间以防止数据刷新过快
}
```

将以上代码下载到 Arduino 开发板后打开串口监视器，就可以看到读取到的电信号，如图 10.14 所示。

在这里显示的只是 LM35DZ 检测到当前温度并输出的电信号，它并不是当前的实际温度，因此需要将这个值进行转换。analogRead()函数会将读取到的值映射到 0~1023 之间，因此每份代表 4.9mV（以 5V 为参考电压），那么温度的转换算式如下：

```
t=analogRead()*4.9/10
```

同样使用如图 10.13 所示的连接图来实现将检测到的实际温度从串口输出。

【示例 10-8】 以下代码实现将从 LM35DZ 读取到的值转换为实际温度后从串口输出。

```
int lm35Pin=14;                                        //LM35DZ 端口

void setup(){
  Serial.begin(9600);                                  //初始化串口
}

void loop(){
  Serial.println(analogRead(lm35Pin)*4.9/10);          //将读取到的值从串口输出
  delay(500);                  //等待一段时间以防止数据刷新过快
}
```

将以上代码下载到 Arduino 开发板后打开串口监视器，其输出值为实际温度（误差在 0.5℃之间），如图 10.15 所示。

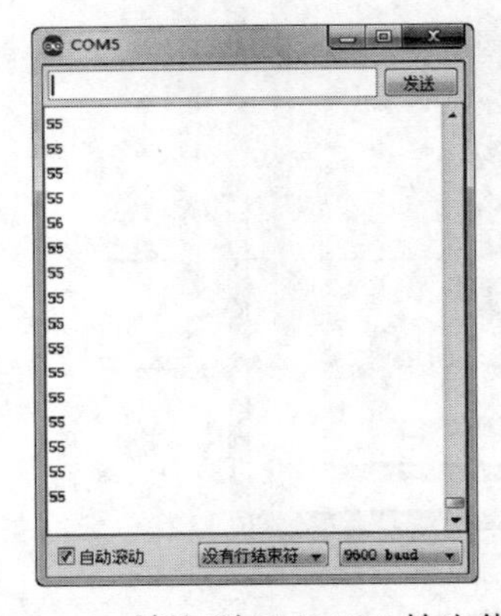

图 10.14 读取到 LM35DZ 输出值

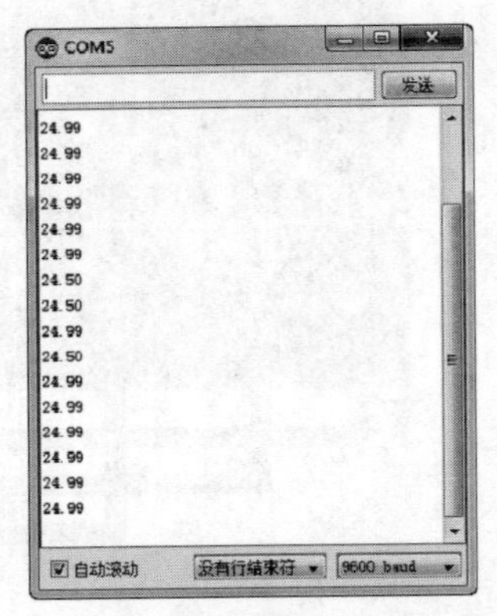

图 10.15 从串口输出的实际温度

在有了以上显示实际温度的基础后，当然可以很容易地就做出一个数显温度计，这里就交由读者自己完成吧。

10.3.2　温湿度传感器模块

温湿度传感器是集温度和湿度检测于一体的传感器，常用的温湿度传感器是 DHT11。其外形如图 10.16 所示。

DHT11 的针脚由左到右分别为电源引脚（VDD）、数据引脚（DATA）、空引脚（NC，该引脚在使用时应该悬空）和接地引脚（GND）。

DHT11 非常适合与 Arduino 一起使用，因为其供电电压为 3~5.5V，因此可以直接接入 Arduino。DHT11 会将温湿度数据从 DATA 针脚输出，一次完整的数据输出为 40bit。其数据格式如下：

图 10.16　常用的温湿度传感器 DHT11

```
8bit 湿度整数数据+8bit 湿度小数数据+8bit 温度整数数据+8bit 温度小数数据+8bit 校验和
```

8bit 的校验和用来检验传回的数据是否完整，正确传输数据的“8bit 湿度整数数据+8bit 湿度小数数据+8bit 温度整数数据+8bit 温度小数数据”所得结果的末八位应该等于“8bit 校验和”，一次通信的时间为 4ms 左右。当然，我们可以编写代码来接收数据和检测数据的正确性，但是这对于 Arduino 爱好者来说是不合适的，因此这里将使用一个第三方库 DHT。该库可以从 https://github.com/markruys/arduino-DHT 得到。与之前传感器类似，这里使用一个简单的代码来读取 DHT11 检测到的温度。首先，按照如图 10.17 所示的方式连接电路。

DHT11 的所有数据都是从一个针脚输出的，在图 10.17 所示的连接图中，它接在了 Arduino 的 2 号端口上，接收到的数据可以通过 DHT 库方便地解析。

【示例 10-9】 以下代码实现使用 DHT 库读取 DHT11 检测到的温湿度。

```
#include "DHT.h"

DHT dht;

void setup()
{
  Serial.begin(9600);                                          //初始化串口
  Serial.println("Status\tHumidity (%)\tTemperature (C)\t(F)");
  dht.setup(2);                                                //初始化 DHT 数据端口
}

void loop()
{
  delay(dht.getMinimumSamplingPeriod());                       //获取最小采样周期并
等待等长时间
  float humidity = dht.getHumidity();                          //获取湿度
  float temperature = dht.getTemperature();                    //获取温度
```

```
  Serial.print(dht.getStatusString());                    //输出状态码（校验结果）
  Serial.print("\t");

  Serial.print(humidity, 1);                    //格式化输出湿度
  Serial.print("\t\t");

  Serial.print(temperature, 1);         //格式化输出温度
  Serial.print("\t\t");

  Serial.println(dht.toFahrenheit(temperature), 1);//格式化输出华氏温度
}
```

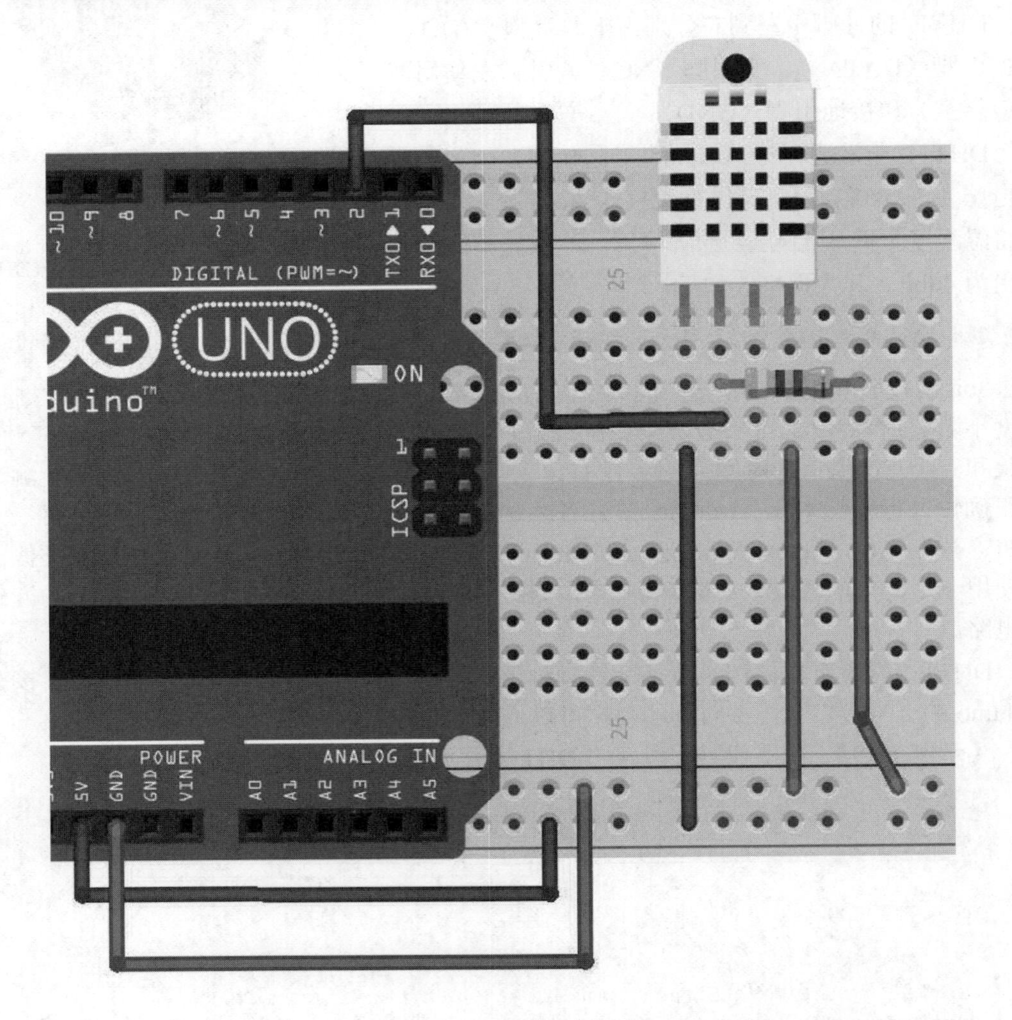

图 10.17　DHT11 接线图

将上面的代码下载到 Arduino 开发板后，打开串口监视器，就可以看到类似如图 10.18 所示的输出。

图 10.18 中 Status 列即为校验码，只有状态为 OK 的时候输出的温湿度才是正确的。因此，在其他程序中使用 DHT11 以及 DHT 第三方库的时候必须进行校验码的检测。

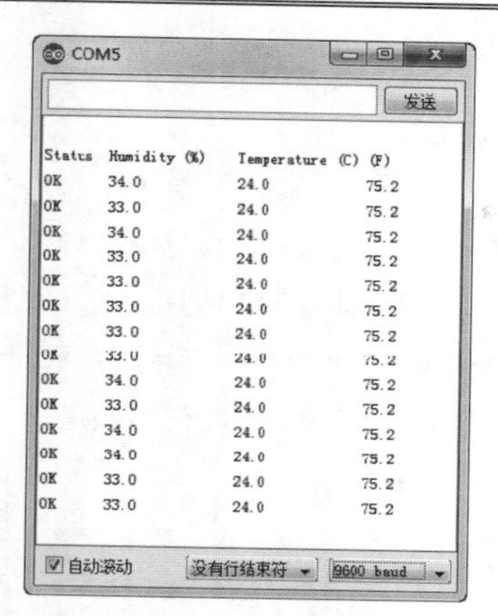

图 10.18　Arduino 读取 DHT 输出

10.4　红外线收发

红外线收发分别是由接收端和发射端来完成的。发射端实际是由一个发光二极管和相应的编码电路组成的，最常见的形式就是各种电器设备的遥控器。由于发射端发射的是红外光，因此人眼不可见，但是相对人眼可见的光来说，使用红外光可以减少外界的干扰，提高数据传输的准确率。

10.4.1　红外线模块构成

最初的红外线接收端是由单独的光敏电阻和集成电路组成的。现在的接收端普遍将光敏电阻和接收、放大、解调电路集成到了一起。这种形式的优势在于体积非常小。在接下来的讲解中将使用 VS1838B 作为接收端，而发射端则是一个常见的 MP3 遥控器。VS1838B 是一个集成的红外接收头，它有着体积小、低功耗、抗干扰能力强等优点，如图 10.19 所示为其外形。

其三个引脚由左到右依次为 OUT（数据输出）、GND（地）和 VCC（电源）。发射端则为一个常见的 MP3 遥控器，如图 10.20 所示。

图 10.19　VS1838B 外形及引脚功能

图 10.20　常见的一种遥控器

10.4.2　使用第三库 IRremote

这种遥控器会为每个按钮对应唯一的编码，然后以红外线为载体发送出去。当然，这个编码模式完全没有必要去深究，这里将同样使用更加方便的第三方库 IRremote。该库可以从 https://github.com/shirriff/Arduino-IRremote 得到。接下来就以一个简单的示例演示该库的使用，首先应该按照如图 10.21 所示的方式连接电路。

图 10.21　红外线收发连接图

与 Arduino 连接的是红外接收器，它所有的数据都是从一个针脚发出，在图 10.21 所示的连接图中，它接在 Arduino 的 2 号端口。

【示例 10-10】 以下代码演示使用 IRremote 库实现红外线接收。

```
#include <IRremote.h>

int RECV_PIN = 2;                           //VS1838B 连接到 Arduino 的端口

IRrecv irrecv(RECV_PIN);                    //初始化接收
decode_results results;                     //存放接收到的数据

void setup()
```

```
{
  Serial.begin(9600);                    //开启串口
  irrecv.enableIRIn();                   //允许接收器接收数据
}

void loop() {
  if (irrecv.decode(&results)) {         //解码接收到的数据
    Serial.println(results.value, HEX);  //将接收到的数据以十六进制形式输出
    irrecv.resume();                     //接收下一个数据
  }
}
```

将以上代码下载到 Arduino 开发板后，打开串口监视器，然后按遥控器的按钮发送数据，此时可以看到类似如图 10.22 所示的结果。

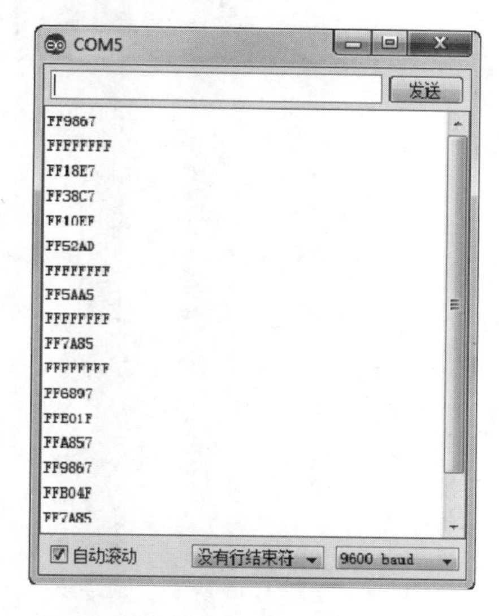

图 10.22　串口监视器接收到的数据

图 10.22 中所示的数据即为接收到数据的十六进制（其中的 FFFFFFF 为按钮一直按下时产生，它不是有效数值，因此在程序编写过程中需要注意），因为每个按钮均一一对应一个数据，因此，在程序中通过判断接收到的数据，便可以知道按下按钮的名称（不同的遥控器需要参照其手册确定）。

【示例 10-11】 以下代码实现以易读的方式显示被按下的按钮。

```
#include <IRremote.h>

//定义对应十六进制数值的常量名
#define POWER 0xffa25d
#define MODE 0xff629d
#define MUTE 0xffe21d
#define PLAY 0xff22dd
#define PREV 0xff02fd
#define NEXT 0xffc23d
#define EQ  0xffe01f
#define VOL_UP  0xffa857
#define VOL_DOWN  0xff906f
#define ZERO  0xff6897
#define SWAP  0xff9867
```

```
#define U_SD  0xffb04f
#define ONE  0xff30cf
#define TWO  0xff18e7
#define THREE  0xff7a85
#define FOUR  0xff10ef
#define FIVE  0xff38c7
#define SIX  0xff5aa5
#define SEVEN  0xff42bd
#define EIGHT  0xff4ab5
#define NINE  0xff52ad
#define NODEF  0xffffff

int recvPin=2;                          //定义 VS1838B 到 Arduino 的端口

IRrecv recv(recvPin);                   //初始化
decode_results res;                     //存放接收到的数据

void setup(){
  Serial.begin(9600);                   //初始化串口
  recv.enableIRIn();                    //允许接收数据
}

void loop(){
  if(recv.decode(&res)){                //判断是否接收到数据
    switch(res.value){                  //判断按下的按钮
      case POWER:
        Serial.println("POWER");
        break;
      case MODE:
        Serial.println("MODE");
        break;
      case MUTE:
        Serial.println("MUTE");
        break;
      case PLAY:
        Serial.println("PLAY");
        break;
      case PREV:
        Serial.println("PREV");
        break;
      case NEXT:
        Serial.println("NEXT");
        break;
      case EQ:
        Serial.println("EQ");
        break;
      case VOL_UP:
        Serial.println("VOL UP");
        break;
      case VOL_DOWN:
        Serial.println("VOL DOWN");
        break;
      case ZERO:
        Serial.println("ZERO");
        break;
      case SWAP:
        Serial.println("SWAP");
        break;
      case U_SD:
        Serial.println("U/SD");
```

```
      break;
    case ONE:
      Serial.println("ONE");
      break;
    case TWO:
      Serial.println("TWO");
      break;
    case THREE:
      Serial.println("THREE");
      break;
    case FOUR:
      Serial.println("FOUR");
      break;
    case FIVE:
      Serial.println("FIVE");
      break;
    case SIX:
      Serial.println("SIX");
      break;
    case SEVEN:
      Serial.println("SEVEN");
      break;
    case EIGHT:
      Serial.println("EIGHT");
      break;
    case NINE:
      Serial.println("NINE");
      break;
    case NODEF:
      Serial.println("NODEF");
      break;
    default:
      ;
      break;
  }
  recv.resume();                                        //接收下一个数据
 }
}
```

将以上代码下载到 Arduino 开发板后，打开串口监视器并按遥控器上的按钮，串口监视器通常会输出这些被按下的按钮，如图 10.23 所示。

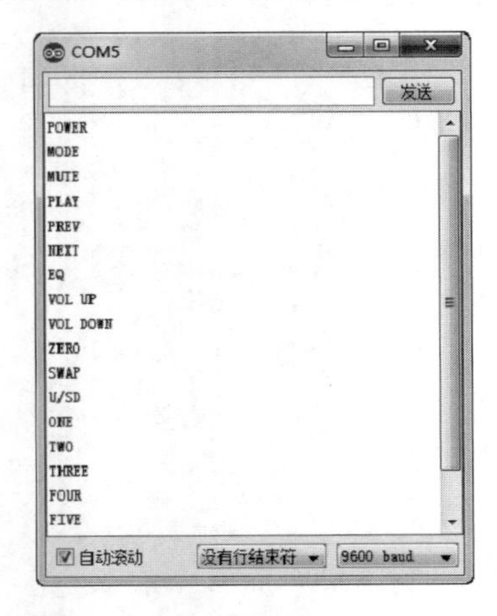

图 10.23　串口监视器输出被按下的按钮名

在有了上述经验后，再根据按下的键来操作其他的器件将会变得非常容易。下面就来实现一个使用红外线收发来控制 3 个 LED，首先按照如图 10.24 所示的方式连接电路。

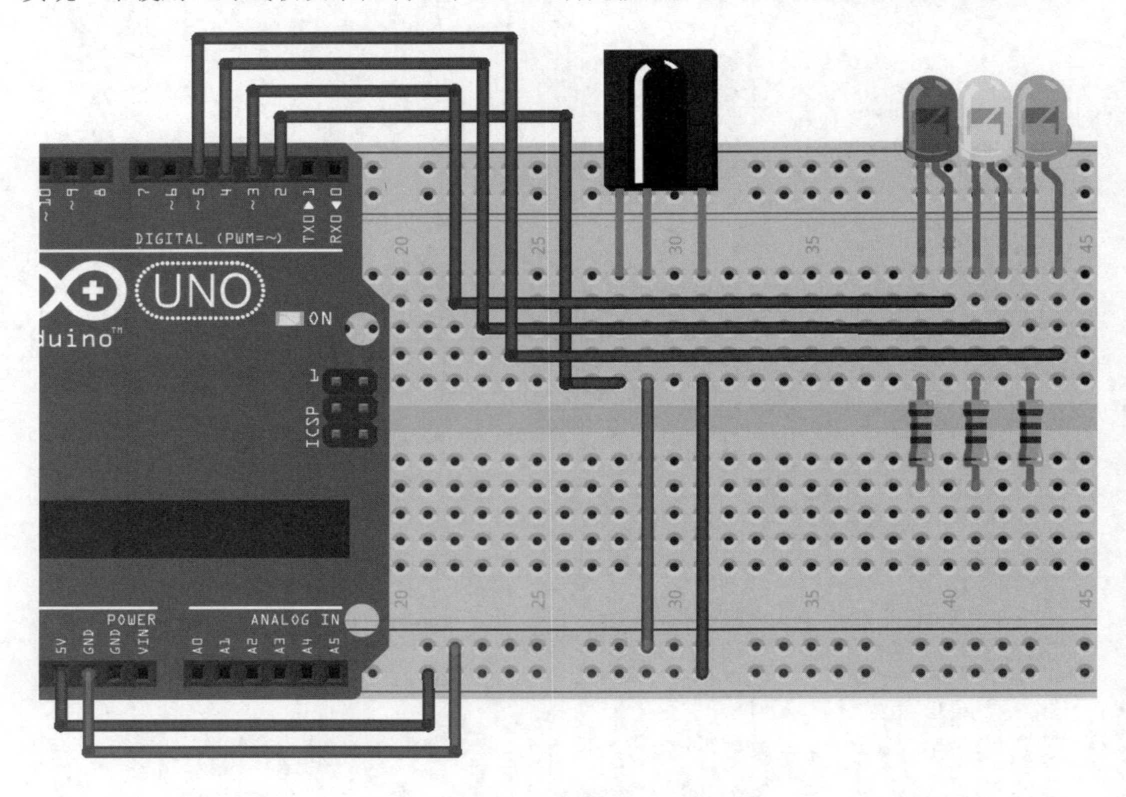

图 10.24　遥控器控制 LED

在上面的连接图中，接收器的输出针脚连接在 Arduino 的 2 号端口，3 个颜色的 LED 分别连接在 Arduino 的 3、4 和 5 端口，通过遥控器就可以远程控制这 3 个 LED 的点亮和熄灭。

【示例 10-12】 以下代码实现通过遥控器控制 LED。

```
#include <IRremote.h>

//定义对应十六进制数值的常量名
#define ONE  0xff30cf
#define TWO  0xff18e7
#define THREE  0xff7a85

//定义 LED 端口
int ledPin1=3;
int ledPin2=4;
int ledPin3=5;

//定义 LED 的标志位
int ledFlg1=LOW;
int ledFlg2=LOW;
int ledFlg3=LOW;
int recvPin=2;                                          //定义 VS1838B 端口
```

```
IRrecv recv(recvPin);          //初始化
decode_results res;            //保存读取到的数据

void setup(){
  //设置 LED 对应端口为输出模式
  pinMode(ledPin1,OUTPUT);
  pinMode(ledPin2,OUTPUT);
  pinMode(ledPin3,OUTPUT);
  recv.enableIRIn();                                  //允许接收数据
}

void loop(){
  if(recv.decode(&res)){                              //判断是否接收到数据
    switch(res.value){                                //判断获取到的值
      case ONE:
        ledFlg1=!ledFlg1;                             //将标志位取反
        digitalWrite(ledPin1,ledFlg1);                //将标志位写到 LED 针脚
        break;
      case TWO:
        ledFlg2=!ledFlg2;
        digitalWrite(ledPin2,ledFlg2);
        break;
      case THREE:
        ledFlg3=!ledFlg3;
        digitalWrite(ledPin3,ledFlg3);
        break;
      default:
        ;                                             //忽略其他任何按钮被按下
        break;
    }
    recv.resume();                                    //接收下一个数据
  }
}
```

将以上代码下载到 Arduino 开发板后，通过按下遥控器的指定按钮（示例中为名为 1、2、3 的按钮）就可以点亮对应的 LED，再次按下则可以熄灭对应的 LED。

10.5　液位传感器

液位传感器用来检测液位的高度，通常分为两类：一类为接触式的，例如在本节接下来使用的接触式液位传感器；另一种为非接触式的，这种传感器比较精密，通常利用超声波来测量。

10.5.1　接触式液位传感器

接触式液位传感器通常是利用水的导电性工作的，如图 10.25 所示，即为接下来要使用的液位传感器外形。

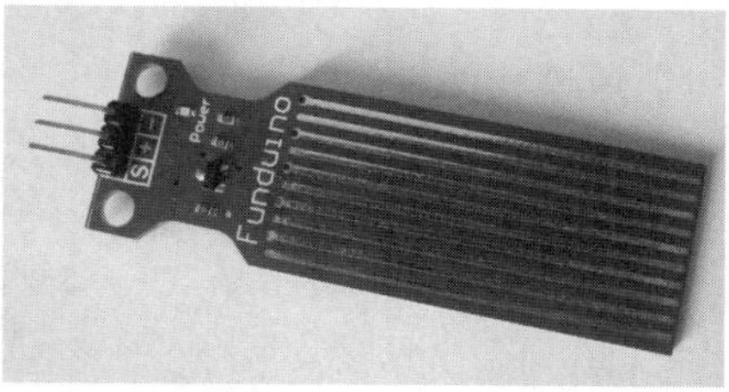

图 10.25　液位传感器

这种液位传感器通过返回的电压获取液位的深

度。因为随着液位的升高，液位传感器浸入液体的面积越大，则液位传感器的电阻越小，那么输出的电压则相应增大。这个电压就可以由 Arduino 的端口读取，首先按照如图 10.26 所示的方式连接电路图。

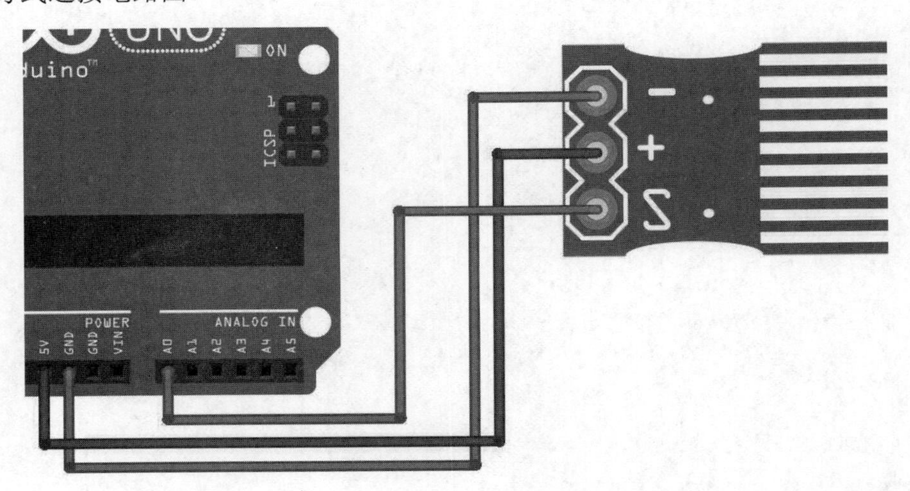

图 10.26　液位传感器连接图

液位传感器实际就是一个滑动变阻器，只不过它的滑头是导电的液体而已。在图 10.26 所示的电路中，液位传感器的输出脚连接在 Arduino 的 A0 端口，它的值可以很容易地被检测。

【示例 10-13】 以下代码完成读取液位传感器电压。

```
int liquidometerPin=A0;                               //液位传感器针脚

void setup(){
  Serial.begin(9600);                                 //开启串口
}

void loop(){
  Serial.println(analogRead(liquidometerPin));        //读取液位传感器值
  delay(500);                                         //延时一段时间
}
```

将以上代码下载到 Arduino 开发板后，打开串口监视器，就可以看到类似如图 10.27 所示的输出。

图 10.27 中所示的电压值为液位传感器未浸入液体之前的读数。虽然现在并没有将液位传感器浸入液体中，但是它并没有保持在 0 电位，这就是器件的误差。在实际应用中，可以通过软件方式来调整。

【示例 10-14】 以下代码在代码初始化过程中自动调整液位传感器的初始值。

```
int liquidometerPin=A0;
int liquidometerSetup=0;          //记录液位传感器未浸入液体时的初始值

void setup(){
  Serial.begin(9600);          //
  while(millis()<3000){                    //循环执行 3 秒
    if(analogRead(liquidometerPin)>liquidometerSetup)          //将在 3 秒内读取
```

```
到的最大值保存
      liquidometerSetup=analogRead(liquidometerPin);
  }
}

void loop(){
  Serial.println(analogRead(liquidometerPin)-liquidometerSetup);   //将读
取到的值与初始值相减后输出
  delay(500);
}
```

图 10.27　液位传感器电压

将以上代码下载到 Arduino 开发板后，打开串口监视器，就可以看到类似如图 10.28 所示的输出。在程序输出中可以看到，大部分的输出均为 0，这就表明了校准程序还是有一定作用的。接下来就可以将液位传感器浸入水中来查看串口监视器的输出，如图 10.29 所示。

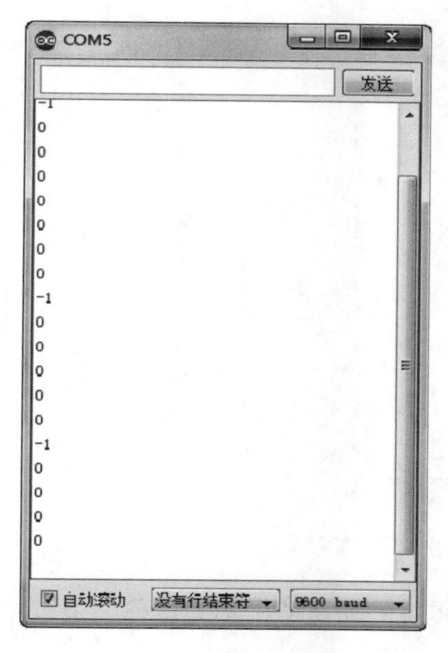

图 10.28　改进程序后的输出结果

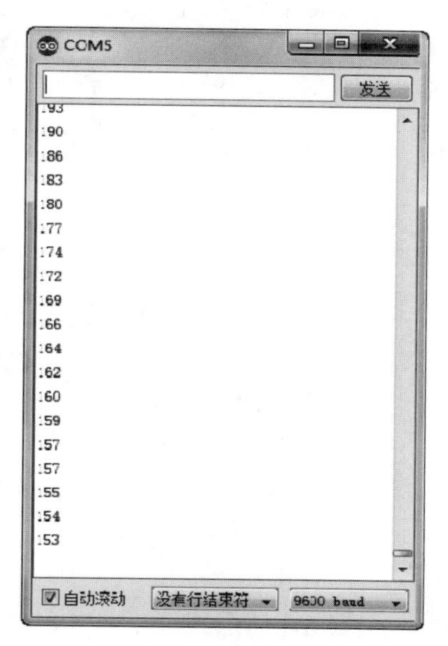

图 10.29　液位传感器浸入液体后的读数

10.5.2　完善液位传感器

串口监视器中的读数会随着液位升高和降低（并不是线性的），但是它只是 Arduino 读取到的电压值，要将它转换为实际的液位高度则需要确定液位传感器整个量程对应的电压值。确定液位传感器量程与电压之间的关系也非常简单：

（1）通过测量或者查看器件手册获取液位传感器可以测量的最高液位；

（2）将液位传感器测量液位部分完全浸入液体中，记录 Arduino 读取到的电压值；

（3）使用 map()函数将电压与液位重新映射。

【示例 10-15】 以下代码实现将液位传感器输出电压与液位重新映射以测量液位。

```
int liquidometerPin=A0;
int liquidometerSetup=0;          //保存液位传感器初始值

void setup(){
  Serial.begin(9600);
  while(millis()<3000){
    if(analogRead(liquidometerPin)>liquidometerSetup)
      liquidometerSetup=analogRead(liquidometerPin);
  }
}

void loop(){
  int height=analogRead(liquidometerPin)-liquidometerSetup;
  Serial.print(map(height,liquidometerSetup,300,0,40));          //将电压与液位重新映射并输出
  Serial.println("mm");
  delay(500);
}
```

将以上代码下载到 Arduino 开发板后，打开串口监视器，并且把液位传感器浸入水中，可以看到串口监视器输出当前液位的高度，如图 10.30 所示。

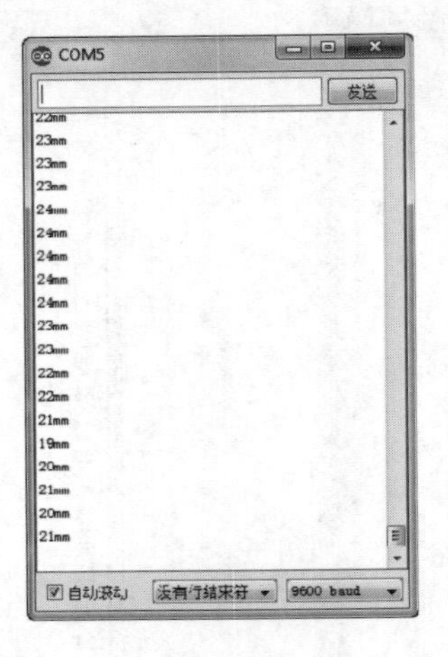

图 10.30　串口监视器输出液位的高度

由于该值的增长并不是线性的，因此该示例实现的功能通常不可以作为液位精确测量之用。

第 11 章　LCD

LCD（Liquid Crystal Display，液晶显示器），其原理是通过电信号来控制液晶分子的移动方向，从而控制每个像素点是否显示。这些被显示的像素点就可以构成图形或者图像。

11.1　LCD 模块 LCD1602

LCD 在显示领域使用非常广泛，如液晶电视、手机屏幕、电脑显示屏等。这些屏幕通常都是彩色的，我们在本章的学习中将会采用与之对应的单色 LCD。单色 LCD 相对彩色 LCD 来说更加容易使用和控制。单色 LCD 又可以分为点阵和段码型。段码型通常用于显示比较简单的信息，如计算器上的液晶显示器。点阵型通常用来显示比较复杂的信息，如文字信息等，例如早期的传呼机。

我们在接下来的学习过程中将以 LCD1602 为基础进行讲解。LCD1602 是字符型的液晶显示器，其外形如图 11.1 所示。

图 11.1　LCD1602 外形

LCD1602 可以显示 32 个字符（2 行 16 列），每个字符都由一个 5*8 的像素点阵进行显示，如图 11.2 所示。

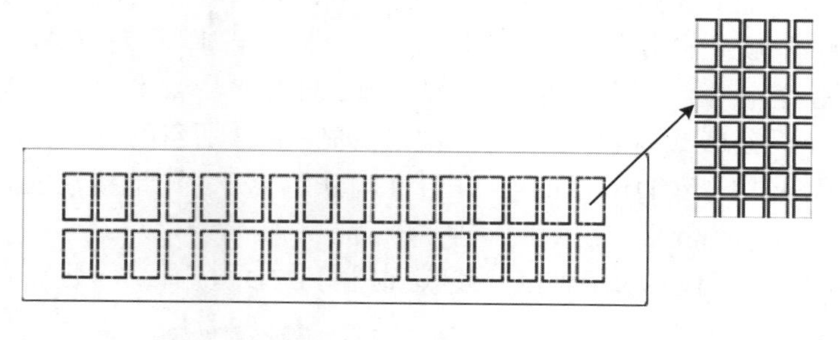

图 11.2　LCD1602 显示细节

通过点亮像素点阵中对应位置的像素点就可以构成所要显示的一个字符，然后依此类推显示所有其他字符。这些操作都是通过 LCD1602 中对应寄存器和存储器操作完成的，这些控制信息都是通过 LCD1602 的针脚传入的。其针脚功能如表 11.1 所示。

表 11.1　LCD1602 针脚

针脚编号	名　称	作　用
1	VSS	接地
2	VDD	接电源
3	V0	对比度调整，一般接电位器
4	RS	寄存器选择，高电平选择数据寄存器，低电平选择指令寄存器
5	R/W	读写信号线，高电平进行读操作，低电平进行写操作
6	E	使能端
7	DB0	三态、双向数据总线0（最低位）
8	DB1	三态、双向数据总线1
9	DB2	三态、双向数据总线2
10	DB3	三态、双向数据总线3
11	DB4	三态、双向数据总线4
12	DB5	三态、双向数据总线5
13	DB6	三态、双向数据总线6
14	DB7	三态、双向数据总线7（最高位）
15	BLA	背光电源正极
16	BLK	背光电源负极

当然，LCD1602 的技术细节是比较复杂的，鉴于本书的定位，这里就不做太深入的介绍。我们可以通过更容易理解和操作的库来避免接触 LCD1602 的技术细节。

11.2　LCD 控制库 LiquidCrystal

LiquidCrystal 是 Arduino 的官方库之一，它可以控制基于日立公司 HD44780（或兼容）芯片集的字符型 LCD。该库可以通过四线或者八线模式控制 LCD，在本节中就来分别介绍这两种控制模式。

11.2.1　LiquidCrystal 八线模式

八线模式的优点就是每位数据均从单独的数据线传输，因此数据传输速度快。但是缺点也是显而易见的，就是它会占用除去电源线外的 11 个端口，这对于 Arduino 来说是非常可怕的。但是总会有只驱动一个 LCD 的情况，那么即使占用太多的端口也是可以接受的。下面就来演示一下八线模式控制 LCD。首先按照如图 11.3 所示的方式连接电路。

在上面的电路图中，LCD1602 的 4~14 号针脚分别一一对应地接在 Arduino 的 12~2 号端口，这几乎占了 Arduino 端口总数的一半。

【示例 11-1】 以下代码实现使用八线模式控制 LCD。

```
#include <LiquidCrystal.h>                    //包含库文件
```

```
LiquidCrystal lcd(10, 11, 12, 2, 3, 4, 5, 6, 7, 8, 9);    //初始化 LCD
void setup() {
  lcd.begin(16, 2);                     //设置 LCD 为 16 列*2 行
  lcd.print("Hello, World!");           //在 LCD 输出 Hello,World!
}
void loop() {

}
```

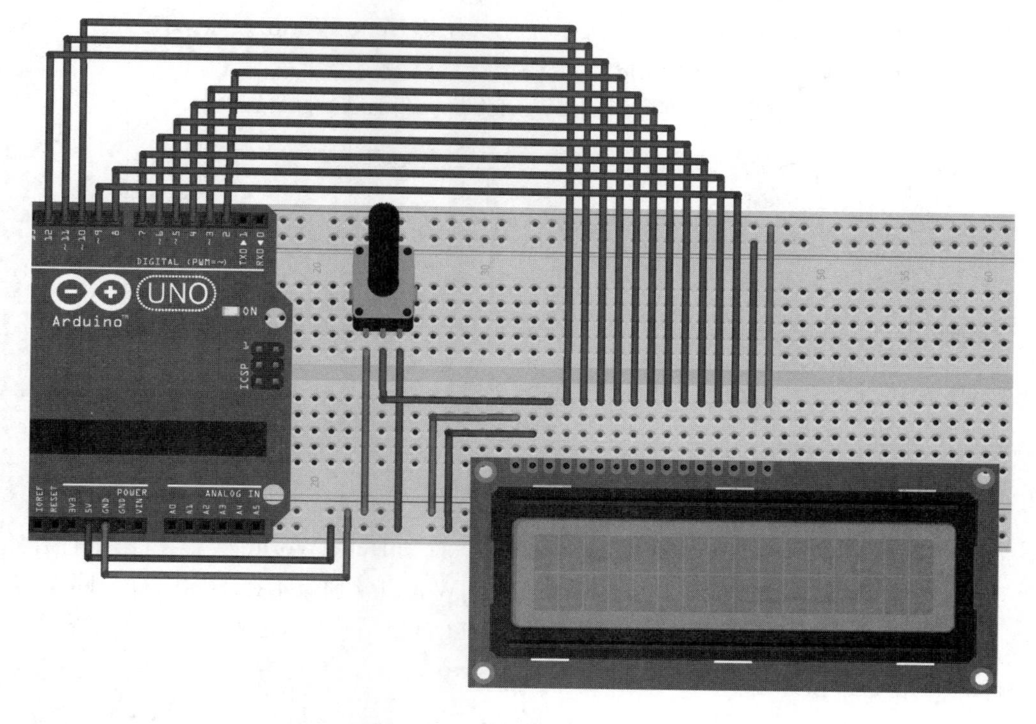

图 11.3 八线模式控制 LCD

将以上代码下载到 Arduino 开发板后，就可以看到在 LCD 第一行输出了 Hello,World!。可以看到，即使不了解 LCD1602 的技术细节，也可以很容易地通过库来使用它。

在 LCD 的使用过程中，字符的定位是必须要掌握的，例如将 Hello,World!显示在第一行的中间位置。这就需要使用到 LiquidCrystal 库中的 setCursor()（设置光标）方法，其参数需求如下：

```
setCursor(col, row)
```

其中的 col 表示字符串开始显示的列，row 表示字符开始显示的行。

注意：col 和 row 均从 0 开始表示，即 0 代表第一行或者第一列。

【示例 11-2】 以下代码实现使 Hello,World!从第一行，第三个字符开始显示。

```
#include <LiquidCrystal.h>                              //包含库文件
```

```
LiquidCrystal lcd(10, 11, 12, 2, 3, 4, 5, 6, 7, 8, 9);     //初始化 LCD

void setup() {
  lcd.begin(16, 2);                                  //设置 LCD 为 16 列*2 行
  lcd.setCursor(2,0);                                //设置光标位置为第一行，第三列
  lcd.print("Hello, World!");                        //在 LCD 输出 Hello,Wrold!
}

void loop() {

}
```

将以上代码下载到 Arduino 开发板后，就可以看到 Hello,World!被显示在了第一行的靠中间的位置。同样地，将 Hello,World!显示在第二行就变得非常容易了。

【示例 11-3】 以下代码实现将 Hello,World!显示在 LCD 的第二行。

```
#include <LiquidCrystal.h>                     //包含库文件

LiquidCrystal lcd(10, 11, 12, 2, 3, 4, 5, 6, 7, 8, 9);     //初始化 LCD

void setup() {
  lcd.begin(16, 2);                            //设置 LCD 为 16 列*2 行
  lcd.setCursor(0,1);                          //设置光标位置为第二行，第一列
  lcd.print("Hello, World!");                  //在 LCD 输出 Hello,Wrold!
}

void loop() {

}
```

将以上代码下载到 Arduino 开发板后，就可以看到 Hello,World!从 LCD 第二行开始显示。在有了以上两个示例的经验后，那么将 Hello,World!分别显示在不同的行中同样容易。

【示例 11-4】 以下代码实现将 Hello，显示在 LCD 第一行而 World!显示在 LCD 第二行。

```
#include <LiquidCrystal.h>      //包含库文件

LiquidCrystal lcd(10, 11, 12, 2, 3, 4, 5, 6, 7, 8, 9);     //初始化 LCD

void setup() {
  lcd.begin(16, 2);             //设置 LCD 为 16 列*2 行
  lcd.print("Hello, ");         //在 LCD 输出 Hello,
  lcd.setCursor(0,1);           //设置光标位置为第二行
  lcd.print("World!");          //在 LCD 输出 Wrold!
}

void loop() {

}
```

将以上代码下载到 Arduino 开发板后，就可以看到 Hello,World!被分在两行中显示了。

11.2.2　LiquidCrystal 四线模式

四线模式相对八线模式的优点就是占用的端口更少，减少了四条数据线，也就是说八

位的数据需要通过四条线来发送，那么就会导致四线模式比八线模式数据传输速度慢一些。LiquidCrystal 四线模式与八线模式在使用时最大的区别就是在初始化阶段，其他方法的使用都与八线模式相同。四线模式的连接图如图 11.4 所示。

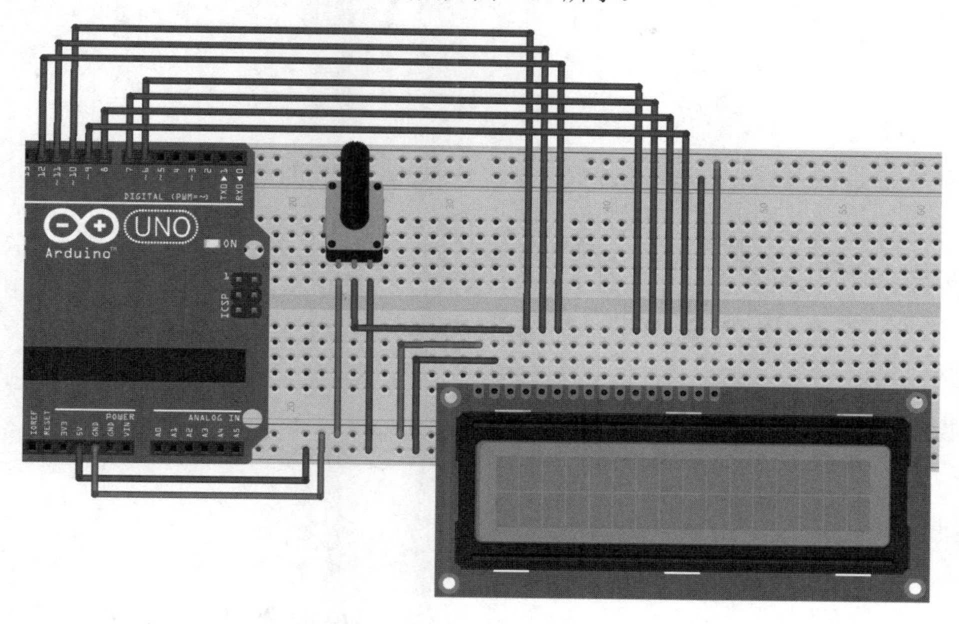

图 11.4　四线模式连接图

四线模式为 Arduino 节省了一半的端口。这样，原来只可以控制一个 LCD1602 的板子，现在可以同时控制两个了，虽然速度有所下降，但是实际使用起来没有太大的差别。

按照如图 11.4 所示的方式连接电路后，下面就来演示一个在 LCD 上滚动的 Hello,World!。

【示例 11-5】 以下代码演示 LCD 上的滚动字符串。

```
#include <LiquidCrystal.h>                        //包含头文件

LiquidCrystal lcd(10, 11, 12, 6, 7, 8, 9);        //初始化 LCD

void setup() {
  lcd.begin(16,2);                                //设置 LCD 为 16 列*2 行
  lcd.print("Hello, World!");                     //在 LCD 输出 Hello,World!
}

void loop() {
  lcd.scrollDisplayLeft();                        //将字符串向左移动一个位置
  delay(250);                                     //等待一段时间
}
```

将以上代码下载到 Arduino 开发板后，就可以看到 Hello, World!从右向左循环滚动显示。当然，还可以控制 Hello, World!以左右为边界滚动显示，下面就来实现它。

【示例 11-6】 以下代码演示以 LCD 左右为边界滚动显示 Hello, World!。

```
#include <LiquidCrystal.h>                        //包含头文件
```

```
LiquidCrystal lcd(10, 11, 12, 6, 7, 8, 9);        //初始化 LCD

void setup() {
  lcd.begin(16, 2);                               //设置 LCD 为 16 列*2 行
  lcd.print("Hello, World!");                     //在 LCD 输出 Hello,World!
}

void loop() {
  //向左滚动 13 个字符的位置（字符串长度）
  for (int positionCounter = 0; positionCounter < 13; positionCounter++) {
    lcd.scrollDisplayLeft();                      //向左滚动
    delay(250);
  }
  //向右滚动 29 个字符的位置（屏幕宽度+字符串长度）
  for (int positionCounter = 0; positionCounter < 29; positionCounter++) {
    lcd.scrollDisplayRight();                     //向右滚动
    delay(250);
  }
  //向左滚动 16 个字符（屏幕宽度）
  for (int positionCounter = 0; positionCounter < 16; positionCounter++) {
    lcd.scrollDisplayLeft();                      //向左滚动
    delay(250);
  }

}
```

将以上代码下载到 Arduino 开发板后，就可以看到 Hello,World!以 LCD 左右为边界滚动显示。

11.3　LiquidCrystal_I2C 库

I^2C 是由以前的 PHILIPS（现在的 NXP）公司开发的一种通信协议，它的目的就是减少芯片之间的连线。在 11.2.2 节中，我们已经将连接到 Arduino 上的线减少了四条，而在使用 I^2C 之后，连接到 Arduino 上的线总共才 4 条，如图 11.5 所示。

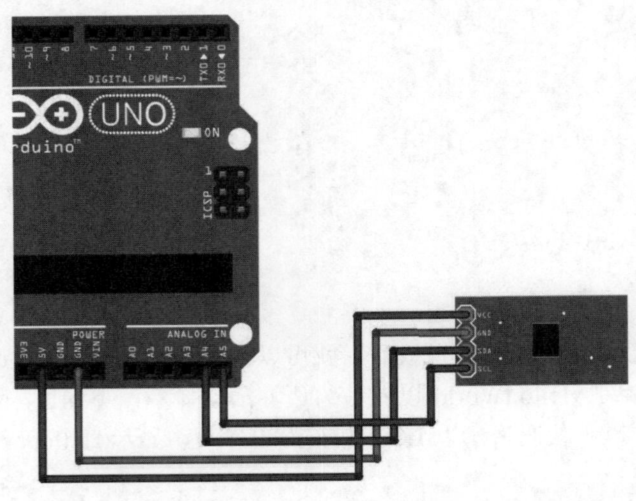

图 11.5　使用 I^2C 连接 Arduino 和 LCD1602

这四条线分别是 VCC（电源）、GND（地）、SDA（串行数据）和 SCL（串行时钟）。这里要注意的是，SDA 和 SCL 并不是可以随意接在 Arduino 的端口上的。Arduino UNO 的 SDA 和 SCL 分别被连接在 A4 和 A5 端口上。因此，使用 I^2C 时的 SDA 和 SCL 必须连接在 A4 和 A5 端口上，这虽然看起来限制太大了，但是它确实在很大程度减少了芯片之间的连线。

与前面的示例类似，这里虽然使用了 I^2C 协议，但是我们并不需要了解该协议的细节，我们只需要通过 LiquidCrystal_I2C 库就可以控制使用 I^2C 的 LCD。该库可以从 http://www.dfrobot.com/image/data/DFR0154/LiquidCrystal_I2Cv1-1.rar 下载得到。

【示例 11-7】 以下代码实现从串口读取数据，并实时显示在 LCD 上。

```
#include <Wire.h>
#include <LiquidCrystal_I2C.h>

LiquidCrystal_I2C lcd(0x27,16,2);          //设置 LCD 地址和规格，该地址可以从模块
手册得到

void setup()
{
  lcd.init();                              //初始化 LCD
  lcd.backlight();                         //开启背光
  Serial.begin(9600);                      //设置串口
}

void loop()
{
  if (Serial.available()) {                //判断串口是否可用
    delay(100);                            //等待数据到达
    lcd.clear();                           //清除 LCD
    while (Serial.available() > 0) {
      lcd.write(Serial.read());            //数据抵达后将读取到的内容写入 LCD
    }
  }
}
```

将以上代码下载到 Arduino 开发板后，打开串口监视器，并在如图 11.6 所示的输入框中输入数据并发送就可以在 LCD 看到输入的内容。

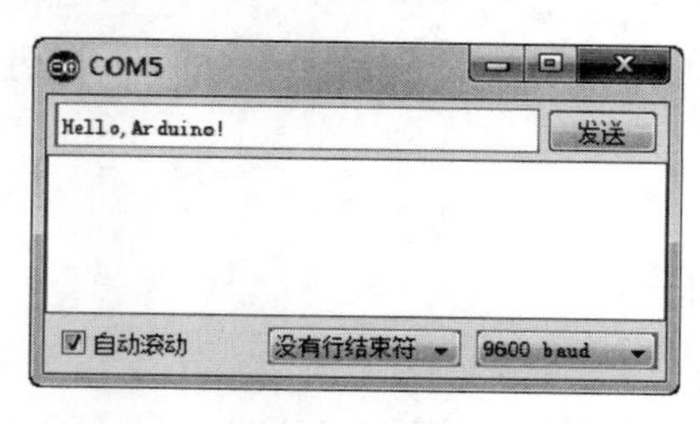

图 11.6　从串口发送数据

第12章 声 音 模 块

本章将介绍两个与声音有关的模块——麦克风模块和超声波模块。在之前的章节中已经学习了发声的蜂鸣器，而麦克风则是用来接收声音的，超声波模块则兼具声音的收发。

12.1 麦克风模块

麦克风是用来将声音转换为电信号的模块，其在电话机中被广泛应用。麦克风的种类有很多，这里以常见的驻极体电容麦克风为例进行讲解，几种常见的外形如图 12.1 所示。虽然我们可以由单独的麦克风构建起一个声音接收的模块，但是现在市面上已经提供了非常简单易用的驻极体电容麦克风模块，如图 12.2 所示。

图 12.1 常见驻极体电容麦克风外形

图 12.2 驻极体电容麦克风模块

这种模块上通常都有一个电位器和一个指示灯，通过电位器就可以调节麦克风的灵敏度，而指示灯则可以显示麦克风是否接收到声音。那么就可以根据这个指示灯设置具体环境的灵敏度。

12.1.1 读取麦克风数据

麦克风模块通常有 VCC（电源）、GND（接地）和 DO（数字输出）针脚。四针脚的麦克风模块则多了 AO（模拟输出）端口。虽然麦克风模块的针脚个数有所不同，但是使用起来并没有太大的不同。AO 和 DO 针脚的数据可以直接被 Arduino 的模拟端口读取，只是在读取 DO 针脚数据的时候需要进行模数转换操作，不过这均由 Arduino 自动完成。下面就来从麦克风模块中读取数据，首先按照如图 12.3 所示的方式连接麦克风模块。

在这个连接图中，麦克风模块的输出接口连接在 Arduino 的 A0 口，通过 analogRead()

函数获得声音的电流信号。

图 12.3　连接麦克风模块

【示例 12-1】 以下代码演示将从麦克风模块读取到的数据从串口输出。

```
void setup(){
  Serial.begin(115200);                          //打开串口
}
void loop(){
  Serial.println(analogRead(14));                //将读取到的数据从串口输出
  delay(100);                                    //等待一段时间以防数据刷新太快
}
```

将以上代码下载到 Arduino 开发板后，打开串口监视器，通常可以看到类似的输出：

图 12.4　串口监视器输出

该值可以对应接收到的声音强度。如果将麦克风模块的灵敏度调高，则相应的数值会变大。

12.1.2　声控灯

在上一个实例中，声音已经被成功地检测到了，现在可以完成一个非常简单的声控灯，其接线图如图 12.5 所示。

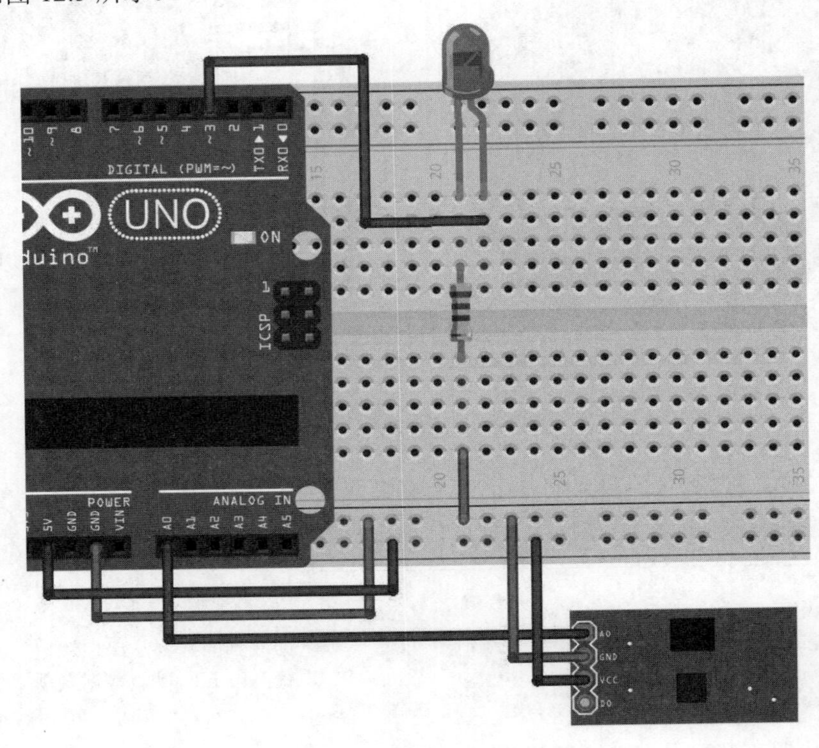

图 12.5　简易声控灯

【示例 12-2】 以下代码完成一个简易的声控灯。

```
int ledPin=2;          //LED 针脚
void setup(){
  pinMode(ledPin,OUTPUT);        //设置 LED 针脚输出模式
  digitalWrite(ledPin,LOW);      //初始化 LED
}
void loop(){
  if(analogRead(14)>20){               //判断是否接收到足够大的声音
    digitalWrite(ledPin,HIGH);         //点亮 LED
    delay(10000);         //等待 10 秒
    digitalWrite(ledPin,LOW);          //熄灭 LED
  }
}
```

将以上代码下载到 Arduino 开发板后，LED 是熄灭的，然后对着麦克风模块发出一个比当前环境大一些的声音，即可看到 LED 亮起。

12.1.3　自适应声控灯

上一个小节实现的是当前环境下非常好用的一个声控 LED。但是将它放在一个噪声比较大的环境中，就会看到 LED 一直都被点亮，我们可以通过对程序做一些简单的修改，创造出一个“自适应”型的声控灯。

【示例 12-3】 以下代码实现“自适应”的声控 LED 灯。

```
int ledPin = 2;                              //LED 针脚
int electret = 14;                           //麦克风模块针脚
int sensorReading = 0;                       //麦克风接收到的数据
int sensorMax = 0;                           //回去环境噪声的中间变量
int threshold;                               //记录环境噪声
void setup() {
  pinMode(ledPin, OUTPUT);                   //设置 LED 针脚模式
  digitalWrite(ledPin,LOW);                  //初始化 LED
  pinMode(13, OUTPUT);
  digitalWrite(13, HIGH);                    //点亮板载 LED 以示校准开始
  while (millis() < 3000) {                  //循环 3000ms 采集当前环境最大声音
    threshold = analogRead(electret);
    if (threshold > sensorMax) {
      sensorMax = threshold;
    }
  }
  digitalWrite(13, LOW);                     //熄灭板载 LED 以示校准完成
  threshold = sensorMax;                     //将采集到的最大当前环境声音作为基准声音
}
void loop() {
  sensorReading = analogRead(electret);      //读取声音
  if (sensorReading-threshold>10) {//判断读取到的声音与基准声音之差是否大于 10
    //点亮 LED10000ms
    digitalWrite(ledPin,HIGH);
    delay(10000);
    digitalWrite(ledPin,LOW);
  }
}
```

将以上代码下载到 Arduino 开发板后，在换了新环境后，只需要按 Arduino 开发板上的复位按钮就可以使该声控灯重新适应当前环境。

12.2　超声波模块

超声波是指频率高于 20000Hz 的声波，它有方向性好、穿透能力强等特点。现在已经在军事、工业、医学，以及农业上有很多应用，例如，测速、测距、消毒、焊接、清洗和碎石等。在本节中我们将使用市面上常见的 HC-SR04 超声波模块来完成一个测距仪。

12.2.1　超声波模块 HC-SR04

HC-SR04 是一个集成的模块，它可以保证在 2~450cm 的范围内有 0.2cm 的精度。它有

4 个针脚，如图 12.6 所示。

图 12.6　HC-SR04

HC-SR04 的两个主要针脚为 Trig 和 Echo，Trig 接收触发信号；Echo 输出回响信号。HC-SR04 利用的原理就是声音在空气中的传播（速度为 340M/S），然后根据声波发送和接收的时间差计算出距离。HC-SR04 的使用步骤如下：

（1）向 Trig 端口发送一个不小于 10us 的高电平信号；

（2）HC-SR04 模块自动发送 8 个 40KHz 的方波，并且检测信号是否返回；

（3）如有信号返回，则 Echo 端发出一段与超声波从发送到返回时间相等的高电平。计算距离的公式为：

```
被测距离=(Echo 端高电平持续时间*声音传播速度)/2
```

12.2.2　第三方库 NewPing

虽然其实现逻辑是非常简单的，但是当前读者并不一定有相关的知识，例如得出高电平的持续时间，因此这里使用简单易用的 NewPing 第三方库来控制 HC-SR04。该第三方库可以从 https://code.google.com/p/arduino-new-ping/downloads/list 得到。首先按照如图 12.7 所示的方式连接电路。

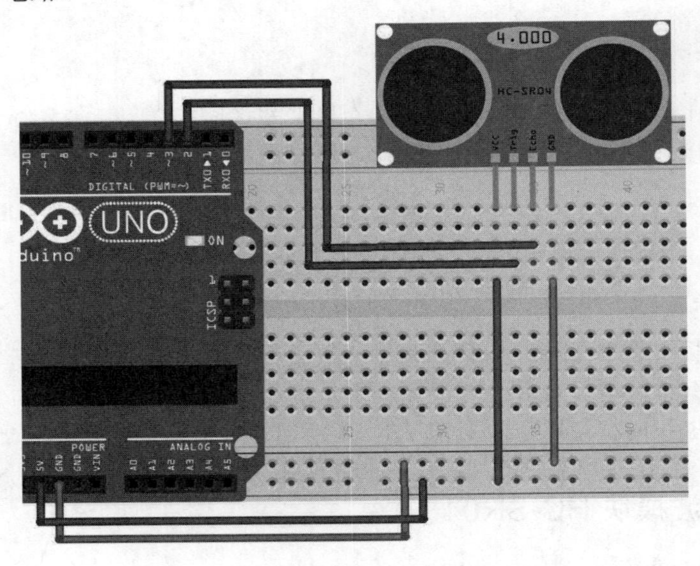

图 12.7　超声波模块连接图

在上面的连接图中，超声波模块的发射端和接收端分别连接在 Arduino 的 3 号和 2 号端口上。通过接收的时间差即可换算成对应的距离。

NewPing 库主要提供了如下的成员方法：

```
sonar.ping()          //发送一个声脉冲并将信号返回的时间（以微秒为单位）作为结果返回
sonar.ping_in()       //发送一个声脉冲并将获取到的距离以英尺为单位返回
sonar.ping_cm() //发送一个声脉冲并将获取到的距离以厘米为单位返回
sonar.ping_median(iterations)        //发送多个声脉冲，去掉超范围的结果，然后返回一个中间值时间
sonar.convert_in(echoTime)  //将信号返回时间从微秒转换为英尺
sonar.convert_cm(echoTime)  //将信号返回时间从微秒转换为厘米
```

12.2.3　超声波模块应用

【示例 12-4】 以下代码使用 ping_cm()方法控制 HC-SR04 测距，并将结果从串口输出。

```
#include <NewPing.h>                                 //包含头文件
int triggerPin=2;                                    //Trig 针脚
int echoPin=3;                                       //Echo 针脚
int maxDistance=450;                                 //最大测量距离
NewPing sonar(triggerPin,echoPin,maxDistance);       //初始化 HC-SR04
void setup(){
  Serial.begin(115200);                              //打开串口
}
void loop(){
  unsigned int distance=sonar.ping_cm();             //测距
  //将测试结果从串口输出
  Serial.print("Distance:");
  Serial.print(distance);
  Serial.println("cm");
  delay(500);                               //等待一段时间以防止数据刷新太快
}
```

将以上代码下载到 Arduino 开发板后，打开串口监视器，即可看到类似如图 12.8 所示的输出。

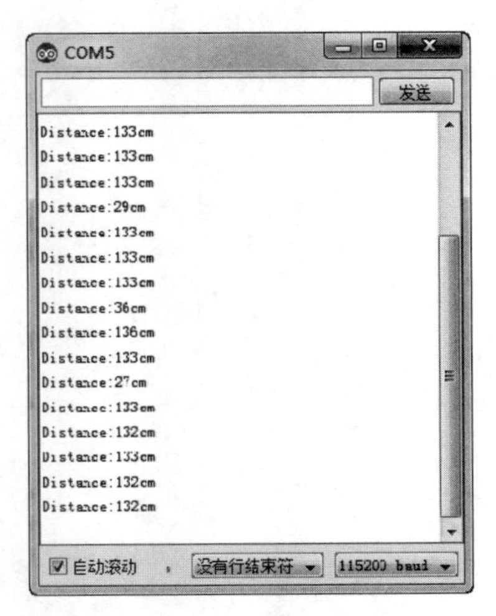

图 12.8　检测到的距离

如果结果想要更加精确一些，可以使用 ping_median()方法提高测试的精度。该方法返回的是一个中间的时间，然后再使用 convert_cm()方法将时间转换为距离。

【示例 12-5】 以下代码获取比【示例 12-4】更加精确的结果。

```
#include <NewPing.h>
int triggerPin=2;
int echoPin=3;
int maxDistance=450;
NewPing sonar(triggerPin,echoPin,maxDistance);
void setup(){
  Serial.begin(115200);
}
void loop(){
  unsigned int uS=sonar.ping_median();        //多次测量取中间值
  Serial.print("Distance:");
  Serial.print(sonar.convert_cm(uS));         //将时间转换为距离（以 cm 为单位）
  Serial.println("cm");
  delay(500);
}
```

将以上代码下载到 Arduino 开发板后，就可以从串口监视器获取到更加精确的距离值。

第 13 章　RFID——射频识别

RFID（Radio-frequency identification）是一种无线通信技术，它通常用做自动识别和追踪目标。它可以在无需接触的前提下对目标数据进行操作，如常见的公共交通付费系统和门禁系统。本章就通过对 RFID 硬件、软件和协议的介绍使读者掌握 RFID。

13.1　RFID 概述

RFID 的祖先被认为是在 1945 年由 Léon Theremin 发明的一个间谍工具。虽然这个设备是一个隐蔽的监听设备，但是它是被动式的，它需要使用外部的能量来激活。这些特点就是当今 RFID 的主要特点。

与 RFID 类似的 IFF 应答机在第二次世界大战中就已经被用来进行敌我识别。现代 RFID 真正意义上的祖先是出现在 1973 年 1 月的一个专利设备，标志性地配置了存储设备。现在 RFID 的应用领域十分广泛，主要包括身份证及通行证、产品防伪技术、电子收费系统、动物识别、电子病历、门禁系统和物流管理等几大类。

1．RFID构成

RFID 主要是由读/写器和应答器构成的。读/写器的作用是对应答器进行读和写操作，例如最常见的交通工具刷卡器。应答器是一个信息存储介质，其中的数据通常可以保存一段较长的时间。这些数据可以被读写器操作。根据不同的属性，应答器有多种不同的分类，这些内容将在 13.2 节介绍。

2．RFID工作原理

RFID 的工作原理就是利用电磁波进行通信。在日常生活中多见的是无源应答器。这种应答器没有内置电源，它是被动式的，需要靠近读/写器，由读/写器发出的电磁波来提供电量以进行通信。与之对应的是有源应答器。这种应答器自备电源，它不需要借助外部能量工作，因此可以主动发出通信请求。

RFID 正常工作除了需要硬件的支持外，还需要相关的协议支持，例如常见的 ISO/IEC 14443A 协议。在软件协议的约束下，应答器与读/写器直接就可以正确地进行通信。

3．RFID优缺点

RFID 的优点如下：

- ❑ RFID 设备抗干扰能力强，不易损坏；
- ❑ RFID 应答器使用寿命长；

- 读取距离大；
- 应答器中的数据可以加密；
- 数据存储容量大；
- 存储信息可以修改。

RFID 的缺点如下所述。

- 数据泛滥：从 RFID 应答器中读取到的数据并不是全部有用的，这必然会对控制系统有影响；
- 没有一个全球标准：这将会导致使用不同标准的国家无法操作 RFID 数据，而对应的二维码则没有这个问题；
- 安全问题：RFID 应答器中的私人数据可能会在不知情的情况下被读取；
- 可能会被恶意使用：例如 2006 年有报道称 RFID 的缓冲区溢出漏洞可能会导致机场终端泄密；
- 高温损坏：因为当前大多数应答器是将集成电路胶合在基料中的，所以在高温下可能导致连接松脱。

13.2　RFID 硬件

RFID 的硬件由读/写器和应答器（通常为电子标签）组成。读/写器和应答器之间的通信方式有很多种。通常情况下，这些方式是互不兼容的，主要原因是工作的频带不同。常用的射频识别频带及其特性如表 13.1 所示。

表 13.1　常用射频识别频带

频　带	规章管理	读取范围	数据速度
120-150 kHz	无规定	10 厘米	低速
13.56 MHz	全球通用 ISM 频段	1 米	低速到中速
433 MHz	近距离设备	1 到 100 米	中速
865-868 MHz （欧洲） 902-928 MHz（北美洲）	ISM 频段	1 到 2 米	中速到高速
2450-5800 MHz	ISM 频段	1 到 2 米	高速
3.1-10 GHz	超宽带	最长 200 米	高速

本章中使用的应答器为 MIFARE 1KB 无源标签。它工作在 13.56MHz，遵循 ISO/IEC 14443A 标准。读/写器为 MFRC522，它同样支持 ISO/IEC 14443 A/MIFARE 标准。

13.2.1　RFID 读/写器

RFID 读/写器用来从应答器中读取信息或者向应答器中写入信息。MFRC522 是工作在 13.56MHz 下的非接触式通信读/写集成电路。下面是一款使用 MFRC522 的 RFID 读/写器，如图 13.1 所示。

图 13.1　以 MFRC522 为基础的 RFID 读/写器

MFRC522 提供了 3 种形式的接口，如下所述。

- Serial Peripheral Interface (SPI)：传输速率超过 10Mbit/s；
- Serial UART：在快速模式下速度超过 400Kbit/s，高速模式下则可以超过 3 400Kbit/s；
- I^2C：传输速率超过 1228.8Kbit/s。

因此，用户可以根据实际情况使用不同的接口。例如，Arduino 只有非常有限的接口，因此应该尽可能选择接线较少的接口。如果仅仅使用 Arduino 实现单一的 RFID，则可以优先选择传输速率较高的接口。MFRC522 的细节部分在这里不做详细介绍，对其细节感兴趣的读者可以自行查阅相关资料。

13.2.2　RFID 应答器

RFID 应答器用来存储数据。在本章中使用的是 MF1S503x 系列的 MIFARE 1KB 智能卡。该卡可以存储 1KB 的信息。其外形如图 13.2 所示。

图 13.2　MF1S503x 系列智能卡

MF1S503x 系列的智能卡有如下的特性：

- 非接触传输数据；
- 操作频率为 13.56NHz；
- 数据集成了 16 位循环冗余码校验、奇偶校验、位编码和位计算；
- 数据流传输加密，3 次相互认证的双向验证机制；

- 典型事物处理时间在 100ms 以内；
- 根据天线几何形状和读/写器配置的不同，操作距离超过 100mm；
- 数据传输速率为 106kbit/s；
- 具有防冲突功能；
- 拥有 1KB 的存储空间；
- 数据可以保持 10 年；
- 用户可以对数据库设置访问条件；
- 可以经受 100 000 次写循环。

MIFARE 1KB 拥有 1KB 的数据存储空间。这些空间被组织在 16 个扇区中，每个扇区又分为 4 个块，每个块中又有 16 个 Byte 位，所以总的存储空间为：

```
16*4*16=1024Byte=1KB
```

下面以表 13.2 直观地表示 MIFARE 1KB 智能卡中存储空间的组织形式。

表 13.2　MIFARE 1KB智能卡数据组织形式

		一个块中的Byte位																
扇区	块	0	1	2	3	4	5	6	7	8	9	10	11	12	13	14	15	描述
15	3	Key A						访问位				Key B						随附信息组15
	2																	数据
	1																	数据
	0																	数据
14	3	Key A						访问位				Key B						随附信息组14
	2																	数据
	1																	数据
	0																	数据
	⋮																	
1	3	Key A						访问位				Key B						随附信息组1
	2																	数据
	1																	数据
	0																	数据
0	3	Key A						访问位				Key B						随附信息组0
	2																	数据
	1																	数据
	0	制造商数据																制造商块

在接下来的部分中将详细介绍该表中的各个部分。

1. 随附信息组（Sector Trailer）

从表 13.2 可以看到每个扇区的第 3 个块均为随附信息组（Sector Trailer）。该块是由 6Byte 大小的 Key A、Key B 和 4Byte 大小的访问位（Access Bits）组成的。其组织形式如表 13.3 所示。

表 13.3 随附信息组组织形式

比特位	0	1	2	3	4	5	6	7	8	9	10	11	12	13	14	15
描述	Key A						访问位				Key B（可选）					

它们的具体功能如下所述。

- Key A：密钥 A，用于安全验证，任何时候读取 Key A 均会返回 0；
- Key B：密钥 B，用于安全验证，可以被用做用户数据，它在一些访问条件下可以被读取；
- 访问位（Access Bits）：用来指定扇区中各个块的访问权限，第 9 位可以被用做用户数据。

Key A 和 Key B 的值在交付的时候均被设置为 FFFFFFFFFFFFh。

2. 制造商数据

0 扇区的第 0 块是一个特殊的块，它存储了制造商数据。该块是只读块，而且具有写保护。访问位的变更不会影响到该块的属性。

3. 数据块

所有扇区中 3 个块（0 扇区只有两个块）的 16 个比特位都可以用来存储数据。这些数据可以被配置为读/写块或者值块。值块可以用来实现电子付费功能（允许执行读、写、增加、减少、恢复和传输命令）。值块是以固定的格式组织的，如表 13.4 所示。

表 13.4 值块的存储格式

比特位	0	1	2	3	4	5	6	7	8	9	10	11	12	13	14	15
描述	值				值的反码				值				地址	地址的反码	地址	地址的反码

在表 13.3 中值和地址的定义如下所述。

- 值：表示一个 4Byte 有符号值，负数使用补码的方式表示。为了数据的完整性和安全性，一个值以原码和反码的形式存储了三次；
- 地址：表示 1Byte 地址，它可以用来保存一个块的存储地址。同样，为了数据的完整性和安全性，地址以原码和反码的形式存储了四次。对值的增加、减少、恢复和传输操作不会影响地址的值，地址值需要通过写命令修改。

4. 数据访问

在访问智能卡中的数据之前必须选中该卡并且通过验证。对相关扇区数据的访问取决于使用的 Key，以及访问位的设置。读/写块运行进行 read 和 write 操作；值块在允许 read

和 write 的基础上还支持 increment、decrement、transfer 和 restore 操作。这些操作的详细介绍如表 13.5 所示。

表 13.5　数据操作

操　　作	描　　述	可以操作的块类型
Read	读取一个数据块	读/写块，值块和随附信息组
Write	写入一个数据块	读/写块，值块和随附信息组
Increment	将一个块中的内容增加并将结果存储在内部数据寄存器中	值块
Decrement	将一个块中的内容减少并将结果存储在内部数据寄存器中	值块
Transfer	将内部数据寄存器中的内容写入到一个块中	值块
Restore	将一个块中的内容读取到内部数据寄存器中	值块

5．访问条件

每个数据块和随附信息组的访问条件都是通过 3 个 Bit 定义的。这些 Bit 被存储在表 13.2 中所示的访问位（Access Bits）中。其组织形式如表 13.6 所示。

表 13.6　访问位（Access Bits）组织形式

	Bit 7	6	5	4	3	2	1	0
Byte 6	$\overline{C2_3}$	$\overline{C2_2}$	$\overline{C2_1}$	$\overline{C2_0}$	$\overline{C1_3}$	$\overline{C1_2}$	$\overline{C1_1}$	$\overline{C1_0}$
Byte 7	$C1_3$	$C1_2$	$C1_1$	$C1_0$	$\overline{C3_3}$	$\overline{C3_2}$	$\overline{C3_1}$	$\overline{C3_0}$
Byte 8	$C3_3$	$C3_2$	$C3_1$	$C3_0$	$C2_3$	$C2_2$	$C2_1$	$C2_0$
Byte 9	用户数据							

从表 13.6 可以看出，Byte 6 及 Byte 7 的低 4 位保存了访问条件的反码，而 Byte 7 的高 4 位及 Byte 8 保存了访问条件的原码。这些访问控制的作用如表 13.7 所示。

表 13.7　访问条件

访 问 控 制	有 效 命 令	控 制 的 块	描　　述
$C1_3C2_3C3_3$	read/write	3	随附信息组
$C1_2C2_2C3_2$	read/write/increment/decrement/transfer/restore	2	数据块
$C1_1C2_1C3_1$	read/write/increment/decrement/transfer/restore	1	数据块
$C1_0C2_0C3_0$	read/write/increment/decrement/transfer/restore	1	数据块

6．随附信息组访问条件

根据访问位的不同，对访问位及 Key 的访问条件可以指定为：never、key A、key B 或者 key A|B（key A 或者 key B）。

在芯片出厂时，随附信息组和 Key A 会被预定义为传输配置（transport configuration）。

在传输配置下，Key B 有可能会被读出。详细的随附信息组访问条件如表 13.8 所示。

表 13.8　随附信息组访问条件

访问位			访问条件						备注
			KEYA		访问位		KEYB		
C1	C2	C3	read	write	read	write	read	write	
0	0	0	never	key A	key A	never	key A	key A	Key B 可以被读取
0	1	0	never	never	key A	never	key A	never	Key B 可以被读取
1	0	0	never	key B	key A|B	never	never	key B	
1	1	0	never	never	key A|B	never	never	never	
0	0	1	never	key A	key A	key A	key A	key A	传输配置，Key B 可以被读取
0	1	1	never	key b	key A|B	key B	never	key B	
1	0	1	never	never	key A|B	key B	never	never	
1	1	1	never	never	key A|B	never	never	never	所有内容不可以执行写操作

从表 13.8 中可以看出，访问位可以控制访问位自身的访问条件，所以在对访问位进行操作的时候必须非常小心。例如，将访问位设置为 111 会导致该块中的内容被锁死。

依赖于访问位的设置，数据块的读/写访问可以被指定为：never、key A、key B 或者 key A|B（key A 或者 key B）。详细的数据块访问条件如表 13.9 所示。

表 13.9　数据块访问条件

访问位			访问条件				备注
C1	C2	C3	read	write	increment	decrement/transfer/restore	
0	0	0	key A|B	key A|B	key A|B	key A|B	传输配置
0	1	0	key A|B	never	never	never	读/写块
1	0	0	key A|B	key B	never	never	读/写块
1	1	0	key A|B	key B	key B	key A|B	值块
0	0	1	key A|B	never	never	key A|B	值块
0	1	1	key B	key B	never	never	读/写块
1	0	1	key B	never	never	never	读/写块
1	1	1	never	never	never	never	读/写块

注意：在 Key B 可以被读出的情况下（参考表 13.8）不可作为验证密钥。

通过上面的讲解可知 MIFARE 1KB 智能卡的 16 个扇区均具有单独的访问控制功能。因此，单个卡片最多可以实现独立的 16 个功能。例如，可以将门禁考勤、水电缴费、公交卡集于一张卡上。

7．MIFARE典型命令

所有的 MIFARE 协议均使用 MIFARE Crypto1，并且在发送命令前需要验证。所有可用的命令如表 13.10 所示。

表 13.10　MIFARE命令概览

命　　令	作　　用	ISO/IEC 14443	命令代码（十六进制）
Request	发送通信请求	REQA	26h
Wake-up	唤醒	WUPA	52h
Anti-collision CL1	防冲突	Anti-collision CL1	93h 20h
Select CL1	选择	Select CL1	93h 70h
Halt	停止	Halt	50h 00h
Authentication with Key A	使用 Key A 验证	-	60h
Authentication with Key B	使用 Key B 验证	-	61h
MIFARE Read	读	-	30h
MIFARE Write	写	-	A0h
MIFARE Decrement	减少	-	C0h
MIFARE Increment	增加	-	C1h
MIFARE Restore	恢复	-	C2h
MIFARE Transfer	转移	-	B0h

8．MIFARE传输状态码

在 MIFARE 中使用 ACK（Acknowledge）和 NAK 来标识传输的状态，如表 13.11 所示。

表 13.11　MIFARE传输状态

代　　码	含　　义
Ah	确认（ACK）
0h~9h，Bh~Fh	不确认（NAK）

9．ATQA和SAK响应

MF1S503x 使用 ATQA 值响应 REQA 和 WUPA 命令，其值如表 13.12 所示；使用 SAK 值响应 Select CL1 命令，其值如表 13.13 所示。

表 13.12　ATQA响应的值

响应	十六进制值	比特位															
		16	15	14	13	12	11	10	9	8	7	6	5	4	3	2	1
ATQA	00 04h	0	0	0	0	0	0	0	0	0	0	0	0	0	1	0	0

表 13.13　SAK响应的值

响应	十六进制值	比特位							
		8	7	6	5	4	3	2	1
SAK	08h	0	0	0	0	1	0	0	0

到这里为止，MF1S503x 系列智能卡的特性及协议的主要知识就介绍完毕了。在这些知识的基础上，读者就能比较容易地理解和自主使用 MF1S503x 系列智能卡，而不是只会实现现有的示例。

13.3　为 RFID 编程

在第 13.2 节中为读者详细介绍了 RFID 应答器的主要知识，以及 RFID 读/写器的简单知识。详细地介绍应答器的细节部分是为了使读者知道自己在操作哪些数据，以及如何操作这些数据。简略介绍读/写器部分的知识是由于对读/写器的操作已经将命令及协议抽象成了更容易理解和使用的函数代码，因此读者在不了解其详细工作原理的基础上也可以灵活地使用它。在接下来的内容中使用的是第三方库 rfid。该库可以从 https://github.com/miguelbalboa/rfid 获取。

MFRC522 支持 3 种形式的接口，第三方库 rfid 使用的是 SPI 接口，其控制线为 4 条，如下所述。

- SCK：串行时钟；
- MOSI：主机（Arduino）输出，从机（MFRC522）输入；
- MISO：主机输入，从机接收；
- NSS：从机选择（低电平有效）；

对应的接线图如图 13.3 所示。

图 13.3　基于第三方库 rfid 的接线图

提示：电源一定要接在 3.3V，接 5V 会损坏读/写器。

在图 13.3 中的连接图中，RFID 读写器模块的 RST 针脚接在 Arduino 的 9 号端口；MISO 和 MOSI 分别接在 Arduino 的 12 号和 11 号端口；SCK 和 NSS 分别接在 Arduino 的 13 号和 10 号端口。在本节接下来的内容中均使用图 13.3 的连接方式。

13.3.1　读取 RFID 应答器的出厂数据

RFID 应答器在出厂时通常会将访问位设置为 FF078069h，而将 Key A 和 Key B 均设置为 FFFFFFFFFFFFh。rfid 第三方库提供的 DumpInfo 示例程序可以读取出 RFID 应答器中可访问的数据。

【示例 13-1】 以下代码为 rfid 第三方库提供的示例程序 DumpInfo 的代码部分。

```
#include <SPI.h>
#include <MFRC522.h>

#define SS_PIN 10                                   //从机选择针脚
#define RST_PIN 9                                   //重置针脚

MFRC522 mfrc522(SS_PIN, RST_PIN);                   //创建 MFRC522 的一个实例

void setup() {
    Serial.begin(9600);                             //初始化串行通信
    SPI.begin();                                    //初始化 SPI 总线
    mfrc522.PCD_Init();                             //初始化 MFRC522 读/写器
    Serial.println("Scan PICC to see UID and type...");
}

void loop() {
    //检测新的卡片到来
    if ( ! mfrc522.PICC_IsNewCardPresent()) {
        return;                                     //如果不是新卡片则返回
    }
    //选择一个卡片进行操作
    if ( ! mfrc522.PICC_ReadCardSerial()) {
        return;                                     //选择一个卡片失败则返回
    }
    //输出卡片中的数据
    mfrc522.PICC_DumpToSerial(&(mfrc522.uid));
}
```

将以上代码下载到 Arduino 开发板并正确连接电路后，打开串口监视器。将 RFID 应答器（MIFARE 1KB 智能卡）靠近 RFID 读/写器，并持续到串口监视器不再输出数据后，移开卡片。串口监视器中会将智能卡的 UID、类型、扇区、块，以及访问位等信息输出，如图 13.4 所示。

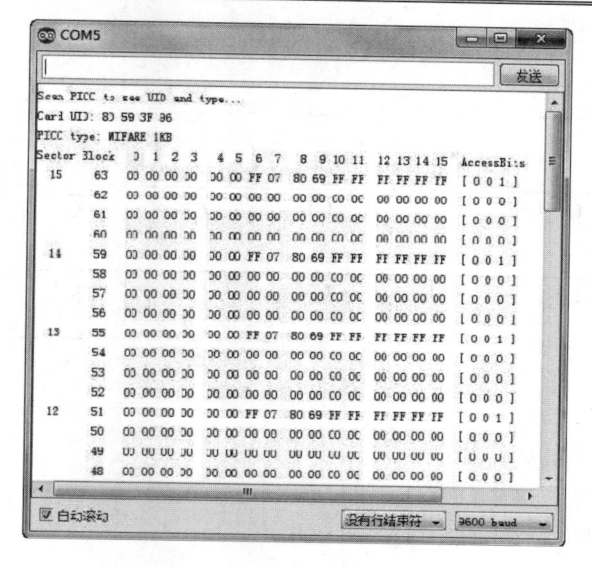

图 13.4 【示例 13-1】读取到的数据

这里以扇区（Sector）15 中 4 个块的数据来进行简单介绍，其数据如下：

```
Sector Block   0  1  2  3    4  5  6  7    8  9 10 11   13 13 14 15  AccessBits
  15    63    00 00 00 00   00 00 FF 07   80 69 FF FF   FF FF FF FF  [ 0 0 1 ]
        62    00 00 00 00   00 00 00 00   00 00 00 00   00 00 00 00  [ 0 0 0 ]
        61    00 00 00 00   00 00 00 00   00 00 00 00   00 00 00 00  [ 0 0 0 ]
        60    00 00 00 00   00 00 00 00   00 00 00 00   00 00 00 00  [ 0 0 0 ]
```

其中 62~60 块为数据块，其中的数据均为 00：

```
Sector Block   0  1  2  3    4  5  6  7    8  9 10 11   13 13 14 15  AccessBits
  15    62    00 00 00 00   00 00 00 00   00 00 00 00   00 00 00 00  [ 0 0 0 ]
        61    00 00 00 00   00 00 00 00   00 00 00 00   00 00 00 00  [ 0 0 0 ]
        60    00 00 00 00   00 00 00 00   00 00 00 00   00 00 00 00  [ 0 0 0 ]
```

随附信息组（块 64）的信息为：

```
Sector Block   0  1  2  3    4  5  6  7    8  9 10 11   13 13 14 15  AccessBits
  15    63    00 00 00 00   00 00 FF 07   80 69 FF FF   FF FF FF FF  [ 0 0 1 ]
```

根据 13.2.2 节的知识可知，0~5Bytes 为 Key A，由于 Key A 永远不会被输出，所以均显示为 00：

```
Sector Block   0  1  2  3    4  5  6  7    8  9 10 11   13 13 14 15  AccessBits
  15    63    00 00 00 00   00 00 FF 07   80 69 FF FF   FF FF FF FF  [ 0 0 1 ]
```

10~15Bytes 为 Key B，这里的输出值为出厂预设 FF：

```
Sector Block   0  1  2  3    4  5  6  7    8  9 10 11   13 13 14 15  AccessBits
  15    63    00 00 00 00   00 00 FF 07   80 69 FF FF   FF FF FF FF  [ 0 0 1 ]
```

6~9Bytes 为访问位：

```
Sector Block   0  1  2  3    4  5  6  7    8  9 10 11   13 13 14 15  AccessBits
  15    63    00 00 00 00   00 00 FF 07   80 69 FF FF   FF FF FF FF  [ 0 0 1 ]
```

根据表 13.6 所示的结构将访问位对号入座，则得出如表 13.14 的结果。

表 13.14　计算访问位

	Bit 7	6	5	4	3	2	1	0
Byte 6	$\overline{C2_3}$ 1	$\overline{C2_2}$ 1	$\overline{C2_1}$ 1	$\overline{C2_0}$ 1	$\overline{C1_3}$ 1	$\overline{C1_2}$ 1	$\overline{C1_1}$ 1	$\overline{C1_0}$ 1
Byte 7	$C1_3$ 0	$C1_2$ 0	$C1_1$ 0	$C1_0$ 0	$\overline{C3_3}$ 0	$\overline{C3_2}$ 1	$\overline{C3_1}$ 0	$\overline{C3_0}$ 0
Byte 8	$C3_3$ 1	$C3_2$ 0	$C3_1$ 0	$C3_0$ 0	$C2_3$ 0	$C2_2$ 0	$C2_1$ 0	$C2_0$ 0
Byte 9	用户数据 69h							

根据表 13.14 中的数据得知：

- ❑ 块 63 的访问位为 $C1_3C2_3C3_3$，即 001；
- ❑ 块 62 的访问位为 $C1_2C2_2C3_2$，即 000；
- ❑ 块 61 的访问位为 $C1_1C2_1C3_1$，即 000；
- ❑ 块 60 的访问位为 $C1_0C2_0C3_0$，即 000。

可以看到，上面的分析与程序输出的结果是一致的：

```
Sector Block   0  1  2  3   4  5  6  7   8  9 10 11  12 13 14 15  AccessBits
  15     63   00 00 00 00  00 00 FF 07  80 69 FF FF  FF FF FF FF  [ 0 0 1 ]
         62   00 00 00 00  00 00 00 00  00 00 00 00  00 00 00 00  [ 0 0 0 ]
         61   00 00 00 00  00 00 00 00  00 00 00 00  00 00 00 00  [ 0 0 0 ]
         60   00 00 00 00  00 00 00 00  00 00 00 00  00 00 00 00  [ 0 0 0 ]
```

访问位的分析方法都是相同的，读者可以自行尝试分析其他扇区的访问位以巩固这项知识。

13.3.2　RFID 开发流程

rfid 库将读写寄存器，以及校验等步骤都进行了封装。用户只需要访问几个公共的方法，就可以使用 RFID。使用 RFID 的基本步骤如下所述。

（1）创建一个 MFRC522 的实例，其构造函数为：

```
MFRC522(byte chipSelectPin, byte resetPowerDownPin);
```

其中的 chipSelectPin 为片选端口，对应连接在 MFRC522 读/写器的 NSS 端口；

（2）调用 PCD_Init()函数初始化 MFRC522 读/写器；

（3）调用 PICC_IsNewCardPresent()函数判断应答器是否是可用的；

（4）调用 PICC_ReadCardSerial()函数选择一个卡片进行操作；

（5）执行相关的操作；

（6）调用 PICC_HaltA()函数改变卡片的状态为终止；

（7）调用 PCD_StopCrypto1()函数停止读/写器的验证状态，如在通信结束后不调用该函数则会导致不能开始新的通信。

rfid 第三方库主要提供了如下操作函数。

- ❑ PCD_Authenticate(byte command,byte blockAddr,MIFARE_Key *key,Uid *uid)：进行

通信前的验证。command 参数可以使用 PICC_CMD_MF_AUTH_KEY_A 或者 PICC_CMD_MF_AUTH_KEY_B，即使用 Key A 或者 Key B 验证；blockAddr 即块地址，MIFARE Classic 1K 对应为 0~63；key 为 Key A 或者 Key B；uid 为卡片的 UID，通常通过 PICC_ReadCardSerial()函数获取。

- MIFARE_SetAccessBits(byte *accessBitBuffer,byte g0,byte g1,byte g2,byte g3)：设置访问位。accessBitBuffer 指向随附信息组的 6、7 和 8Byte，将根据参数 g0、g1、g2 和 g3 进行设定；g0、g1、g2 和 g3 分别指定块 0、1、2 和 3 的访问条件。
- MIFARE_Read(byte blockAddr,byte *buffer,byte *bufferSize)：读取操作。blockAddr 为要读取的块地址，MIFARE Classic 1K 对应为 0~63；buffer 为读取到的数据缓冲区；bufferSize 为缓冲区的大小，也用来存储返回的字节数。
- MIFARE_Write(byte blockAddr,byte *buffer,byte bufferSize)：写入操作。blockAddr 为要写入的块地址，MIFARE Classic 1K 对应为 0~63；buffer 指向要写入的数据缓冲区；bufferSize 为缓冲区的大小。
- MIFARE_Decrement(byte blockAddr,long delta)：减法操作。blockAddr 为要操作的块地址，MIFARE Classic 1K 对应为 0~63；delta 为要减去的值。
- MIFARE_Increment(byte blockAddr,long delta)：加法操作。blockAddr 为要操作的块地址，MIFARE Classic 1K 对应为 0~63；delta 为要增加的值。
- MIFARE_Restore(byte blockAddr)：将 blockAddr 指定块中的值复制到易失存储器中。
- MIFARE_Transfer(byte blockAddr)：将易失存储器中的值写入到 blockAddr 指定的块中。

13.3.3 操作 RFID 应答器的值块

RFID 应答器的数据块可以被配置为读/写块和值块。值块拥有比读/写块更多的操作，这使得对数据的操作非常方便。下面的示例就是使用 MIFARE_Increment()函数对值块进行加 1 操作。

【示例 13-2】 以下代码演示对值块的增加操作。

```
#include <SPI.h>
#include <MFRC522.h>

#define SS_PIN 10
#define RST_PIN 9

MFRC522 mfrc522(SS_PIN, RST_PIN);  //创建 MFRC522 的实例

void setup() {
    Serial.begin(9600); //初始化串口
    SPI.begin();        //初始化 SPI 总线
    mfrc522.PCD_Init(); //初始化 MFRC522 读/写器
    Serial.println("Scan a MIFARE Classic PICC to demonstrate Value Blocks.");
}
```

```
void loop() {
    //等待新卡到来
    if ( ! mfrc522.PICC_IsNewCardPresent()) {
        return;
    }

    //选择一个卡进行操作
    if ( ! mfrc522.PICC_ReadCardSerial()) {
        return;
    }

    //新卡被选择后 UID 和 SAK 存储在 mfrc522.uid
    //输出 UID
    Serial.print("Card UID:");
    for (byte i = 0; i < mfrc522.uid.size; i++) {
        Serial.print(mfrc522.uid.uidByte[i] < 0x10 ? " 0" : " ");
        Serial.print(mfrc522.uid.uidByte[i], HEX);
    }
    Serial.println();

    //输出 PICC 类型
    byte piccType = mfrc522.PICC_GetType(mfrc522.uid.sak);
    Serial.print("PICC type: ");
    Serial.println(mfrc522.PICC_GetTypeName(piccType));
    if (    piccType != MFRC522::PICC_TYPE_MIFARE_MINI
        &&  piccType != MFRC522::PICC_TYPE_MIFARE_1K
        &&  piccType != MFRC522::PICC_TYPE_MIFARE_4K) {
        Serial.println("This sample only works with MIFARE Classic cards.");
        return;
    }

    //将所有 Key 设置为 FFFFFFFFFFFFh
    MFRC522::MIFARE_Key key;
    for (byte i = 0; i < 6; i++) {
        key.keyByte[i] = 0xFF;
    }

    //本示例中使用第二个扇区
    byte sector       = 1;
    byte valueBlockA    = 5;
    byte valueBlockB    = 6;
    byte trailerBlock   = 7;

    //使用 key A 进行验证
    Serial.println("Authenticating using key A...");
    byte status;
    status = mfrc522.PCD_Authenticate(MFRC522::PICC_CMD_MF_AUTH_KEY_A,
    trailerBlock, &key, &(mfrc522.uid));
    if (status != MFRC522::STATUS_OK) {
        Serial.print("PCD_Authenticate() failed: ");
        Serial.println(mfrc522.GetStatusCodeName(status));
        return;
    }

    //使用随附信息组将 blocks 5 和 6 定义为值块并且允许 key B 验证
    byte trailerBuffer[] = { 255,255,255,255,255,255,  0,0,0,  0,
```

```
255,255,255,255,255,255}; //保持默认 Key

// g1=6 => 将块 5 的访问条件设置为 6 即 110
// g2=6 => 将块 6 的访问条件设置为 6 即 110
// g3=3 => 将块 7 的访问条件设置为 3 即 011
mfrc522.MIFARE_SetAccessBits(&trailerBuffer[6], 0, 6, 6, 3);

//读取随附信息组
Serial.println("Reading sector trailer...");
byte buffer[18];
byte size = sizeof(buffer);
status = mfrc522.MIFARE_Read(trailerBlock, buffer, &size);
if (status != MFRC522::STATUS_OK) {
    Serial.print("MIFARE_Read() failed: ");
    Serial.println(mfrc522.GetStatusCodeName(status));
    return;
}

//根据判断结果写入新的随附信息组
if (    buffer[6] != trailerBuffer[6]
    &&  buffer[7] != trailerBuffer[7]
    &&  buffer[8] != trailerBuffer[8]) {
    Serial.println("Writing new sector trailer...");
    status = mfrc522.MIFARE_Write(trailerBlock, trailerBuffer, 16);
    if (status != MFRC522::STATUS_OK) {
        Serial.print("MIFARE_Write() failed: ");
        Serial.println(mfrc522.GetStatusCodeName(status));
        return;
    }
}

//使用 Key B 进行验证
Serial.println("Authenticating again using key B...");
status = mfrc522.PCD_Authenticate(MFRC522::PICC_CMD_MF_AUTH_KEY_B,
trailerBlock, &key, &(mfrc522.uid));
if (status != MFRC522::STATUS_OK) {
    Serial.print("PCD_Authenticate() failed: ");
    Serial.println(mfrc522.GetStatusCodeName(status));
    return;
}

//判断数据是否符合值块格式
formatBlock(valueBlockA);
formatBlock(valueBlockB);

//对值块进行加 1 操作并将结果存储
Serial.print("Adding 1 to value of block "); Serial.println
(valueBlockA);
status = mfrc522.MIFARE_Increment(valueBlockA, 1);
if (status != MFRC522::STATUS_OK) {
    Serial.print("MIFARE_Increment() failed: ");
    Serial.println(mfrc522.GetStatusCodeName(status));
    return;
}
status = mfrc522.MIFARE_Transfer(valueBlockA);
if (status != MFRC522::STATUS_OK) {
```

```
        Serial.print("MIFARE_Transfer() failed: ");
        Serial.println(mfrc522.GetStatusCodeName(status));
        return;
    }

    //输出操作后的结果
    mfrc522.PICC_DumpMifareClassicSectorToSerial(&(mfrc522.uid),   &key,
sector);

    //将卡片状态设置为 Halt
    mfrc522.PICC_HaltA();

    //停止加密传输
    mfrc522.PCD_StopCrypto1();
}

// formatBlock()函数的实现部分，实现判断数据块中的数据是否符合值块格式，如果不符合则
重新组织并写入
void formatBlock(byte blockAddr) {
    Serial.print("Reading block "); Serial.println(blockAddr);
    byte buffer[18];
    byte size = sizeof(buffer);
    byte status = mfrc522.MIFARE_Read(blockAddr, buffer, &size);
    if (status != MFRC522::STATUS_OK) {
        Serial.print("MIFARE_Read() failed: ");
        Serial.println(mfrc522.GetStatusCodeName(status));
        return;
    }
    if (    (buffer[0] == (byte)~buffer[4])
        &&  (buffer[1] == (byte)~buffer[5])
        &&  (buffer[2] == (byte)~buffer[6])
        &&  (buffer[3] == (byte)~buffer[7])
        &&  (buffer[0] == buffer[8])
        &&  (buffer[1] == buffer[9])
        &&  (buffer[2] == buffer[10])
        &&  (buffer[3] == buffer[11])
        &&  (buffer[12] == (byte)~buffer[13])
        &&  (buffer[12] == buffer[14])
        &&  (buffer[12] == (byte)~buffer[15])) {
        Serial.println("Block has correct Block Value format.");
    }
    else {
        Serial.println("Writing new value block...");
        byte  valueBlock[]  =  {  0,0,0,0,    255,255,255,255,    0,0,0,0,
blockAddr,~blockAddr,blockAddr,~blockAddr };
        status = mfrc522.MIFARE_Write(blockAddr, valueBlock, 16);
        if (status != MFRC522::STATUS_OK) {
            Serial.print("MIFARE_Write() failed: ");
            Serial.println(mfrc522.GetStatusCodeName(status));
        }
    }
}
```

将以上代码下载到 Arduino 开发板并正确连接电路后，打开串口监视器，将 RFID 应答器（MIFARE 1KB 智能卡）靠近 RFID 读/写器，并持续到串口监视器不再输出数据后移开卡片。串口监视器中会将智能卡的 UID、类型，以及执行加操作后的结果显示出来，如

图 13.5 所示。

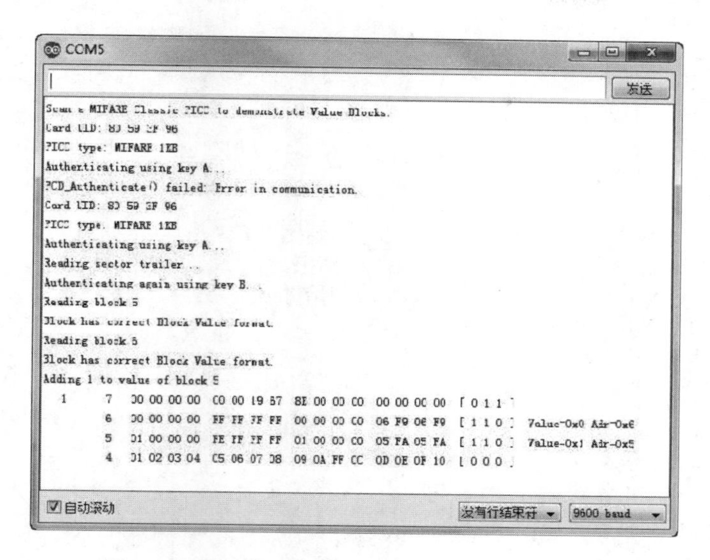

图 13.5　对值块 5 中的值进行加 1 后的执行结果

图中所示扇区 1 的内容如下：

```
Adding 1 to value of block 5
  1      7   00 00 00 00  00 00 19 67  8E 00 00 00  00 00 00 00  [ 0 1 1 ]
         6   00 00 00 00  FF FF FF FF  00 00 00 00  06 F9 06 F9  [ 1 1 0 ]
         Value=0x0 Adr=0x6
         5   01 00 00 00  FE FF FF FF  01 00 00 00  05 FA 05 FA  [ 1 1 0 ]
         Value=0x1 Adr=0x5
```

从以上内容可以得知两点重要的信息：

- 由于访问位的改变，Key B 不再被输出；
- 块 5 中的值为 1。

为了验证程序的正确性，再次将卡片靠近读写器进行一次加 1 操作，则扇区 1 中块 5 的内容如下：

```
5   02 00 00 00  FD FF FF FF  02 00 00 00  05 FA 05 FA  [ 1 1 0 ]  Value=0x2
Adr=0x5
```

可以看到，其中的数值已经由 1 变为了 2。当然如果需要进行减操作也是非常容易的，只需要将代码中的 MIFARE_Increment()函数修改为 MIFARE_Decrement()函数即可。

13.3.4　操作 RFID 应答器读写块

RFID 应答器读写块的操作在 rfid 库的帮助下变得非常简单。该库提供了非常简单的 MIFARE_Read()函数和 MIFARE_Write()函数来完成读取和写入的功能。下面的示例中调用 MIFARE_Write()函数将 1、2、3、4、5、6、7、8、9、10、255、12、13、14、15、16 写入到第 1 个扇区的第 0 块中，然后使用 MIFARE_Read()函数读取该块的值并进行判断操作结果。

【示例 13-3】 以下代码演示对 RFID 应答器的数据块进行读写操作。

```
#include <SPI.h>
#include <MFRC522.h>

#define SS_PIN 10
#define RST_PIN 9

MFRC522 mfrc522(SS_PIN, RST_PIN);         //创建 MFRC522 的实例

void setup() {
        Serial.begin(9600);         //初始化串口通信
        SPI.begin();                //初始化 SPI 总线
        mfrc522.PCD_Init();         //初始化读/写器
        Serial.println("Scan a MIFARE Classic PICC to demonstrate Value
        Blocks.");
}

void loop() {
        //将 Key 值都设置为 FFFFFFFFFFFFh
        MFRC522::MIFARE_Key key;
        for (byte i = 0; i < 6; i++) {
                key.keyByte[i] = 0xFF;
        }

        //等待新卡的到来
        if ( ! mfrc522.PICC_IsNewCardPresent()) {
                return;
        }

        //选择一个卡进行操作
        if ( ! mfrc522.PICC_ReadCardSerial()) {
                return;
        }

        //选择一个新卡并输出 UID
        Serial.print("Card UID:");
        for (byte i = 0; i < mfrc522.uid.size; i++) {
                Serial.print(mfrc522.uid.uidByte[i] < 0x10 ? " 0" : " ");
                Serial.print(mfrc522.uid.uidByte[i], HEX);
        }
        Serial.println();

        //输出卡片类型
        byte piccType = mfrc522.PICC_GetType(mfrc522.uid.sak);
        Serial.print("PICC type: ");
        Serial.println(mfrc522.PICC_GetTypeName(piccType));
        if (        piccType != MFRC522::PICC_TYPE_MIFARE_MINI
                &&        piccType != MFRC522::PICC_TYPE_MIFARE_1K
                &&        piccType != MFRC522::PICC_TYPE_MIFARE_4K) {
                //Serial.println("This sample only works with MIFARE Classic
                cards.");
                return;
        }

        //该示例在第二个扇区的基础上进行操作
        byte sector         = 1;
        byte valueBlockA    = 4;
        byte valueBlockB    = 5;
        byte valueBlockC    = 6;
        byte trailerBlock   = 7;
        byte status;
```

```
    //使用 Key A 进行验证
    Serial.println("Authenticating using key A...");
    status = mfrc522.PCD_Authenticate(MFRC522::PICC_CMD_MF_AUTH_KEY_A,
    trailerBlock, &key, &(mfrc522.uid));
    if (status != MFRC522::STATUS_OK) {
            Serial.print("PCD_Authenticate() failed: ");
            Serial.println(mfrc522.GetStatusCodeName(status));
            return;
    }

    //使用 Key B 进行验证
    Serial.println("Authenticating again using key B...");
    status = mfrc522.PCD_Authenticate(MFRC522::PICC_CMD_MF_AUTH_KEY_B,
    trailerBlock, &key, &(mfrc522.uid));
    if (status != MFRC522::STATUS_OK) {
            Serial.print("PCD_Authenticate() failed: ");
            Serial.println(mfrc522.GetStatusCodeName(status));
            return;
    }

    //向块 4 写入新值
    Serial.println("Writing new value block A(4) : the first of the sector
    TWO ");
            byte value1Block[] = { 1,2,3,4,  5,6,7,8, 9,10,255,12,
            13,14,15,16,   valueBlockA,~valueBlockA,valueBlockA,~
            valueBlockA };
            status = mfrc522.MIFARE_Write(valueBlockA, value1Block, 16);
            if (status != MFRC522::STATUS_OK) {
                    Serial.print("MIFARE_Write() failed: ");
                    Serial.println(mfrc522.GetStatusCodeName(status));
            }
    Serial.println("Read block A(4) : the first of the sector TWO");
    byte buffer[18];
    byte size = sizeof(buffer);
    //读取块的内容并输出
    status = mfrc522.MIFARE_Read(valueBlockA, buffer, &size);
    Serial.print("Byte : 0 Value :");
    Serial.println(buffer[0]);
    Serial.print("Byte : 1 Value :");
    Serial.println(buffer[1]);
    Serial.print("Byte : 2 Value :");
    Serial.println(buffer[2]);
    Serial.print("Byte : 3 Value :");
    Serial.println(buffer[3]);
    Serial.print("Byte : 4 Value :");
    Serial.println(buffer[4]);
    Serial.print("Byte : 5 Value :");
    Serial.println(buffer[5]);
    Serial.print("Byte : 6 Value :");
    Serial.println(buffer[6]);
    Serial.print("Byte : 7 Value :");
    Serial.println(buffer[7]);
    Serial.print("Byte : 8 Value :");
```

```
        Serial.println(buffer[8]);
        Serial.print("Byte : 9 Value :");
        Serial.println(buffer[9]);
        Serial.print("Byte :10 Value :");
        Serial.println(buffer[10]);
        Serial.print("Byte :11 Value :");
        Serial.println(buffer[11]);
        Serial.print("Byte :12 Value :");
        Serial.println(buffer[12]);
        Serial.print("Byte :13 Value :");
        Serial.println(buffer[13]);
        Serial.print("Byte :14 Value :");
        Serial.println(buffer[14]);
        Serial.print("Byte :15 Value :");
        Serial.println(buffer[15]);
        if (
        buffer[0]  == 1   &&
        buffer[1]  == 2   &&
        buffer[2]  == 3   &&
        buffer[3]  == 4   &&
        buffer[4]  == 5   &&
        buffer[5]  == 6   &&
        buffer[6]  == 7   &&
        buffer[7]  == 8   &&
        buffer[8]  == 9   &&
        buffer[9]  == 10  &&
        buffer[10] == 255 &&
        buffer[11] == 12  &&
        buffer[12] == 13  &&
        buffer[13] == 14  &&
        buffer[14] == 15  &&
        buffer[15] == 16
        ){
        //成功后输出确认信息
        Serial.println("Read block A(4) : the first of the sector TWO :
        success");
        Serial.println(":-)");
        }else{
        //失败后输出否认信息
        Serial.println("Read block A(4) : the first of the sector TWO : no
        match - write don't work fine ");
        Serial.println(":-( ");
        }
        //将卡片设置为非激活状态
        mfrc522.PICC_HaltA();
        //停止加密传输
        mfrc522.PCD_StopCrypto1();
}
```

将以上代码下载到 Arduino 开发板并正确连接电路后，打开串口监视器，将 RFID 应答器（MIFARE 1KB 智能卡）靠近 RFID 读/写器并持续到串口监视器不再输出数据后移开卡片。串口监视器中会显示智能卡的 UID、类型正在执行的操作，以及操作后的结果，如

图 13.6 所示。

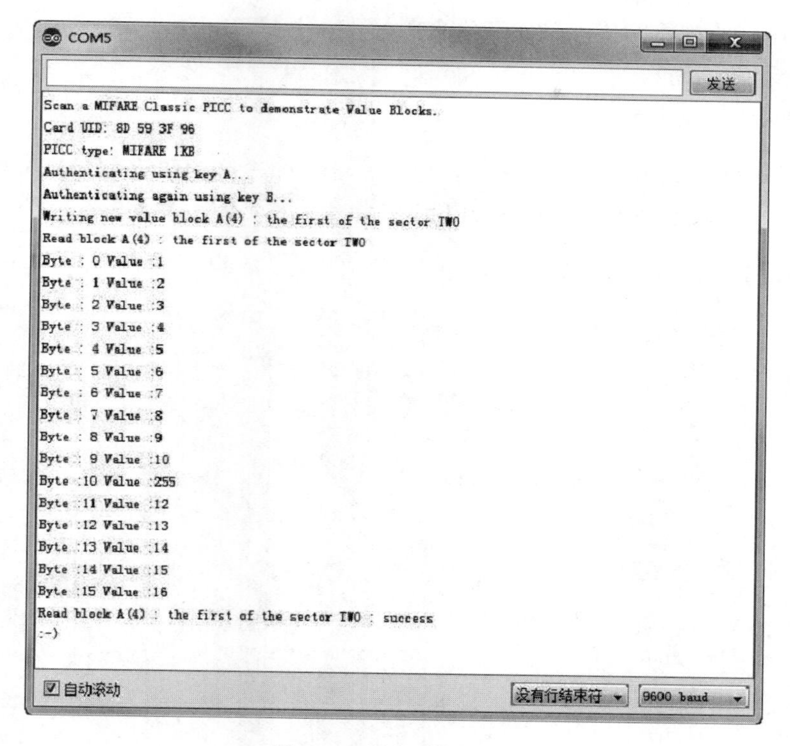

图 13.6　数据块的读写

图中输出的最后一行内容为：

```
Read block A(4) : the first of the sector TWO : success
:-)
```

这就表明了对该块的写操作是成功的。这里只是为读者演示写入一些数字，从技术上来说写入一些字符的过程与之是完全相同的（只需要将数值与 ASCII 码对应即可），但是这并没有实际的应用意义，因此在这里就不做具体的演示。

13.4　简易公交收缴费系统

RFID 在生活中最常见的应用就是在公共交通领域，其实现原理非常简单：在充值中心使用密钥进行充值；在公交车上使用密钥进行扣费。下面的【示例 13-4】和【示例 13-5】分别实现缴费系统和收费系统。缴费系统的实现要比收费系统复杂一些，它需要在充值前验证卡中的数据是否符合值块的存储格式、充值确认等操作，而收费系统只需要通过密钥对值块进行减操作即可。

13.4.1　缴费系统

缴费系统的实现思路如下：

- 使用 Key B 进行验证；
- 根据串口监视器的提示输入充值金额；
- 确认充值金额；
- 充值成功，显示余额。

注意：为了避免造成不必要的损失，实例程序并不会修改密钥（Key A 或 Key B），均使用出厂设置的 FFFFFFFFFFFFh。

【示例 13-4】 以下代码实现缴费系统。

```
#include <SPI.h>
#include <MFRC522.h>

#define SS_PIN 10
#define RST_PIN 9

MFRC522 mfrc522(SS_PIN, RST_PIN);                        //创建 MFRC522 的实例

void setup() {
  Serial.begin(9600);                                    //初始化串口
  SPI.begin();                                           //初始化 SPI 总线
  mfrc522.PCD_Init();                                    //初始化读/写器
  Serial.println("Public transport payment system.");//输出缴费系统提示信息
}

void loop() {
  int amount=0;
  char yon;

  //等待卡片到来
  if ( ! mfrc522.PICC_IsNewCardPresent()) {
    return;
  }

  //选择一个卡片进行操作
  if ( ! mfrc522.PICC_ReadCardSerial()) {
    return;
  }

  //输出 UID
  Serial.print("Card UID:");
  for (byte i = 0; i < mfrc522.uid.size; i++) {
    Serial.print(mfrc522.uid.uidByte[i] < 0x10 ? " 0" : " ");
    Serial.print(mfrc522.uid.uidByte[i], HEX);
  }
  Serial.println();

  //输出卡片类型
  byte piccType = mfrc522.PICC_GetType(mfrc522.uid.sak);
  Serial.print("PICC type: ");
  Serial.println(mfrc522.PICC_GetTypeName(piccType));
  if (  piccType != MFRC522::PICC_TYPE_MIFARE_1K) {
    Serial.println("Don not works with this cards.");
    return;
  }

  //设置密钥变量为 FFFFFFFFFFFFh
```

```
  MFRC522::MIFARE_Key key;
  for (byte i = 0; i < 6; i++) {
    key.keyByte[i] = 0xFF;
  }

  //使用卡片的第 5 个数据块
  byte valueBlockA  = 5;
  byte status;

  //使用 Key B 进行验证
  status = mfrc522.PCD_Authenticate(MFRC522::PICC_CMD_MF_AUTH_KEY_B,
  valueBlockA, &key, &(mfrc522.uid));
  if (status != MFRC522::STATUS_OK) {
   Serial.println("Failed,please try again.");
   return;
  }

  //验证 5 数据块的数据是否符合值块的规范
  formatBlock(valueBlockA);

  //输出充值提示信息
  Serial.print("Please enter the top-up amount:");
  while(1)
    if (Serial.available() > 0){
     amount=Serial.parseInt();
     break;
    }
  Serial.println(amount);

  //确认充值金额
  Serial.print("Top-up amount:");
  Serial.print(amount);
  Serial.println(".");
  Serial.print("Please confirm(Y/N):");
  while(1)
    if (Serial.available() > 0){
     yon=Serial.read();
     break;
}

  if(yon=='Y'||yon=='y'){
    //确认后进行充值
    Serial.println("Y");
    Serial.print("Top-up amount:");
    Serial.println(amount);
    status = mfrc522.MIFARE_Increment(valueBlockA, amount);
    if (status != MFRC522::STATUS_OK) {
     Serial.println("Failed,please try again.");
     return;
    }
    status = mfrc522.MIFARE_Transfer(valueBlockA);
    if (status != MFRC522::STATUS_OK) {
     Serial.println("Failed,please try again.");
     return;
    }
  }
  else{
   Serial.println("Top-up failed");
   return;
  }
```

```
  byte buffer[18];
  byte size = sizeof(buffer);

  //读取并输出余额
  status = mfrc522.MIFARE_Read(valueBlockA, buffer, &size);
  long value = (long(buffer[3])<<24) | (long(buffer[2])<<16) |
  (long(buffer[1])<<8) | long(buffer[0]);
  Serial.println("Success!");
  Serial.print("Balance:");
  Serial.print(value, DEC);
  //改变卡片激活状态
  mfrc522.PICC_HaltA();
  //停止加密传输
  mfrc522.PCD_StopCrypto1();
}

//数据块格式检测函数的实现
void formatBlock(byte blockAddr) {
  Serial.print("Reading block ");
  Serial.println(blockAddr);
  byte buffer[18];
  byte size = sizeof(buffer);
  byte status = mfrc522.MIFARE_Read(blockAddr, buffer, &size);
  if (status != MFRC522::STATUS_OK) {
    Serial.println("Failed,please try again.");
    return;
  }
  if (  (buffer[0] == (byte)~buffer[4])
    &&  (buffer[1] == (byte)~buffer[5])
    &&  (buffer[2] == (byte)~buffer[6])
    &&  (buffer[3] == (byte)~buffer[7])
    &&  (buffer[0] == buffer[8])
    &&  (buffer[1] == buffer[9])
    &&  (buffer[2] == buffer[10])
    &&  (buffer[3] == buffer[11])
    &&  (buffer[12] == (byte)~buffer[13])
    &&  (buffer[12] ==       buffer[14])
    &&  (buffer[12] == (byte)~buffer[15])) {
    Serial.println("Block has correct Block Value format.");
  }
  else {
    Serial.println("Writing new value block...");
    byte valueBlock[] = {
     0,0,0,0,  255,255,255,255,  0,0,0,0,   blockAddr,~blockAddr,
     blockAddr,~blockAddr};
    status = mfrc522.MIFARE_Write(blockAddr, valueBlock, 16);
    if (status != MFRC522::STATUS_OK) {
      Serial.print("MIFARE_Write() failed: ");
      Serial.println(mfrc522.GetStatusCodeName(status));
    }
  }
}
```

将以上代码下载到 Arduino 开发板后，打开串口监视器，在看到输出 Public transport payment system.提示信息后即可将卡片放在读/写器上进行充值了。一套完整的缴费流程如

图 13.7 所示。

图 13.7 缴费系统完整流程

如图 13.7 中所示，缴费系统为该卡片缴费 100 元。

13.4.2 收费系统

收费系统的实现非常简单，思路如下：

- ❑ 使用密钥进行验证；
- ❑ 执行扣费操作；
- ❑ 输出余额。

【示例 13-5】 以下代码实现收费系统。

```
#include <SPI.h>
#include <MFRC522.h>

#define SS_PIN 10
#define RST_PIN 9

MFRC522 mfrc522(SS_PIN, RST_PIN);        //创建 MFRC522 的实例

void setup() {
  Serial.begin(9600);                    //初始化串口
  SPI.begin();                           //初始化 SPI 总线
  mfrc522.PCD_Init();                    //初始化读/写器
  Serial.println("Public transport charge system.");//输出收费系统提示信息
}

void loop() {
  //等待卡片到来
  if ( ! mfrc522.PICC_IsNewCardPresent()) {
    return;
  }

  //选择一个卡片进行操作
  if ( ! mfrc522.PICC_ReadCardSerial()) {
    return;
  }
```

```
  //获取卡片类型，并判断是否为合法卡片类型
  byte piccType = mfrc522.PICC_GetType(mfrc522.uid.sak);
  if (  piccType != MFRC522::PICC_TYPE_MIFARE_MINI
    &&  piccType != MFRC522::PICC_TYPE_MIFARE_1K
    &&  piccType != MFRC522::PICC_TYPE_MIFARE_4K) {
    Serial.println("Don not works with this cards.");
    return;
  }

  //将密钥值设置为 FFFFFFFFFFFFh
  MFRC522::MIFARE_Key key;
  for (byte i = 0; i < 6; i++) {
    key.keyByte[i] = 0xFF;
  }

  //操作数据块 5
  byte valueBlockA  = 5;
  byte status;

  //使用 Key B 进行验证
  status = mfrc522.PCD_Authenticate(MFRC522::PICC_CMD_MF_AUTH_KEY_B,
  valueBlockA, &key, &(mfrc522.uid));
  if (status != MFRC522::STATUS_OK) {
    Serial.print("Failed,please try again.");
    return;
  }

  //执行扣费操作（此处金额为 1）
  status = mfrc522.MIFARE_Decrement(valueBlockA, 1);
  if (status != MFRC522::STATUS_OK) {
    Serial.print("Failed,please try again.");
    return;
  }
  status = mfrc522.MIFARE_Transfer(valueBlockA);
  if (status != MFRC522::STATUS_OK) {
    Serial.print("Failed,please try again.");
    return;
  }
  byte buffer[18];
  byte size = sizeof(buffer);

  //读取余额并输出
  status = mfrc522.MIFARE_Read(valueBlockA, buffer, &size);
  long value=(long(buffer[3])<<24) | (long(buffer[2])<<16) |
  (long(buffer[1])<<8) | long(buffer[0]);
  Serial.println("Success!");
  Serial.print("Balance:");
  Serial.println(value, DEC);

  //修改卡片激活状态
  mfrc522.PICC_HaltA();

  //停止加密传输
  mfrc522.PCD_StopCrypto1();
}
```

通常情况下扣费信息是显示在交通工具读卡器的 LED 上的，上面的示例代码将其输出到了串口监视器中。将以上代码下载到 Arduino 开发板后打开串口监视器，等待输出 Public transport charge system.

提示信息后即可进行刷卡操作。如图 13.8 所示为刷卡 5 次后的结果。

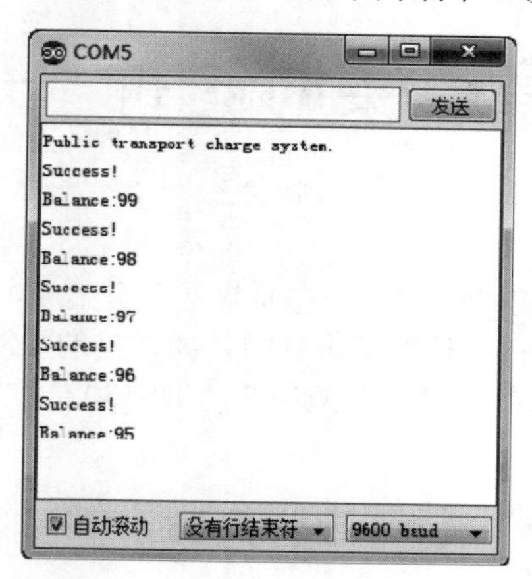

图 13.8　刷卡收费 5 次后的结果

可以看到在刷卡 5 次后余额为 95 元。以上收缴费系统看起来工作得非常好，但是也有不足之处，例如不能根据卡片类型（例如学生卡、老年卡）进行扣费等，这些功能实现非常简单，这里就不再举例演示。

第14章　实时时钟——RTC

RTC（real-time clock，实时时钟），它通常是一个集成电路，它的作用就是用来保持正确的时间。RTC广泛应用在各种电子设备中，如常见的PC、移动电话、GPS设备，以及电子日历等。在本章中，将以RTC典型的芯片DS1302为主进行介绍实时时钟的应用。

14.1　RTC简介

RTC就是一个电脑时钟，更通俗地说是一个集成电路，它可以保持一个正确的时间。在GPS接收器上，它可以通过与当前时间进行比较，从而缩短初始化的时间，而当前时间就是由RTC维持的。

1．RTC的优点

虽然保持时间不一定必须使用RTC，但是RTC有它独到的优点：

- 功耗小，这对于使用备用电源的系统来说非常重要；
- 释放时序要求严格会话的主系统，这可以使得主系统专心处理会话而不需要维持时钟；
- 比其他方式更加精确。

RTC集成电路的功耗都设计得非常小，并且通常备有一个可以涓流充电的备用电池。在主电源不可用的时候，备用电池可以保证RTC正常计时。这样，在切断电源后就算封存很久，RTC仍然能保持正确的时间。

2．RTC的技术实现

大多数RTC使用的是晶体振荡器，也有一些使用的是通用频率（Utility frequency）。RTC使用的晶体振荡器的频率是32.768kHz，这个频率也用在石英钟和手表中。这个频率正好是每秒2^{15}个周期，所以这个周期可以方便地被二进制计数器电路使用。

3．常见的RTC芯片

现在流行的RTC芯片有DS1302、DS1307、PCF8485、DS3231、DS3232、DS3234、DS32B35等。这些芯片由于接口简单、价格低廉、使用方便的特点而被广泛采用。在本章中将以DS1302为主体进行介绍。

14.2　DS1302集成电路

DS1302 是 DS1202 的继承者，它的封装非常小巧，但是功能却是非常强大的。如图

14.1 所示为 DIP 封装形式的 DS1302。

它共有 8 个针脚，各个针脚的功能如图 14.2 所示。

图 14.1　DIP 封装形式的 DS1302

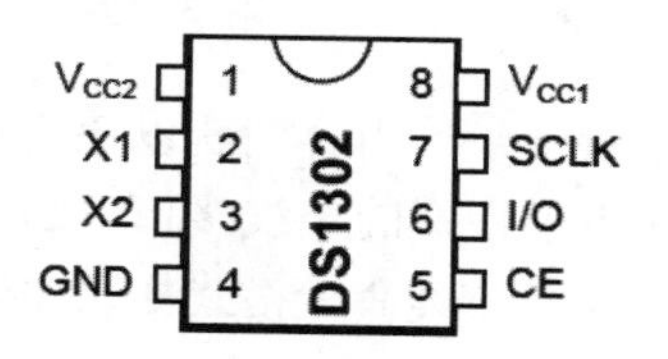

图 14.2　DS1302 针脚功能配置

其各个引脚的功能如下所述。

- ❑ V_{cc2}：接主电源，当 V_{cc2} 大于 V_{cc1}+0.2V 时驱动 DS1302；
- ❑ X1，X2：接标准 32.768kHz 石英晶振；
- ❑ GND：接地；
- ❑ CE：使能端，在读取操作过程中必须设置为高电平；
- ❑ I/O：双向数据针脚，在读写操作过程中传输数据；
- ❑ SCLK：时钟输入，用来在串行接口同步数据操作；
- ❑ V_{cc1}：接备用电源，当 V_{cc2} 小于 V_{cc1} 时驱动 DS1302。

就目前来说，读者可以非常容易地实现一个简单的计时器，但是 DS1302 必然有其特别之处，以下为 DS1302 的一些特性：

- ❑ 实时计数秒、分钟、小时、日、月、星期、年，以及自动补偿闰年；
- ❑ 31×8 电池备份的通用目的 RAM；
- ❑ 最少端口占用的串行 I/O；
- ❑ 2.0V~5.5V 操作电压范围；
- ❑ 在 2.0V 时有非常低的功耗；
- ❑ 读写时钟或者 RAM 时的数据传输可以是单比特或者多比特传输；
- ❑ 可以选择 8 脚 DIP 或 SO 封装形式；
- ❑ 简单的 3 线接口；
- ❑ TTL 兼容；
- ❑ DS1202 兼容。

一种典型的使用电路如图 14.3 所示。

对应的实际电路通常如图 14.4 所示。

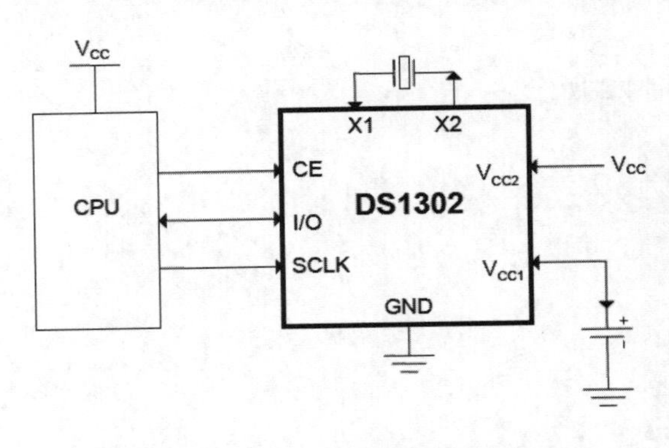

图 14.3　典型 DS1302 操作电路

图 14.4　DS1302 模块

在接下来的内容中就以该模块为基础进行讲解。DS1302 并不是使用标准的接口类型，而是使用了特殊的 3 线接口（CE、I/O、SCLK），配合其特定的命令格式可以实现非常高的传输效率。其命令格式如表 14.1 所示。

表 14.1　DS1302 命令比特

BIT 7	BIT 6	BIT 5	BIT 4	BIT 3	BIT 2	BIT 1	BIT 0
1	RAM $\overline{\text{CK}}$	A4	A3	A2	A1	A0	RD $\overline{\text{WR}}$

如表 14.1 所示，DS1302 的地址由 8 个比特构成，命令比特用来初始化每次数据传输。其各个比特说明如下。

- 比特 7（MSB）：必须为逻辑 1，如果为 0 则不允许对 DS1302 执行写操作；
- 比特 6：指定操作的数据，为逻辑 0 时为时钟/日历数据，为逻辑 1 时为 RAM 数据；
- 比特 1~5：要操作的寄存器地址；
- 比特 0：指定要执行的操作，为逻辑 0 时为写操作，为逻辑 1 时为读操作。

14.3　DS1302 工作原理

DS1302 的数据传输是从比特 0（LSB）开始的。下面再针对 DS1302 的一些操作进行简单的介绍，这样可以让读者完全理解各个操作过程，使得使用第三方库时更加得心应手，甚至完全有能力实现自己的 DS1302 库。

14.3.1　CE 和时钟控制

CE 输入在高电平的时候初始化所有数据操作，它有如下两个功能。

- 打开控制逻辑：允许访问移位寄存器；
- 终止能力：可以终止单位和多位数据传输。

一个时钟周期是一个上升沿接着下降沿的序列，如图 14.5 所示。对于数据输入，数据位在时钟的上升过程中必须是有效的，数据位将在时钟的下降沿输出。如果 CE 输入为低电平，则所有数据传输均终止并且 I/O 端口变为高阻态。如图 14.6 所示为写操作的时序图，图 14.7 所示为读操作的时序图。

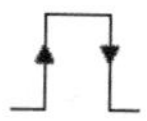

图 14.5　一个时钟周期

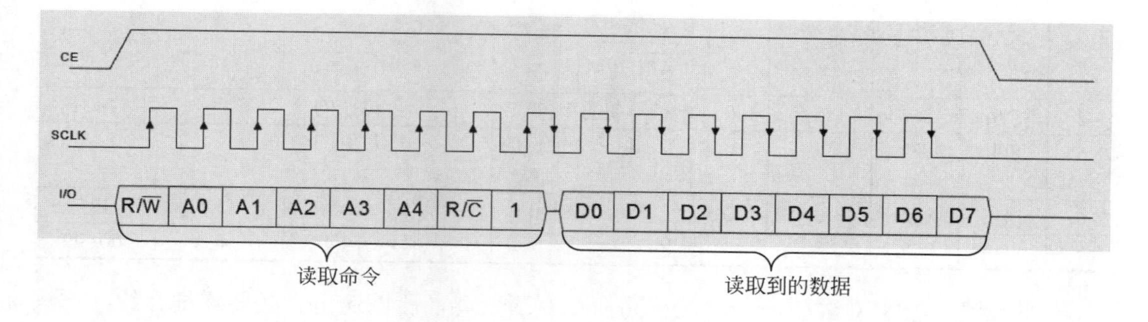

图 14.6　读操作时序图

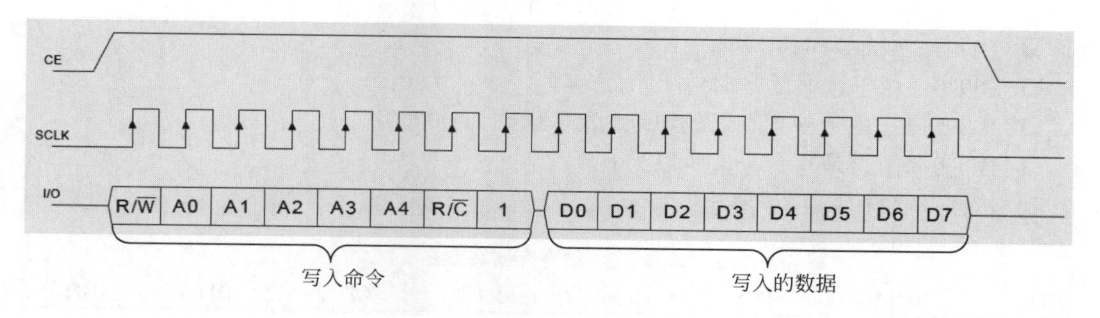

图 14.7　写操作时序图

14.3.2　数据输入和输出

在数据输入之前，首先通过 8 个 SCLK 周期输入写命令，在接下来 8 个 SCLK 周期的上升沿将 1 比特的数据输入。多余的 SCLK 周期将被忽略，而且数据输入是从 BIT 0 开始的。

在数据输出之前，首先通过 8 个 SCLK 周期输入读命令，在接下来 8 个 SCLK 周期的下降沿将 1 比特的数据输出。与数据输入不同的是，只要 CE 端保持为高电平，则多余的 SCLK 周期会将数据重新传输。这就使得数据具有通过连续的突发模式（见下文）被读取的能力，数据传输仍然是从 BIT0 开始的。

14.3.3　时钟/日历

时间和日期信息可以通过读取指定寄存器获得。如表 14.2 所示为 DS1302 的寄存器，以及相应的读写命令。

表 14.2　DS1302 的时钟/日历寄存器，以及读写命令

地址	读命令	写命令	BIT 7	BIT 6	BIT 5	BIT 4	BIT 3	BIT 2	BIT 1	BIT 0	取值范围
0	81h	80h	CH	秒数的十位			秒的个位				00~59
1	83h	82h		分钟数的十位			分钟数的个位				00~59
2	85h	84h	12/$\overline{24}$	0	小时的十位	小时的十位	小时的个位				1~12/0~23
3					$\overline{AM}$/PM						
4	87h	86h	0	0	日期的十位		日期的个位				1~31
5	89h	88h	0	0	0	月份的十位	月份的个位				1~12
6	8Bh	8Ah	0	0	0	0	0	周			1~7
7	8Dh	8Ch	年的十位				年的个位				00~99

一些读者可能会对表中所列出的读写命令有所疑惑，所以这里有必要详细介绍一下读写命令。这里以写秒寄存器为例，秒寄存器的写命令是 80h。很多读者一定会对此不解，其实它与我们前面介绍的命令格式是完全对应的。不妨将命令格式与 80h 做一下对应：

- BIT 7：必须为 1；
- BIT 6：由于读写的是时钟/日历寄存器，因此为 0；
- BIT 5~1：由于秒寄存器的地址为 0，因此为 00000；
- BIT 0：由于是写命令，所以为 0。

那么对应结果如表 14.3 所示。

表 14.3　秒寄存器写命令

BIT 7	BIT 6	BIT 5	BIT 4	BIT 3	BIT 2	BIT 1	BIT 0
1	RAM / $\overline{CK}$	A4	A3	A2	A1	A0	RD / $\overline{WR}$
1	0	0	0	0	0	0	0

由 14.3 表可知：对秒寄存器执行写操作的二进制命令为 10000000，也就对应十六进制的 80h，其他命令的分析方法与之完全相同。表 14.3 中有一个特殊的位 CH（clock halt，时钟停止）的缩写，如果设置为逻辑 1，时钟振荡器停止震荡并且 DS1302 进入低电压待机模式；如果设置为 0，则时钟继续计时。

时钟和日期信息可以通过向指定寄存器写入数据来初始化和设置。时钟/日历寄存器使用的数据是 BCD 格式的。所谓 BCD 码，就是使用 4 位二进制码的组合来表示十进制的 0~10。4 位二进制码可以有 16 种组合，那么就会导致有 6 种组合不被使用。如表 14.4 所示为 BCD 码表。

表 14.4　BCD码表

十进制	4 位二进制码			
	BIT 3	BIT 2	BIT 1	BIT 0
0	0	0	0	0
1	0	0	0	1
2	0	0	1	0
3	0	0	1	1

续表

十进制	4 位二进制码			
4	0	1	0	0
5	0	1	0	1
6	0	1	1	0
7	0	1	1	1
8	1	0	0	0
9	1	0	0	1

例如，如果想要将 36 写入秒寄存器，那么对应表 BCD 码表其值应该为 00110110，即十六进制的 36h。

14.3.4　写保护寄存器

写保护寄存器用于控制对时钟或者 RAM 寄存器的写操作，该寄存器的地址为 8。如表 14.5 所示为写保护寄存器的操作命令及需要的数据。

表 14.5　写保护寄存器

地址	读命令	写命令	BIT 7	BIT 6	BIT 5	BIT 4	BIT 3	BIT 2	BIT 1	BIT 0	取值范围
8	8Fh	8Eh	WP	0	0	0	0	0	0	0	-

其中，位 WP（write-protect）为写保护位，在对时钟或者 RAM 寄存器执行写操作之前，WP 位必须设置为 0，如果设置为 1，则对任何其他寄存器的写操作均被禁止。

14.3.5　RAM 寄存器

静态 RAM 是 RAM 地址空间中的 31bytes 的连续地址空间。

14.3.6　涓流充电寄存器

涓流充电寄存器控制的是 DS1302 的涓流充电特性，其详细位表示如表 14.6 所示。

表 14.6　涓流充电寄存器

地址	读命令	写命令	**BIT 7**	**BIT 6**	**BIT 5**	**BIT 4**	**BIT 3**	**BIT 2**	**BIT 1**	**BIT 0**	取值范围
9	91h	90h	TCS	TCS	TCS	TCS	DS	DS	DS	DS	-

其中，涓流充电选择（trickle-charge select，TCS）位（BIT 4~BIT 7）控制涓流充电的选择。为了避免意外的允许，只有模式 1010 允许涓流充电；二极管选择（diode select，DS）位（BIT 2~BIT 3）用来选择连接在 V_{CC2} 和 V_{CC1} 之间的二极管个数。如果 DS 为 01，就选择一个，如果为 02，则选择两个，如果 DS 为 00 或者 11，那么不管 TCS 如何设置涓流充电都将被禁止；电阻选择（resistor select，RS）位（BIT 0~BIT 1）用来选择连接在 VCC2 和 VCC1 之间的电阻器。涓流充电寄存器各个位的组合方式及说明如表 14.7 所示。

表 14.7　涓流充电电阻器和二极管选择

TCS BIT 7	TCS BIT 6	TCS BIT 5	TCS BIT 4	DS BIT 3	DS BIT 2	RS BIT 1	RS BIT 0	功能
X	X	X	X	X	X	0	0	不允许
X	X	X	X	0	0	X	X	不允许
X	X	X	X	1	1	X	X	不允许
1	0	1	0	0	1	0	1	1 二极管，2kΩ
1	0	1	0	0	1	1	0	1 二极管，4kΩ
1	0	1	0	0	1	1	1	1 二极管，8kΩ
1	0	1	0	1	0	0	1	2 二极管，2kΩ
1	0	1	0	1	0	1	0	2 二极管，4kΩ
1	0	1	0	1	0	1	1	2 二极管，8kΩ
0	1	0	1	1	1	0	0	初始上电状态

涓流充电简略电路图如图 14.8 所示。

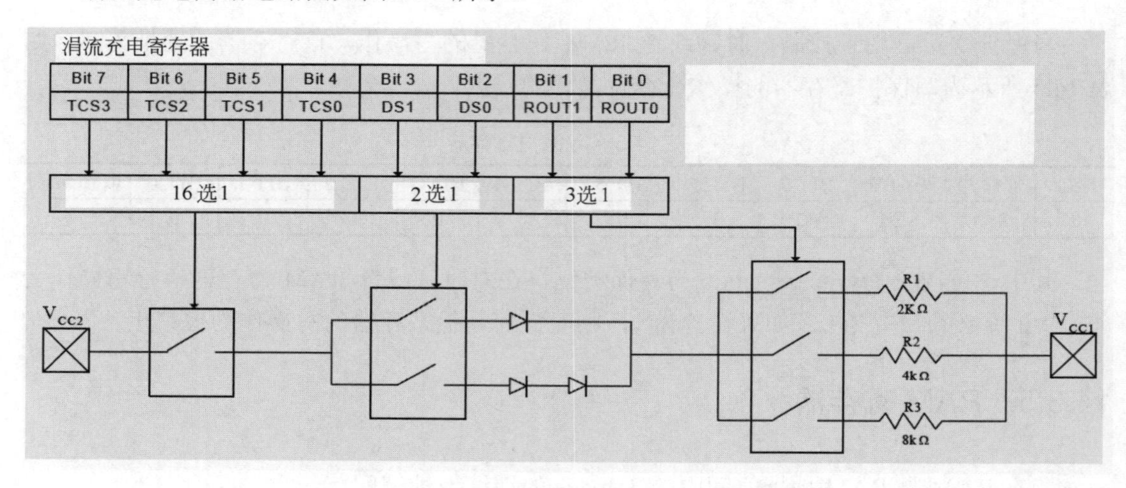

图 14.8　涓流充电电路

因为不同的备用电池可能需要不同的充电特性，所以通过修改涓流充电寄存器中的位就可以控制为 V_{CC1} 充电的电流。

14.4　寄存器的突发模式

突发模式可以通过将命令地址设置为十进制的 31（也就是将操作命令的 BIT 1~5 设为逻辑 1）来指定时钟/日历或者 RAM 寄存器。在这之前，需要通过 BIT 6 指定操作时钟或者 RAM；通过 BIT 0 来指定读或者写。

需要注意的是，时钟/日历寄存器的地址 9~31 和 RAM 寄存器的地址 31 是不能存储数据的。在突发模式下读写都是从地址 0 的 BIT 0 开始的。

在突发模式下写时钟寄存器时，前 8 个寄存器必须已经被写入了数据，否则可能导致数据无法传输。在写 RAM 寄存器的时候，并不是必须将所有 31byte 都传输进来，实际上不管所有 31 个 byte 是否已经完全写入，每当一个 byte 被写入后它就会被实时传输到 RAM 寄存器中。

1．时钟/日历突发模式

该模式通过时钟/日历命令比特指定，在这个模式下，前 8 个时钟/日历寄存器可以从地址 0 的 BIT 0 开始连续地读或者写，其读命令为 BFh，写命令为 BEh。

一个时钟突发读取模式开始后，当前的时间会被转移到第二组寄存器中。时间信息会从这组寄存器中读取，而时钟继续计时，这就避免了在读取过程中由于时间寄存器更新而执行重新读取的操作。

2．RAM突发模式

该模式通过 RAM 命令比特指定，在这个模式下，31 个 RAM 寄存器可以从地址 0 的第 0 位连续地读或者写。其读写命令及取值范围如表 14.8 所示。

表 14.8　RAM突发模式读、写命令

C1h	C0h	00-FFh
C3h	C2h	00-FFh
C5h	C4h	00-FFh
⋮	⋮	⋮
FDh	FCh	00-FFh

RAM 突发模式的读命令为 FFh，写命令为 FEh。

14.5　第三方库 ds1302

在上一节中详细介绍了 DS1302 的特性以及各种技术细节。本节中将基于前一节的理论知识来实现软件编码部分。这里使用的是在 14.2 节提到的基于 DS1302 的模块。这种模块只是在 DS1302 的基础上增加了一个外部晶振和一个后备电源。根据 14.1 节的知识，操作该模块的步骤可以分为以下几步：

- 关闭写保护；
- 关闭计时中断；
- 设置日期和时间；
- 读取和使用相关信息。

ds1302 库就为我们提供了以上的功能，该第三方库可以从 https://github.com/msparks/arduino-ds1302 得到。

14.5.1　ds1302 库简介

ds1302 库主要定义了 Time 和 DS1302 两个类。下面依次讲解这两个部分。

1. Time类

ds1302 库提供了 Time 类，该类详细表示了时间和日期，其构造函数如下：

```
Time(uint16_t yr, uint8_t mon, uint8_t date,
     uint8_t hr, uint8_t min, uint8_t sec,
     Day day);
```

其中，参数 yr 为年、mon 为月、date 为日、hr 为小时、min 为分钟、sec 为秒，day 为周。它是一个如下所示的枚举类型：

```
enum Day {
   kSunday    = 1,
   kMonday    = 2,
   kTuesday   = 3,
   kWednesday = 4,
   kThursday  = 5,
   kFriday    = 6,
   kSaturday  = 7
 };
```

那么如下所示的对象 t 就保存了 2014 年 3 月 11 日星期二 10 时 15 分 35 秒：

```
Time t(2014, 3, 11, 10, 15, 35, Time::kTuesday)
```

2. DS1302类

ds1302 库提供的主要类是 DS1302，其构造方法如下：

```
DS1302(uint8_t ce_pin, uint8_t io_pin, uint8_t sclk_pin)
```

其中，参数 ce_pin 为 CE 信号输入脚、io_pin 为 IO 脚、sclk_pin 为 SCLK 输入脚。此外，它还提供了如下的成员方法：

```
uint8_t readRegister(Register reg);                    //读取寄存器数据
void writeRegister(Register reg, uint8_t value);       //向寄存器写入数据
void writeProtect(bool enable);                        //写保护
void halt(bool value);                                 //计时中断

uint8_t seconds();                                     //返回秒
uint8_t minutes();                                     //返回分钟
uint8_t hour();                                        //返回小时
uint8_t date();                                        //返回日
uint8_t month();                                       //返回月
Time::Day day();                                       //返回周
uint16_t year();                                       //返回年

Time time();                                //以 Time 类的对象返回日期和时间

void seconds(uint8_t sec);                  //设置秒
void minutes(uint8_t min);                  //设置分钟
void hour(uint8_t hr);                      //设置小时
void date(uint8_t date);                    //设置日
void month(uint8_t mon);                    //设置月
void day(Time::Day day);                    //设置周
void year(uint16_t yr);                     //设置年
```

```
void time(Time t);         //以 Time 类的对象作为参数设置日期和时间
```

14.5.2　使用 ds1302 库设置日期和时间

下面就来使用 ds1302 库所提供的方法来设置实时时钟模块的日期和时间。首先，按照如图 14.9 所示的方式连接电路。

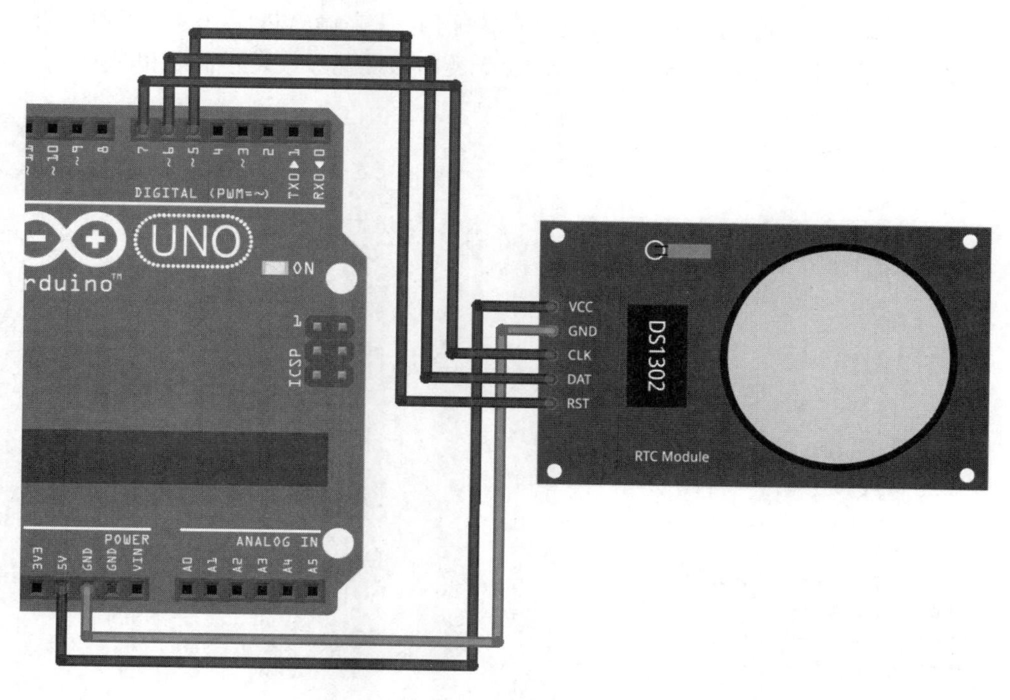

图 14.9　RTC 模块与 Arduino 连接图

DS1302 本来就只有 8 个针脚。在模块化之后，需要连接的针脚就进一步减少了。在如图 14.9 所示的电路中，除了电源线之外，DS1302 模块的 CLK 针脚连接在 Arduino7 号针脚、DAT 连接在 6 号针脚、RST 连接在 5 号针脚。

【示例 14-1】 下面的代码演示使用 time(Time t)方法来设置 RTC 模块的时间和日期。

```
#include <stdio.h>         //包含构造函数中要求的类型
#include <DS1302.h>        //导入 ds1302 库

int kCePin   = 5;          //使能针脚
int kIoPin   = 6;          //数据传输针脚
int kSclkPin = 7;          //SCLK 输入针脚

DS1302 rtc(kCePin, kIoPin, kSclkPin);       //创建 DS1302 类的一个对象

void setup() {
  rtc.writeProtect(false);  //关闭写保护
  rtc.halt(false);          //关闭终止计时位

  Time t(2014, 3, 10, 17, 06, 50, Time::kSunday);  //创建 Time 类的一个对象，
```

```
它存储时间和日期数据

  rtc.time(t);        //通过 Time 类的对象 t 设置日期和时间
}
void loop() {
  //loop 中不做任何操作
}
```

确认正确连接电路后将以上代码下载到 Arduino 开发板中，此时的时间和日期寄存器均已经设置为指定的数据，此时就可以通过【实例 14-2】来输出芯片中的时间和日期信息。

【实例 14-2】 下面的代码演示使用 DS1302 类单独设置函数设置日期和时间。

```
#include <stdio.h>
#include <DS1302.h>

int kCePin   = 5;                                //使能针脚
int kIoPin   = 6;                                //数据传输针脚
int kSclkPin = 7;                                //SLK 输入针脚

DS1302 rtc(kCePin, kIoPin, kSclkPin);            //创建 DS1302 类的一个对象

void setup() {
  rtc.writeProtect(false);                       //关闭写保护
  rtc.halt(false);                               //关闭终止计时位

  rtc.year(2014);                                //设置年
  rtc.month(3);                                  //设置月
  rtc.date(10);                                  //设置日
  rtc.day(Time::kSunday);                        //设置周
  rtc.hour(17);                                  //设置小时
  rtc.minutes(06);                               //设置分钟
  rtc.seconds(50);                               //设置秒
}

void loop() {
  //loop 中不做任何操作
}
```

该示例实现的功能与【示例 14-1】是完全相同的，但是使用的是单独的函数来分别设置日期和时间，这样做虽然多使用了几个函数，但是换来的是灵活性——可以根据自己的需求单独设置一个信息。再将该示例代码下载到 Arduino 开发板后，它就自动将芯片中的日期和时间设置为指定的数值，然后就可以通过【示例 14-3】进行查看验证。

14.5.3　使用 ds1302 库读取日期和时间

在经过前面两个示例的设置后，指定的时间已经被存储在对应的寄存器中，并且已经开始计时。与【示例 14-1】以及【示例 14-2】对应的，下面两个示例分别使用将当前时间作为对象返回的 time()方法和返回单独时间日期信息的方法读取并输出 RTC 模块中的时间。

【示例 14-3】 以下代码使用 time()方法获取 RTC 模块中的时间和日历信息，并通过串口输出到串口监视器。

```
#include <stdio.h>
#include <DS1302.h>

const int kCePin   = 5;                        //使能针脚
const int kIoPin   = 6;                        //数据传输针脚
const int kSclkPin = 7;                        //SLK 输入针脚

DS1302 rtc(kCePin, kIoPin, kSclkPin);          //创建 DS1302 类的一个对象

void printTime() {
  Time t = rtc.time();                         //从芯片获取当前时间

  //将日期和时间格式化后存储在 buf 中
  char buf[50];
  snprintf(buf, sizeof(buf), "%04d-%02d-%02d %02d:%02d:%02d",
           t.yr, t.mon, t.date,
           t.hr, t.min, t.sec);

  Serial.println(buf);                         //输出格式化后的字符串
}

void setup() {
  Serial.begin(9600);                          //开启串口通信
}
//每隔一秒输出读取到的时间
void loop() {
  printTime();
  delay(1000);
}
```

将以上代码下载到 Arduino 开发板后，打开串口监视器，就可以看到当前 RTC 模块中存储的时间，如图 14.10 所示。

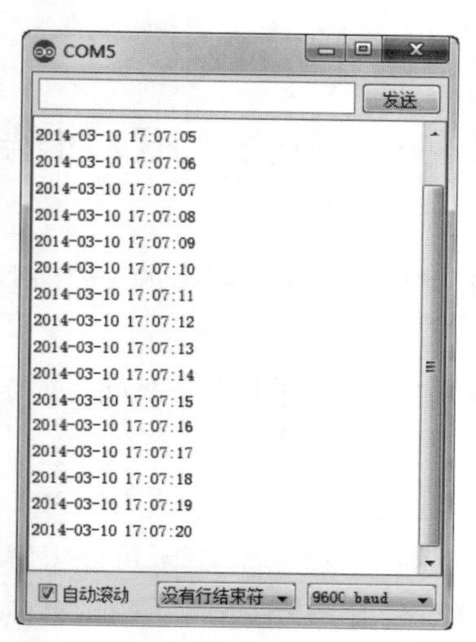

图 14.10　RTC 模块中存储的时间和日期信息

【示例 14-4】 以下代码使用 ds1302 库提供的单独方法获取 RTC 模块的时间和日期信息并输出。

```
#include <stdio.h>
#include <DS1302.h>
```

```
int kCePin   = 5;                                  //使能针脚
int kIoPin   = 6;                                  //数据传输针脚
int kSclkPin = 7;                                  //SLK输入针脚

DS1302 rtc(kCePin, kIoPin, kSclkPin);              //创建DS1302类的一个对象

void printTime() {
  Time t = rtc.time();                             //从芯片获取当前时间

  //将日期和时间格式化后存储在buf中
  char buf[50];
  snprintf(buf, sizeof(buf), "%04d-%02d-%02d %02d:%02d:%02d",
          rtc.year(), rtc.month(), rtc.date(),
          rtc.hour(), rtc.minutes(), rtc.seconds());

  Serial.println(buf);                             //输出格式化后的字符串
}

void setup() {
  Serial.begin(9600);                              //开启串口通信
}
//每隔一秒打印出读取到的时间
void loop() {
  printTime();
  delay(1000);
}
```

该示例的执行效果同【示例14-3】是完全相同的，不同之处在于，使用了单独获取时间和日期信息的方法。这样的好处是可以根据自己的需求读取信息，例如一个简易的LED时钟就只需要读取小时数和分钟数，那么就不需要使用time()方法读取所有的日期和时间信息再显示出来（这会提高程序的性能）。

14.6　简易LED时钟

随着LED的发明，在市面上出现了越来越多的LED时钟。在本节中，我们来制作一个最简单的时钟。

这个简易的时钟使用4位LED数码管来显示时间，或者也可以使用更多位数码管来显示更多的时间或者日期信息。

在本节之前的内容中，我们已经可以熟练地从DS1302模块获取并解析出人类可读的时间和日期信息了。而且在【示例14-4】中，甚至可以将解析好的时间信息从串口监视器输出。在有了这个思路之后，稍微扭转一下思路——将串口监视器换成连接在Arduino上的LED。LED的知识我们在第6章已经做了详细的介绍。在我们将要使用的电路中，将通过MAX7219来控制4位LED，连接图如图14.11所示。

在这个电路中，4位七段数码管通过MAX7219连接在Arduino上，它的实现细节可以在第6章的内容中找到。DS1302模块与本章前面的连接方式一致，它的主要针脚连接在Arduino的5~7口。

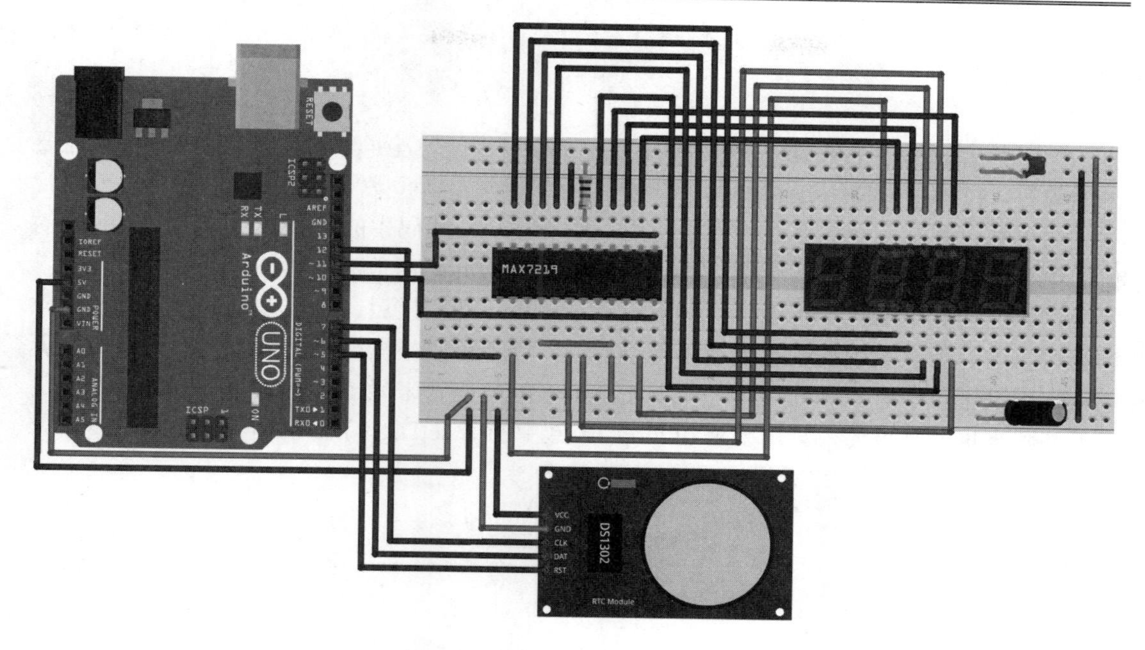

图 14.11　简易 LED 时钟连接图

为了使程序的效果看起来更明显，将在前两位七段数码管显示分钟数，而在后两位显示秒数，这样就可以在每秒钟都可以看到变化。程序的实现思路与【示例 14-4】中将时间信息输出到串口非常类似，在代码中只需要将输出到串口的代码换成输出到 LED 的代码即可。

【示例 14-5】 下面的代码实现将从 DS1302 获取到的时间信息输出在 4 位七段数码管上。

```
#include <LedControl.h>
#include <DS1302.h>

int kCePin   = 5;                               //使能针脚
int kIoPin   = 6;                               //数据传输针脚
int kSclkPin = 7;                               //SLK 输入针脚

DS1302 rtc(kCePin, kIoPin, kSclkPin);           //创建 DS1302 类的一个对象

LedControl lc=LedControl(12,11,10,1);           //实例化一个 LedControl 类的对象

void setup() {
  //初始化 LED
  lc.setIntensity(0,3);
  lc.shutdown(0,false);
  lc.clearDisplay(0);
}

void loop(){
  lc.setDigit(0,0,rtc.seconds()%10,false);//在 4 位数码管的第 0 位（左数第一位）
显示秒的个位
  lc.setDigit(0,1,rtc.seconds()/10,false);//在 4 位数码管的第 1 位（左数第二位）
显示秒的十位
  lc.setDigit(0,2,rtc.minutes()%10,true);//在 4 位数码管的第 2 位（左数第三位）
显示分的个位
```

```
  lc.setDigit(0,3,rtc.minutes()/10,false);//在 4 位数码管的第 3 位（左数第四位）显示分的十位
}
```

如果读者对程序中 loop()函数中的代码不熟悉，可以查阅第 6 章的内容。在这里需要注意的是，在程序中使用 ds1302 库获取到的时间通常是两位数（0~60），而每一位数码管都需要单独设置，因此需要在程序中使用一些小技巧（代码中的粗体部分）以获取对应的值的单个位。一定不可以直接将获取到的值作为 setDigit()函数的参数。

正确连接好电路，并将以上代码下载到 Arduino 开发板后，就可以看到当前时间的分钟和秒。这是为了兼顾演示效果而特别设置的，读者可以根据自己的需求修改。例如，可以将它们设置为小时数和分钟数，或者使用更多的数码管来显示所有的时间单位，而且代码扩展起来也非常方便，只需要增加 loop()函数中的 lc.setDigit()语句就可以了。

第 15 章　伺服电机和步进电机

普通电机通常是作为动力来源使用的，它们的主要任务是能量转换。伺服电机和步进电机都是在普通电机的基础上加入一些其他装置组成的。这样，它们就可以在提供动力的同时，还能传递控制信号。本章将详细地介绍这两种特殊的电机。

15.1　伺服电机

伺服电机在普通电机基础上添加了减速齿轮组和控制电路。这样，它就可以非常精准地控制输出轴的旋转角度。在微机电系统和航模中，伺服电机作为基本的输出执行机构。由于其简单的控制和输出，使得单片机系统非常容易与之接口。加之其只需要连接一条控制线，这使它成为 Arduino 控制板的不二之选。

15.1.1　伺服电机工作原理

伺服电机（servo motor）是一种位置伺服的驱动器。它适用于需要角度不断变化，并且可以保持的控制系统，如机器人、航模和加工中心领域。其实，伺服电机就是一个搭配了反馈装置和控制电路的普通电机。它可以非常精确地控制角度、转速和加速度。其高精度的输出主要归功于内部的反馈电路。这样，伺服电机就可以根据反馈电路的信息调整输出。

伺服电机的主要规格是扭矩与反应转速：

- 扭矩的单位是 N/m，在伺服电机规格中一般使用 KG/cm，即通常所说的有多大劲；
- 反应转速的单位是 Sec/60°，即输出轴转过 60°需要花费的时间。通常情况下，反应转速越高的伺服电机精度越低，所以需要根据具体应用在两者之间做取舍。

如图 15.1 所示为常见的 TOWER PRO SG90 伺服电动机，它的扭矩为 1.8 KG/cm，反应速度为 0.10 Sec/60°，最大转动角度为 180°（伺服电机通常不可以连续旋转）。

图 15.1　TOWER PRO SG90 伺服电机

伺服电机一般是通过 PWM 信号控制的，根据占空比的不同来改变伺服电机的位置。最常见的伺服电机一般使用周期为 20ms（即频率为 50Hz）的 PWM 信号。在周期为 20ms 的 PWM 信号中，高电平的时间通常（但不是绝对）在 1～2ms 之间，对应于伺服电机角度的 0°～180°（或者-90°～90°）。通常规定，当脉冲宽度为 1.5ms 时，伺服电机输出轴应该在中间位置，即 90°。如表 15.1 所示为一个典型伺服电机接收的 PWM 信号高电平持续时间与伺服电机转动角度的关系。

表 15.1　典型伺服电机PWM信号高电平持续时间与伺服电机转动角度的关系

PWM 信号高电平持续时间	伺服电机转动角度
0.5ms	0° 或-90°
1.0ms	45° 或-45°
1.5ms	90° 或 0°
2.0ms	135° 或者 45°
2.5ms	180° 或者 90°

表 15.1 中只列出了几个特殊的角度，其对应的 PWM 信号与角度的关系如图 15.2 所示。这并不是意味着伺服电机只可以转动到这个角度。伺服电机可以转动到 0°~180° 之间的任意角度，其对应关系也很容易计算：

```
(2.5-0.5)ms/(180-0)° ≈0.01ms/°
```

即大约高电平持续时间每增加 0.01ms（范围在 0.5～2.5ms 之间）则伺服电机的转动角度增加 1° （范围在 0°~180° 之间）。那么，伺服电机转动到 30° 的位置对应的 PWM 信号高电平持续时间则为 0.8ms：

```
0.5ms+30° * 0.01ms/° =0.8ms
```

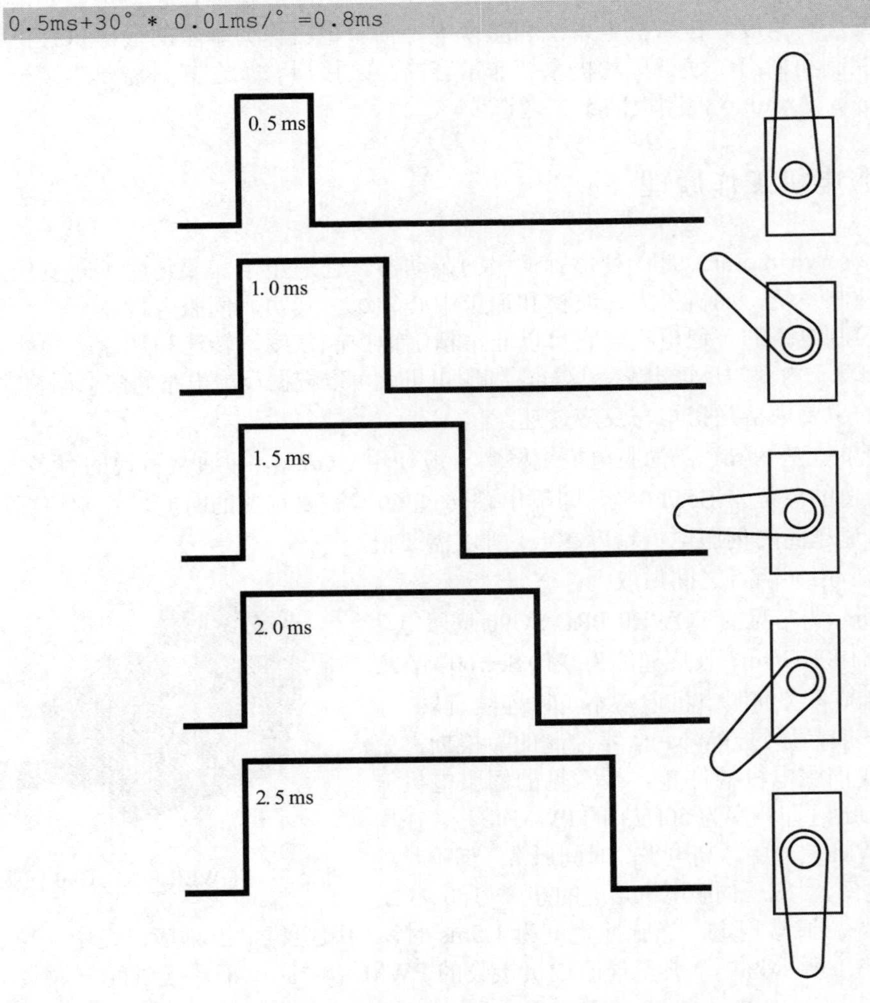

图 15.2　PWM 信号与伺服电机角度对应关系

15.1.2　伺服电机与 Arduino

伺服电机只有 3 条线：电源、接地和信号。电源线一般为红色，需接到 Arduino 的 5V 端口；接地线一般为黑色或者棕色，需接到 Arduino 的 GND 端口；信号线一般为黄色、橙色或者白色，需要接到 Arduino 的数字端口。综上所述，其实伺服电机与 Arduino 连接只有一条特殊的信号线，那么，一种典型的连接方式如图 15.3 所示。

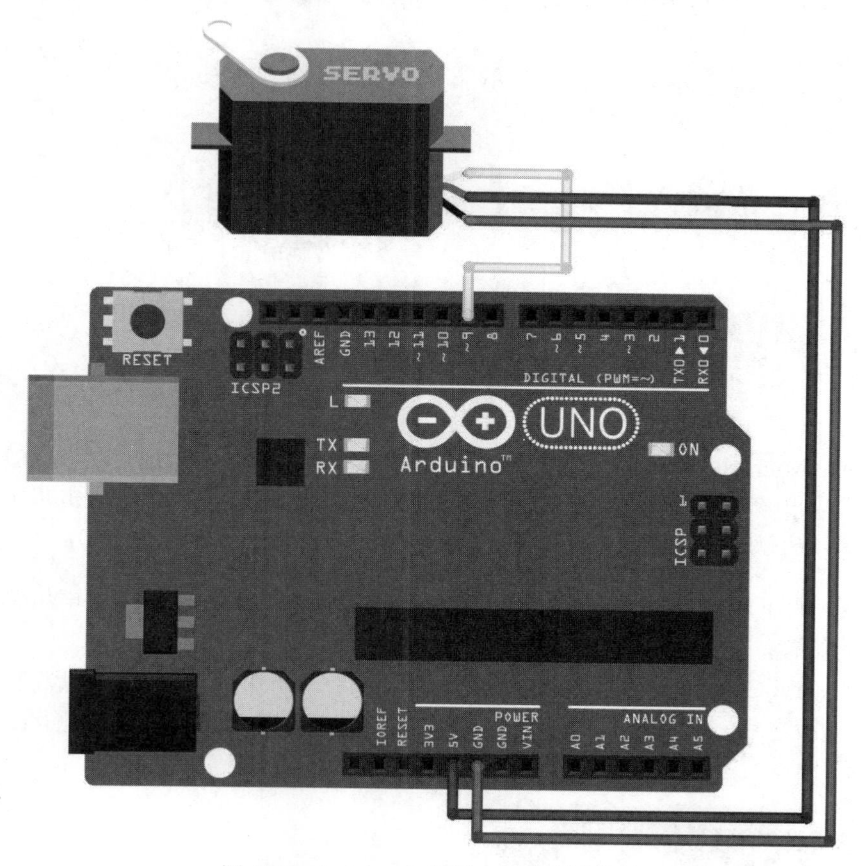

图 15.3　Arduino 与伺服电机典型连接图

在这里，伺服电机的信号线连接在 Arduino 的 9 号端口，我们试图通过 9 号端口产生 PWM 信号来控制伺服电机。这个 PWM 信号可以简单地使用 delayMicroseconds()函数来产生，但是其缺点是只能使伺服电机停在一个角度，不可以连续地改变角度（原因是 Arduino 默认输出的 PWM 信号频率要比 20Hz 高得多）。

另一种方法就是，使用 Arduino 的定时器/计数器。这种方法可以精确地产生伺服电机需要的 PWM 信号频率。由于其实现起来并不是那么的直观，所以 Arduino 官方库中提供了 Servo 库来供我们使用。Servo 库可以很好地弥补控制函数的不足。它可以控制伺服电机连续变换角度，并且可以适配各种类型的伺服电机。

1. 自己实现控制伺服电机的简单函数

在连接好电路以后，我们首先实现一个函数，来尝试在伺服电机上输出表 15.1 所示的特殊角度。

【示例 15-1】 以下代码将表 15.1 中所示的持续时间由 Arduino 产生，并由 9 号端口输出作为伺服电机的控制信号。由于 delay()函数要求的参数类型为 unsigned long，所以在程序中使用 delayMicroseconds()函数以获取较高的控制精度。

```
int servoPin=9;                         //定义信号输出端口

void servoControl(float ms){            //定义控制函数
  delayMicroseconds(ms*1000);           //将 ms 转换为 us
  digitalWrite(servoPin,LOW);
  delay(15);                            //首先延时 15ms（原因见代码尾的注意信息）
  delayMicroseconds((5-ms)*1000);       //延时(5-ms)*1000us
  digitalWrite(servoPin,HIGH);
}

void setup(){
  pinMode(servoPin,OUTPUT);             //设置针脚为输出模式
  digitalWrite(servoPin,HIGH);          //设置初始输出为高电平
}

void loop(){
  servoControl(1.5);                    //调用 servoControl()函数
}
```

注意：delayMicroseconds()函数可以精确延时的最大时间为 16383us，即 16.383ms。因此代码中必须调用 delay(15)和 delayMicroseconds((5-ms)*1000)来输出伺服电机控制信号的低电平部分，而不能使用 delayMicroseconds((20-ms)*1000)。

将以上代码下载到 Arduino 开发板，并正确连接电路后。此时的伺服电机输出将会保持在 90° 的位置，如图 15.4 所示。

将调用 servoControl()函数的参数修改为表 15.1 中的 0.5 和 2.5，重新将代码下载到 Arduino 开发板之后，伺服电机的输出将会保持在 0° 和 180° 的位置，如图 15.5 和 15.6 所示。

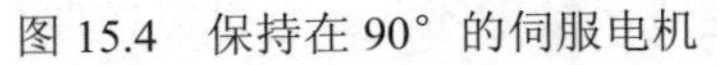

图 15.4　保持在 90° 的伺服电机

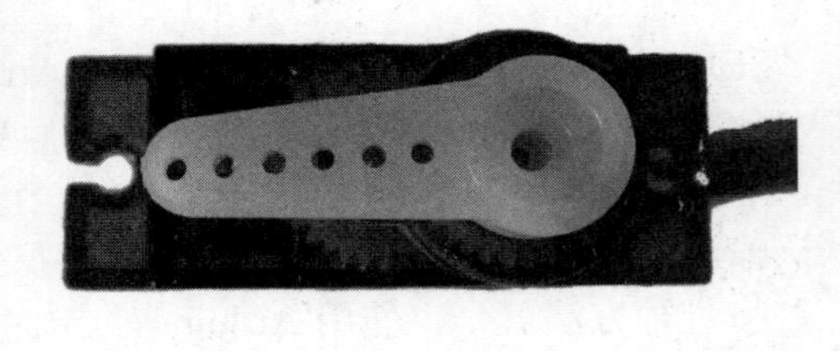

图 15.5　保持在 0° 的伺服电机

将调用 servoControl()函数的参数修改为 0.8 时，伺服电机的输出将会保持在 30°，如图 15.7 所示。

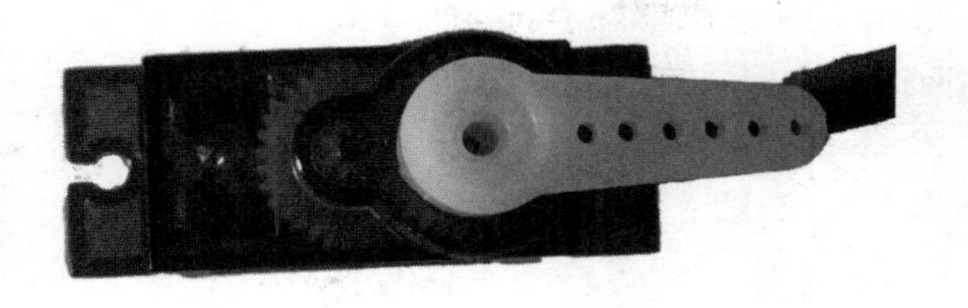

图 15.6　保持在 180° 的伺服电机

图 15.7　保持在 30° 的伺服电机

到此处，想必读者已经完全理解伺服电机的工作原理了，我们已经可以使用自己定义的函数来控制伺服电机了，接下来就使用更加高级的官方库 Servo 来实现一些实用的功能。

15.1.3　使用 Arduino 官方库 Servo

Servo 库是 Arduino 官方专门为操作伺服电机而设计的一个库。它非常简单易用，而且比我们自己实现的功能强大得多。例如，在大多数 Arduino 板上可以同时控制 12 个伺服电机，Arduino Mega 则可以同时控制 48 个。Servo 库提供的所有函数如表 15.2 所示。

表 15.2　Servo库提供的所有函数

函　　数	参 数 描 述	功 能 描 述
Servo()	无需参数	Servo 类的构造函数
uint8_t attach(int pin)	pin：Arduino 连接伺服电机的端口	将一个伺服电机绑定到一个端口，成功后返回频道号，失败则返回 0
uint8_t attach(int pin, int min, int max)	pin：Arduino 连接伺服电机的端口 min：伺服电机控制信号最小脉冲宽度，即对应 0° 的脉冲宽度，默认为 544，单位为微秒 max：伺服电机控制信号最大脉冲宽度，即对应 180° 的脉冲宽度，默认为 2400，单位为微秒	与 attach()函数类似，只是可以指定舵机 0° 和 180° 时对应的脉宽，默认的 min 是 544，max 是 2400
void detach()	无需参数	解绑定一个 Servo 类的对象
void write(int value)	value：在小于 200 时作为角度，单位为度（°）；大于等于 200 时作为脉冲宽度，单位为微秒（us）	向绑定端口写入指定的脉冲宽度或者对应的角度来控制伺服电机
void writeMicroseconds(int value)	value：伺服电机控制信号的脉冲宽度，单位为微秒（us）	向绑定端口写入指定脉冲宽度的控制信号
int read()	无需参数	返回当前脉冲宽度对应的角度
int readMicroseconds()	无需参数	以微秒（us）为单位返回当前脉冲宽度
bool attached()	无需参数	判断 Servo 类的一个对象是否被绑定（attach），如果已经绑定就返回 true，否则返回 false

可以看到，由于步进电机的控制方式非常简单，所以 Servo 库全部的方法也只有 9 个。其中，write(int value)和 writeMicroseconds(int value)函数是该库的核心。下面就分别通过示例来演示这两个函数的使用。

1．write(int value)

write()函数可以通过指定角度或者控制信号的脉冲宽度来控制伺服电机。下面的示例就来使用表 15.1 中所示的角度作为参数来调用 write()函数。

【示例 15-2】 以下代码使用表 15.1 中的角度作为参数调用 write()函数，并且在每输出一个角度后暂停 5 秒以供用户观察。

```
#include <Servo.h>

Servo myservo;                     //实例化 Servo 类的一个对象

int servoPin=9;                    //定义伺服电机连接的端口
int waitTime=5000;                 //定义等待时间

void setup(){
  myservo.attach(servoPin);        //绑定伺服电机到指定端口
}

void loop(){
  //每隔 5s 修改一次角度
  myservo.write(0);                //输出 0°
  delay(waitTime);
  myservo.write(45);               //输出 45°
  delay(waitTime);
  myservo.write(90);               //输出 90°
  delay(waitTime);
  myservo.write(135);              //输出 135°
  delay(waitTime);
  myservo.write(180);              //输出 180°
  delay(waitTime);
}
```

将上面的代码下载到 Arduino 开发板并正确连接电路后，伺服电机会依次输出 0°、45°、90°、135°，以及 180°这些特殊的角度。其实际输出效果与【示例 15-1】类似的。但是，如果在应该输出 0°的时候，伺服电机可能输出类似图 15.8 所示；或者应该输出 180°的时候，实际输出与图 15.9 所示类似。

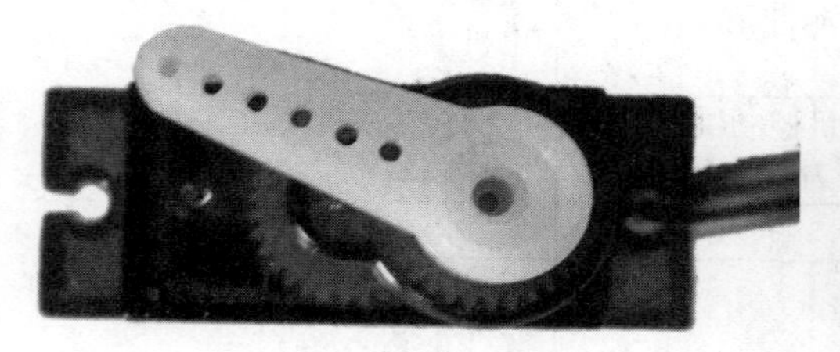

图 15.8　0°时候的误差较大的输出

图 15.9　180°时候的误差较大的输出

在这种情况下就需要显式地使用 attach(int pin, int min, int max)来调整伺服电机脉冲宽度的范围了，该函数会根据参数重新映射对应的值，下面就以示例【15-3】做演示。

【示例 15-3】 以下代码 attach(int pin, int min, int max)函数显式指定控制信号范围，然后控制伺服电机输出 0°和 180°。

```
#include <Servo.h>

Servo myservo;                              //实例化 Servo 类的一个对象

int servoPin=9;                             //指定绑定的端口
int waitTime=5000;                          //指定等待时间

void setup(){
  myservo.attach(servoPin,520,2520);        //显式指定控制信号范围
}

void loop(){
  myservo.write(0);                         //输出 0°
  delay(waitTime);
  myservo.write(180);                       //输出 180°
  delay(waitTime);
}
```

将以上代码下载到 Arduino 开发板，并正确连接电路后，伺服电机会输出误差较小的 0°与 180°。当然，不同型号的伺服电机可能有不同的误差范围。读者需要根据实际情况修改 min 和 max 的值，但通常情况下 max-min≈2000。

2. writeMicroseconds(int value)

writeMicroseconds()函数需要通过脉冲宽度的值来调用，这与【示例 15-1】中实现的函数类似，因此它的使用方法会使我们感到熟悉。

【示例 15-4】 以下代码调用 writeMicroseconds()函数实现控制伺服电机输出 0°和 180°。

```
#include <Servo.h>

Servo myservo;          //实例化 Servo 类的一个对象

int servoPin=9;         //指定绑定的端口
int waitTime=5000;      //指定等待时间

void setup(){
  myservo.attach(servoPin);                 //绑定端口
}

void loop(){
  myservo.writeMicroseconds(500);           //输出 0°
  delay(waitTime);
  myservo.writeMicroseconds(1500);          //输出 180°
  delay(waitTime);
}
```

在该示例代码中，由于是自己手动指定控制信号的脉冲宽度，所以在使用 attach()函数绑定端口的时候不需要指定控制信号的最大和最小脉冲宽度。将代码下载到 Arduino 开发板并正确连接电路后，伺服电机会控制输出轴转动到大约 0°和 180°的位置。

15.2　使用其他器件控制伺服电机

之前的示例中都是使用软件来控制伺服电机的。而在实际中会使用各种硬件来控制伺服电机。在下面的内容中，将介绍一些常见的控制方式，例如，使用电位器、按钮开关，以及摇杆等器件控制伺服电机。

15.2.1　使用旋转电位器控制伺服电机

电位器在第 9 章中已经做过介绍，图 15.10 所示的电路为旋转电位器控制伺服电机的连接图。

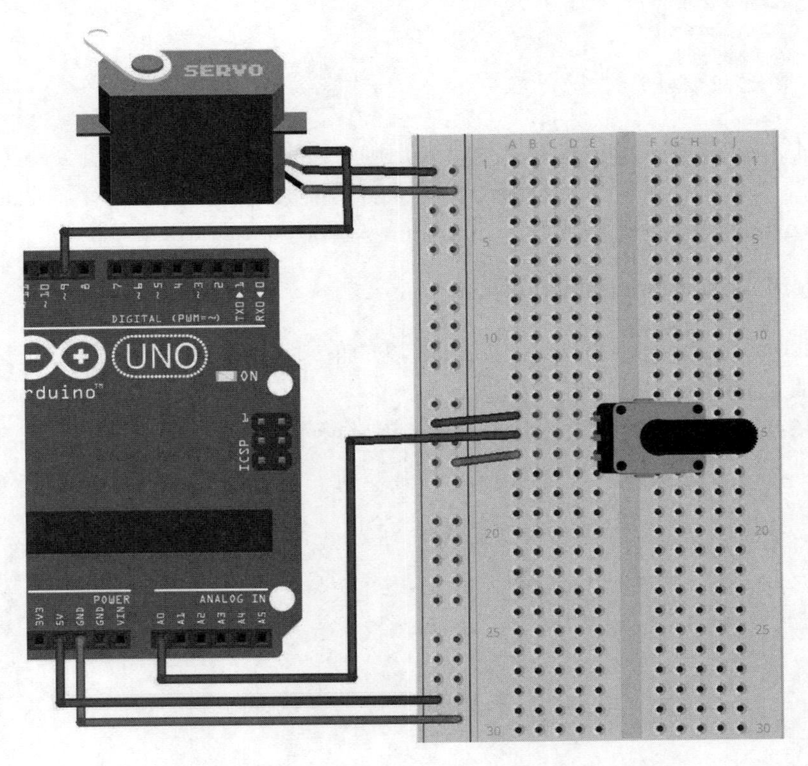

图 15.10　使用旋转电位器控制伺服电机的连接图

旋转电位器可以通过改变接入电路的电阻大小来改变输出电压。由于它可以是连续变化的，那么我们就可以通过 analogread()函数读取这个变化的值，然后使用 map()函数重新映射后作为 write()或者 writeMicroseconds()的参数控制伺服电机。

【示例 15-5】以下代码使用从旋转电位器读取到的值重新映射后，作为 writeMicroseconds()的参数控制伺服电机。

```
#include <Servo.h>

Servo myservo;
```

```
int potPin = A0;
int servoPin=9;
int val;

void setup()
{
  myservo.attach(servoPin);
}

void loop()
{
  val = analogRead(potPin);
  val = map(val, 0, 1023, 520, 2520);
  myservo.writeMicroseconds(val);
  delay(15);
}
```

将上面的代码下载到 Arduino 开发板并正确连接电路后，转动电位器的转轴，可以看到伺服电机随着电位器的转动而转动。

通常情况下，伺服电机会不停地抖动。这是由于 Arduino 在驱动伺服电机转向的时候接入的负载变化，这就会导致 analogRead()函数读取到的值不断发生变化，进而使伺服电机抖动。解决的办法主要有两个：使用外部参考电压（接在 Arduino 的 AREF 口）或者使用独立电源为伺服电机供电。使用外部参考电压虽然可以消除伺服电机抖动，但是实现起来有较大的风险，稍有不慎就有可能损坏 Arduino 电路板；而使用独立电源就没有太大的风险，一个简单的实现就是使用另一个 USB 口为伺服电机供电。如图 15.11 所示为修改后的电路。

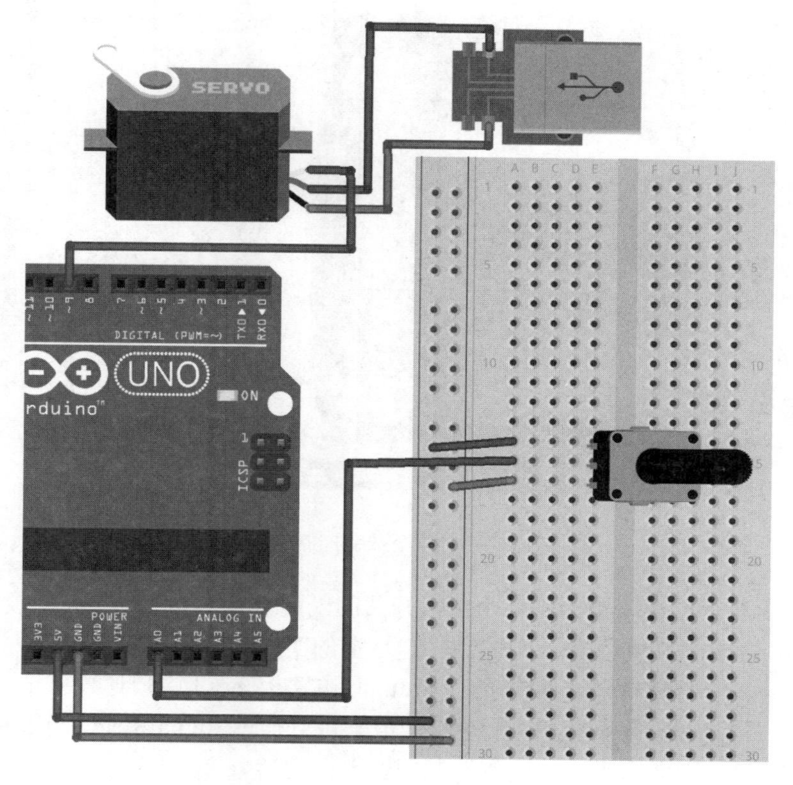

图 15.11　使用独立电源为伺服电机供电

提示：USB 线主要由 4 条线构成，两侧的触点用来为设备供电，如图 15.12 所示，如不能确定，则应该使用电压表测量。

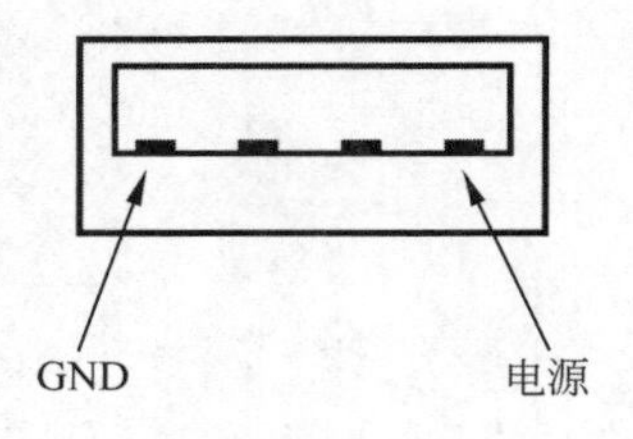

图 15.12　USB 接口介绍

在按照如图 15.11 所示的方式连接电路后，可以看到伺服电机的抖动被明显消除了，但是还可能有非常轻微的抖动。这一般是由于电位器灵敏度不高导致的，只需要更换一个更高灵敏度的电位器即可消除。

15.2.2　使用按钮开关控制伺服电机

按钮开关相对于旋转电位器来说，使用起来更加直观和容易。直观是因为我们将采用两个按钮来分别控制伺服电机向左转或者向右转；容易是由于按钮开关只有开和关两种状态。首先，电路设计如图 15.13 所示。

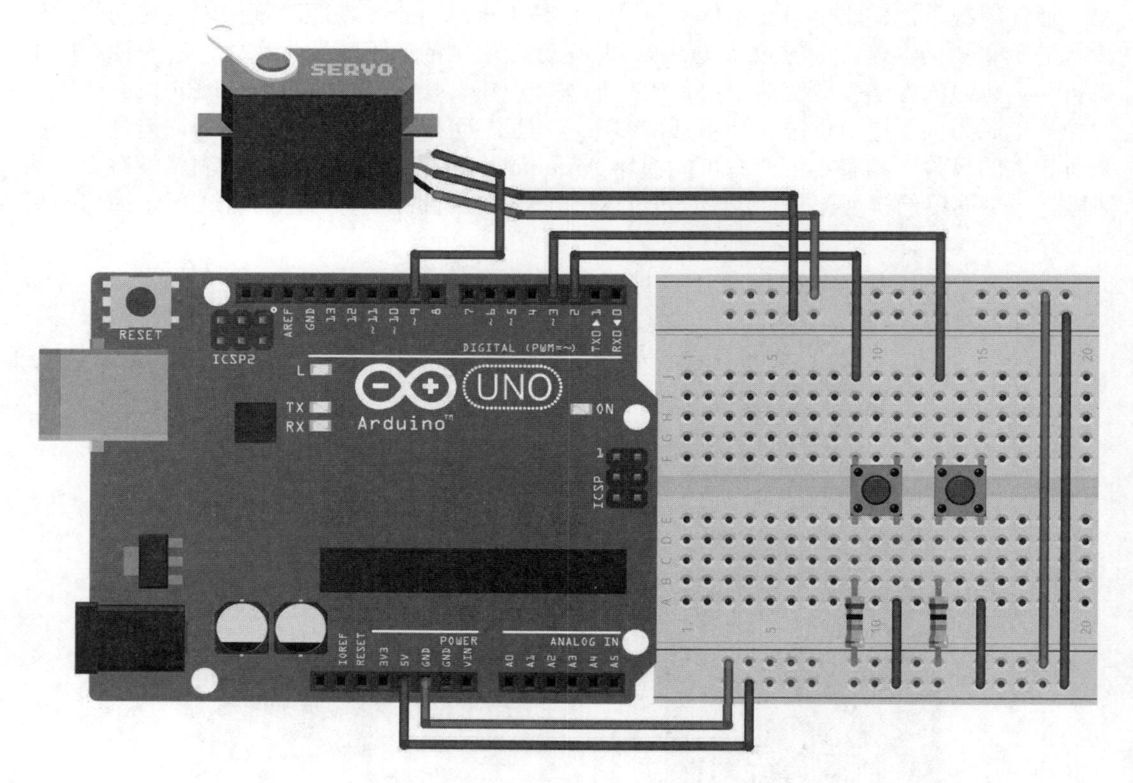

图 15.13　使用两个按钮控制伺服电机

在图 15.13 所示的电路中，将两个按钮开关的一端分别连接了 Arduino 板的 2、3 插口和一个下拉电阻，另一端则连在了 5V 电源上。这里的实现思路是在按钮被按下时向 Arduino 板 2、3 端口输入一个高电平，而释放时 Arduino 电路板 2、3 端口通过一个下拉电阻将电位保持在低电平。Arduino 板上 2、3 端口的电平可以通过 digitalRead()函数获取，如果得到高电平（HIGH）则调用对应的函数控制伺服电机旋转。

【示例 15-6】 以下代码实现使用两个开关按钮控制伺服电机向左或者向右旋转。

```
#include <Servo.h>

Servo myservo;        //实例化一个 Servo 类的对象

int rbutPin = 2;      //右转按钮连接端口
int lbutPin=3;        //左转按钮连接端口
int servoPin=9;       //伺服电机连接端口
int val=521;          //控制信号的宽度

void setup()
{
  myservo.attach(servoPin);      //绑定端口
  //将按钮连接的端口设置为输入模式
  pinMode(rbutPin,INPUT);
  pinMode(lbutPin,INPUT);
}

void loop()
{
  if(digitalRead(lbutPin)==HIGH&&val>=520&&val<=2519)
                       //判断按钮是否被按下并且 val 的值在有效范围内
    val++;             //按下左转按钮则递减 val 的值
  else if(digitalRead(rbutPin)==HIGH&&val>521&&val<=2520)
                       //判断按钮是否被按下并且 val 的值在有效范围内
    val--;             //按下右转按钮则递增 val 的值
  myservo.writeMicroseconds(val);        //将 val 的值输出
  delay(10);           //延迟一段时间防止伺服电机转动太快
}
```

将以上的代码下载到 Arduino 开发板并正确确连接电路后，按下左转按钮，如果伺服电机输出轴不在 0° 的位置，则输出轴会向 0° 方向（角度减小）旋转；按下右转按钮，如果伺服电机输出轴不在 180° 的位置，则输出轴会向 180° 方向（角度增大）旋转。如果想要修改输出轴旋转的速度，则可以修改 delay()函数的参数。在【示例 15-6】中使用了硬编码的方式，这种方式的逻辑更明了，作为辅助理解编程逻辑是不错的，但是在实际投入使用的时候通常不会使用硬编码的方式，如【示例 15-7】为稍做改进后更通用的代码。

【示例 15-7】 以下代码为【示例 15-6】的改进版，读者只需要根据自己的伺服电机修改代码中的 MIN_WIDTH 和 MAX_WIDTH 即可。

```
#include <Servo.h>

#define MIN_WIDTH 520          //控制信号的最小宽度
#define MAX_WIDTH 2520         //控制信号的最大宽度

Servo myservo;

int rbutPin = 2;
int lbutPin=3;
int servoPin=9;
int val=MIN_WIDTH;

void setup()
{
  myservo.attach(servoPin);
```

```
  pinMode(rbutPin,INPUT);
  pinMode(lbutPin,INPUT);
}

void loop()
{
  if(digitalRead(rbutPin)==HIGH&&val>=MIN_WIDTH&&val<=MAX_WIDTH-1)
     //MAX_WIDTH-1 的作用是防止后面的 val++代码导致控制信号越界
    val++;
  else if(digitalRead(lbutPin)==HIGH&&val>MIN_WIDTH+1&&val<=MAX_WIDTH)
     //MIN_WIDTH+1 的作用是防止后面的 val++代码导致控制信号越界
    val--;
  myservo.writeMicroseconds(val);
  delay(10);
}
```

在以上的代码中，读者只需要根据自己使用硬件的需要修改 MIN_WIDTH 和 MAX_WIDTH 的值即可。如果两个外部中断没有被占用，那么我们完全可以使用中断来提高程序运行的速度。如果使用的是 Arduino Due，那么可以直接使用如图 15.13 所示的连接方式，然后将【示例 15-8】的代码下载到 Arduino 板中即可。

【示例 15-8】 下面的代码使用中断来改进【示例 15-7】。

```
#include <Servo.h>

#define MIN_WIDTH 520
#define MAX_WIDTH 2520

Servo myservo;

int rbutPin = 2;
int lbutPin=3;
int servoPin=9;
int val=MIN_WIDTH;

//中断 0 使用的函数
void turnLeft(){
  if(val>=MIN_WIDTH&&val<=MAX_WIDTH-1)          //如果 val 的值在合理的范围内，
                                                  则递增 val 的值
    val++;
  delay(500);
}

//中断 1 使用的函数
void turnRight(){
  if(val>=MIN_WIDTH+1&&val<=MAX_WIDTH)          //如果 val 的值在合理的范围内，
                                                  则递减 val 的值
    val--;
  delay(500);
}
void setup()
{
  myservo.attach(servoPin);
  attachInterrupt(0, turnLeft, HIGH);           //为中断 0 绑定中断函数
  attachInterrupt(1, turnRight, HIGH);          //为中断 1 绑定中断函数
  pinMode(rbutPin,INPUT);
  pinMode(lbutPin,INPUT);
}
```

```
void loop()
{
  myservo.writeMicroseconds(val);              //输出伺服电机控制信号
}
```

将以上代码下载到 Arduino 板并正确连接电路后，就可以通过两个按钮控制伺服电机输出轴转动。但是使用中断控制方式与之前的示例是不同的，在使用该示例中，由于按钮被按下后，会中断 myservo.writeMicroseconds(val)执行，所以只有当按钮被释放后，myservo.writeMicroseconds(val)才可以将控制信号输出。

这里就需要读者明白，由于在中断被触发后，虽然控制信号不能被实时地输出，但是 turnLeft()函数和 turnRight()函数会不断修改 val 的值，那么 val 值的变化率会随着按钮被按下的时间而改变，即按钮被按下的时间越长伺服电机旋转的角度就越大，反之则越小。

如果使用的是 Arduino Due 之外的型号，则需要在图 15.13 所示电路的基础上做一点小修改，因为 Arduino Due 的中断条件有 HIGH，即高电平触发，而其他型号没有，所以需要将图 15.13 所示电路中的下拉电阻改为上拉电阻，如图 15.14 所示。

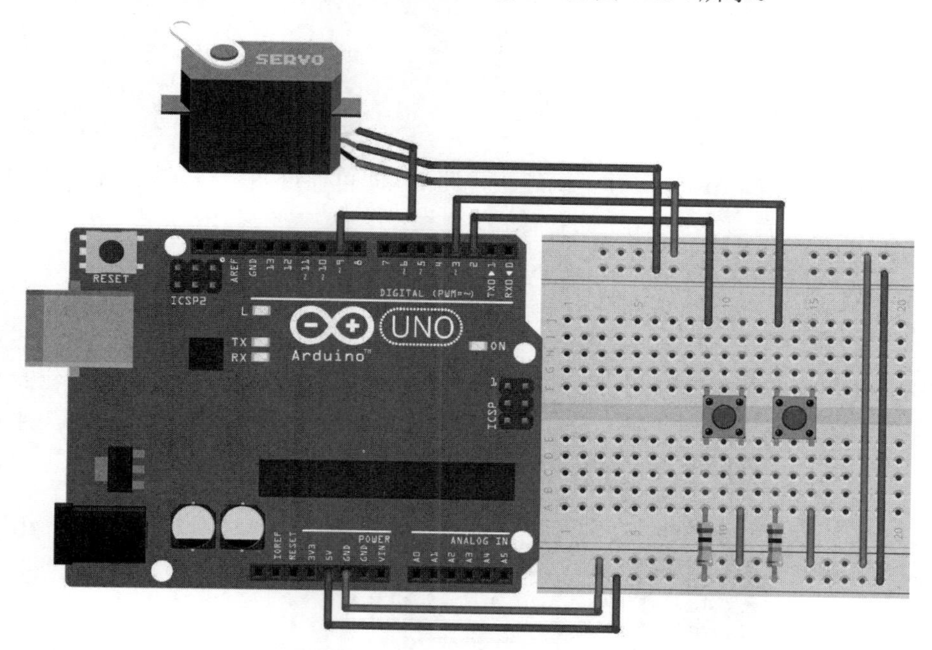

图 15.14　使用中断的两个按钮控制伺服电机

【示例 15-9】 该示例只需在【示例 15-8】的基础上做一点小的修改即可，该示例的代码可以用在 Arduino 所有型号的电路板。

```
#include <Servo.h>

#define MIN_WIDTH 520
#define MAX_WIDTH 2520

Servo myservo;

int rbutPin = 2;
int lbutPin=3;
int servoPin=9;
int val=MIN_WIDTH;
```

```
void turnLeft(){
  if(val>=MIN_WIDTH&&val<=MAX_WIDTH-1)val++;
  delay(500);
}

void turnRight(){
  if(val>=MIN_WIDTH+1&&val<=MAX_WIDTH)val--;
  delay(500);
}
void setup()
{
  myservo.attach(servoPin);
  attachInterrupt(0, turnLeft, LOW);          //该示例与【示例 15-8】仅在此处不同，
                                                这里使用的触发条件是 LOW
  attachInterrupt(1, turnRight, LOW);         //该示例与【示例 15-8】仅在此处不同，
                                                这里使用的触发条件是 LOW
  pinMode(rbutPin,INPUT);
  pinMode(lbutPin,INPUT);
}

void loop()
{
  myservo.writeMicroseconds(val);
}
```

将以上代码下载到 Arduino 并正确连接电路后，即可通过两个按钮控制伺服电机转动，控制方式可以总结为：长按略调，短按微调。

15.2.3 使用游戏摇杆控制伺服电机

游戏摇杆在第 9 章做过介绍，它实质上就是两个旋转电位器和一个按钮的组合，只不过电位器的阻值比较小而已。那么设计思路就同【示例 15-5】的类似，下面首先来演示使用游戏摇杆控制一个伺服电机，电路连接图如图 15.15 所示。

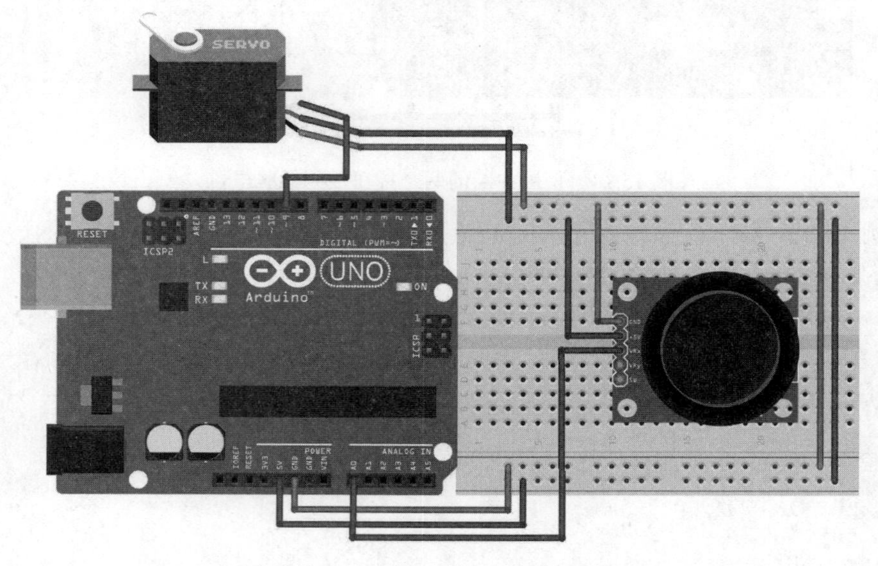

图 15.15 使用游戏摇杆控制伺服电机

在图 15.15 所示的电路中，将游戏摇杆的 X 轴（也可以是 Y 轴）输出接在了 Arduino 的 A0 口，只要摇杆在 X 轴方向移动（也可以是 Y 轴）就可以被 Arduino 捕获，然后根据捕获到的信息来控制伺服电机。

【示例 15-10】 以下示例实现使用从游戏摇杆获取到的信息控制伺服电机。

```
#include <Servo.h>

#define MIN_WIDTH 520           //伺服电机控制信号最小波宽度
#define MAX_WIDTH 2520          //伺服电机控制信号最大波宽度

Servo myservo;                  //实例化 Servo 类的一个对象

int joyX = A0;                  //游戏摇杆 X 轴连接的端口
int joyVal = 0;                 //游戏摇杆 X 轴的初始值

int servoPin = 9;               //伺服电机端口
int servoVal = MIN_WIDTH;       //伺服电机控制信号波宽度

void turnLeft(){                //控制伺服电机左转
  servoVal--;
}

void turnRight(){               //控制伺服电机右转
  servoVal++;
}

int treatValue(int data) {  //修正 analogRead()函数读取到的值的范围为 0~9
  return (data * 9 / 1024);
}

void setup() {
  myservo.attach(servoPin); //绑定伺服电机到指定端口
}

void loop() {
  joyVal = treatValue(analogRead(joyX));      //读取并修正从 joyX 口读取到的值
  if(joyVal<4&&servoVal>=MIN_WIDTH+1&&servoVal<=MAX_WIDTH) //摇杆位置向左
    turnLeft();                               //调用函数减小 servoVal 的值
  else if(joyVal>4&&servoVal>=MIN_WIDTH&&servoVal<=MAX_WIDTH-1)
                                              //摇杆位置向右
    turnRight();                              //调用函数增大 servoVal 的值
  else
    ;                                         //摇杆位置在中间则不做任何操作
  myservo.writeMicroseconds(servoVal);        //输出控制信号
  delay(1);                                   //延迟一段时间
}
```

上面的代码通过 treatValue()函数将 analogRead()函数读取到的值修正在 0~9 的范围内，这比直接判断 analogRead()函数的值要更加简单实用一些。因为我们对摇杆在 X 轴方向偏移的精确值并不感兴趣，只需要能检测到 X 轴相对于中点的偏移即可。

将以上代码下载到 Arduino 并正确连接电路后，沿 X 轴方向转动摇杆，就可以控制伺服电机向左或者向右移动。

在这里我们就可以做一下延伸，如果说直立的伺服电机输出轴的转动方向是左右，那么一个放倒的伺服电机输出轴转动的方向就是上下，将两个伺服电机按照这个思路组合起来，再加上一个摄像头，不就可以模拟完整的人眼动作吗？如图 15.16 所示就是这个思路的一个实现，它使用一个伺服电机来控制左右旋转，使用另一个伺服电机来控制上下旋转。

图 15.16　模拟人眼的摄像系统

在有了使用摇杆控制一个伺服电机的经验后，再多控制一个伺服电机就非常容易了。而且使用摇杆控制的两个伺服电机甚至可以同时动作，这比使用两个按钮来控制要直观得多。图 15.17 所示为其连接电路，【示例 15-11】中的代码就是其软件实现。

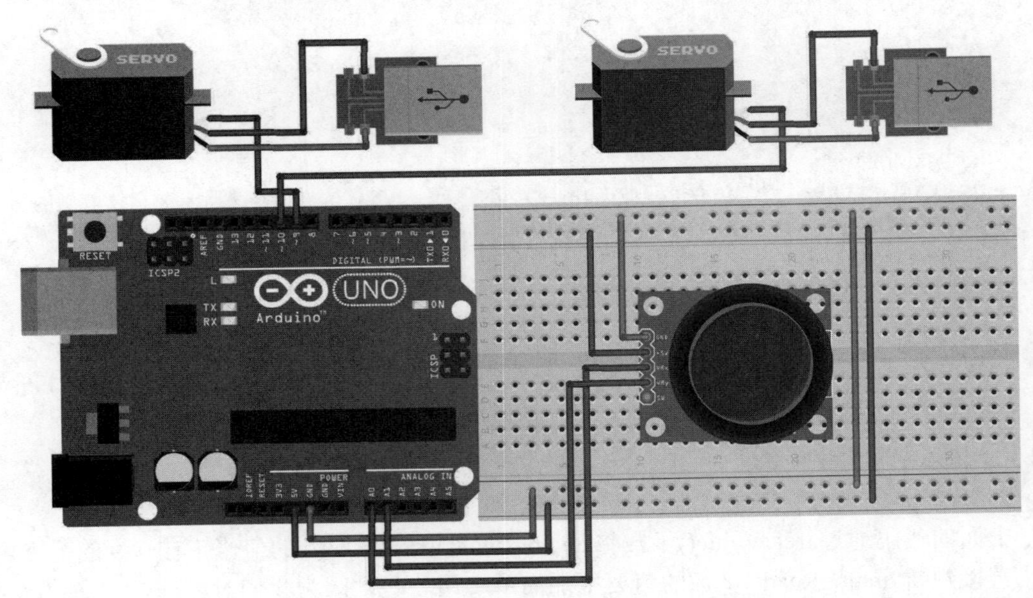

图 15.17　使用摇杆控制两个伺服电机

注意：Arduino 提供的功率不足以驱动两个伺服电机，所以必须使用独立电源为伺服电机供电。

在如图 15.17 所示的电路中，摇杆的 X 轴输出接在 Arduino 的 A0 接口，Y 轴输出接在 Arduino 的 A1 接口，新加入控制垂直方向转动的伺服电机连接在 Arduino 的 10 口，它将被从 A1 口得到的信号控制。

【示例 15-11】 以下代码实现使用摇杆控制一个模拟人眼系统。

```
#include <Servo.h>

#define MIN_WIDTH 520          //伺服电机控制信号最小波宽度
#define MAX_WIDTH 2520         //伺服电机控制信号最大波宽度

Servo myservox;                //实例化 Servo 类的一个对象，它控制 X 向的转动
Servo myservoy;                //实例化 Servo 类的一个对象，它控制 Y 向的转动

int joyX = A0;                 //游戏摇杆 X 轴连接的端口
int joyxVal = 0;               //游戏摇杆 X 轴的初始值

int joyY = A1;                 //游戏摇杆 Y 轴连接的端口
int joyyVal = 0;               //游戏摇杆 Y 轴的初始值

int servoxPin = 9;             //控制 X 向伺服电机端口
int servoyPin = 10;            //控制 Y 向伺服电机端口

int servoxVal = MIN_WIDTH;  //控制 X 向伺服电机控制信号波宽度
int servoyVal = MIN_WIDTH;  //控制 Y 向伺服电机控制信号波宽度

void turnLeft(){              //控制 X 向伺服电机左转
 servoxVal--;
}

void turnRight(){             //控制 X 向伺服电机右转
 servoxVal++;
}

void turnUp(){                //控制 Y 向伺服电机向上
 servoyVal++;
}

void turnDown(){              //控制 Y 向伺服电机向下
 servoyVal--;
}

int treatValue(int data) {  //修正 analogRead()读取到的值范围为 0~9
 return (data * 9 / 1024);
}

void setup() {
 myservox.attach(servoxPin);        //绑定伺服电机到指定端口
 myservoy.attach(servoyPin);        //绑定伺服电机到指定端口
}

void loop() {
 joyxVal = treatValue(analogRead(joyX));   //读取并修正从 joyX 口读取到的值
 joyyVal = treatValue(analogRead(joyY));   //读取并修正从 joyX 口读取到的值
 if(joyxVal<4&&servoxVal>=MIN_WIDTH+1&&servoxVal<=MAX_WIDTH)
                                           //摇杆位置向左
  turnLeft();                              //调用函数减小 servoxVal 的值
```

```
else if(joyxVal>4&&servoxVal>=MIN_WIDTH&&servoxVal<=MAX_WIDTH-1)
                                            //摇杆位置向右
                                            //调用函数增大 servoxVal 的值
  turnRight();
else if(joyyVal<4&&servoyVal>=MIN_WIDTH+1&&servoyVal<=MAX_WIDTH)
                                            //摇杆位置向右
                                            //调用函数增大 servoyVal 的值
  turnDown();
else if(joyyVal>4&&servoyVal>=MIN_WIDTH&&servoyVal<=MAX_WIDTH-1)
                                            //摇杆位置向右
                                            //调用函数增大 servoyVal 的值
  turnUp();
else
                                            //摇杆位置在中间则不做任何操作
  ;
myservox.writeMicroseconds(servoxVal);      //输出控制信号
myservoy.writeMicroseconds(servoyVal);      //输出控制信号
delay(1);                                   //延迟一段时间
}
```

这段代码就像将【示例 15-10】中的代码复制了一次，只不过是将对应的变量与函数进行了重命名以防止冲突。那么我们就可以以同样的思想在设备允许的情况下再增加几个伺服电机。

将以上代码下载到 Arduino 并正确连接电路后，转动摇杆，如果不出意外的话，摄像头的指向会随着你的意愿转动。

15.2.4　使用遥控器控制伺服电机

如果懒得去控制台使用摇杆控制摄像头，或者想舒舒服服地躺在椅子上远程指挥摄像头，那么使用红外遥控器来控制一定是不二的选择。使用遥控器控制不仅节省了体力，甚至还能节省一条电线。如图 15.18 所示为使用红外遥控器远距离控制两个伺服电机的连接电路。

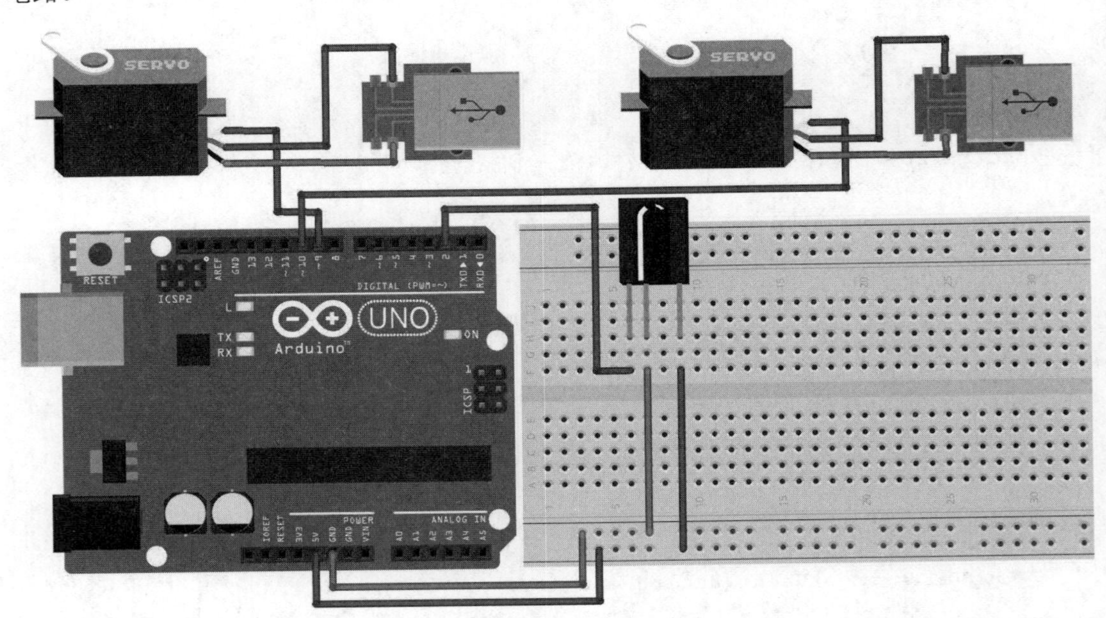

图 15.18　使用红外遥控远距离控制两个伺服电机

在如图 15.18 所示的电路中，新加入的红外接收头的输出端被连接在 Arduino 的 2 接口，电路的实现思路是根据接收到的信号来控制两个伺服电机。

【示例 15-12】 以下代码实现使用遥控器的 2、4、6 和 8 键控制两个伺服电机。

```
#include <IRremote.h>
#include <Servo.h>

#define MIN_WIDTH 520                //伺服电机控制信号最小波宽度
#define MAX_WIDTH 2520               //伺服电机控制信号最大波宽度

#define TUP  0xff18e7                //控制摄像头向上转，对应于遥控器的 2 键
#define TDOWN  0xff10ef              //控制摄像头向下转，对应于遥控器的 8 键
#define TLEFT  0xff5aa5              //控制摄像头向左转，对应于遥控器的 4 键
#define TRIGHT  0xff4ab5             //控制摄像头向右转，对应于遥控器的 6 键

Servo myservox;                      //实例化 Servo 类的一个对象
Servo myservoy;                      //实例化 Servo 类的一个对象

int recvPin=2;                       //定义红外接收头连接到 Arduino 的端口
IRrecv recv(recvPin);                //初始化红外接收
decode_results res;                  //存放红外接收头接收到的数据

int servoxPin = 9;                   //控制 X 向伺服电机端口
int servoyPin = 10;                  //控制 Y 向伺服电机端口

int servoxVal = MIN_WIDTH;           //伺服电机控制信号波宽度
int servoyVal = MIN_WIDTH;           //伺服电机控制信号波宽度

void turnLeft(){                     //控制伺服电机左转
  servoxVal--;
}

void turnRight(){                    //控制伺服电机右转
  servoxVal++;
}

void turnUp(){
  servoyVal++;
}

void turnDown(){
  servoyVal--;
}

int treatValue(int data) {           //修正 analogRead()函数读取到的值范围为 0~9
  return (data * 9 / 1024);
}

void setup() {
  myservox.attach(servoxPin);        //绑定伺服电机到指定端口
  myservoy.attach(servoyPin);        //绑定伺服电机到指定端口
  recv.enableIRIn();                 //允许红外接收数据
}

void loop() {
  if(recv.decode(&res)&&servoxVal>=MIN_WIDTH+1&&servoxVal<=MAX_WIDTH){
```

```
    switch(res.value){          //判断接收到的数据
    case TLEFT:
      turnLeft();               //调用函数减小 servoxVal 的值
      break;
    case TDOWN:
      turnDown();               //调用函数减小 servoxVal 的值
      break;
    default:
      ;
      break;
    }
    recv.resume();              //接收下一个数据
  }
  else
if(recv.decode(&res)&&servoxVal>=MIN_WIDTH&&servoxVal<=MAX_WIDTH-1){
    switch(res.value){          //判断接收到的数据
    case TRIGHT:
      turnRight();              //调用函数增大 servoxVal 的值
      break;
    case TUP:
      turnUp();                 //调用函数增大 servoyVal 的值
      break;
    default:
      ;
      break;
    }
    recv.resume();              //接收下一个数据
  }
  else
    ;
  myservox.writeMicroseconds(servoxVal);        //输出控制信号
  myservoy.writeMicroseconds(servoyVal);        //输出控制信号
  delay(1);                     //延迟一段时间
}
```

在这段代码中，只使用到了遥控器上的 2、4、6 和 8 键，它们分别对应控制方向上、下、左和右。只有当这几个按键信号到来时 Arduino 才会控制两个伺服电机执行动作，其他的按键则不做响应。

将以上代码下载到 Arduino 并正确连接电路后，通过按下对应的按键即可远距离控制摄像头。但是相对摇杆来说，使用遥控器一次只可以控制水平或者垂直方向移动，而不能同时控制两个方向。那么，省时和省力之间的抉择就由我们自己来决定了。

当然，这个设备不止可以控制摄像头，我们还可以通过做一个平板电脑架在远处随意控制它的朝向，甚至也可以将这些设备按比例放大来控制电视机的朝向。

15.3　步进电机

步进电机利用的是电磁铁原理将脉冲信号转换为线位移或角位移。每当一个脉冲信号到来，步进电机的输出轴会转动一定角度，然后带动机械移动一小段距离。也就是说，步进电机可以将一个完整的操作分成多步来达成。

15.3.1　步进电机工作原理

步进电机的应用是在要求低速但高精度的场合，如打印机的进纸系统。步进电机与普通的直流电机和伺服电机是不同的，由它的名字也可以大致了解它的特性。步进电机不同于普通直流电机的连续旋转，它是一步一步旋转的。步进电机是通过脉冲信号控制的，每收到一个控制信号，它就会转过一定的角度（一步）。而且它也不同于伺服电机只可以旋转一定的角度，步进电机可以连续旋转。

除了可以连续旋转之外，步进电机与伺服电机的不同之处还在于内部并没有反馈电路。也就是说，它不能自行修正输出，所以其精度并不会像伺服电机那样高，但是可以通过选择不同的型号来满足我们的精度需求。例如，一些特殊的步进电机每步转过的角度可以小到 0.36°，大的则可以到 90°，而普通的步进电机在 15°~30°。而且通过不同的通电方式可以以不同的方式运行。例如，常见的四相步进电机通电方式有单四拍、双四拍和八拍。其中的“单”和“双”表明在同一时刻有几相绕组通电，“拍”表示经过几步完成一次通电循环。如图 15.19 所示为一个四相步进电机的内部结构。

其中，绕组是两两相对的，即相对的两个绕组接的是同一条线。如果将 12 点钟方向的绕组命名为 A，按照顺时针方向分别将其他相命名为 B、C、D。如果需要，可以将与之对应的绕组命名为 A'、B'、C'和 D'。如图 15.20 所示为一个简易的图示。

图 15.19　四相步进电机内部结构

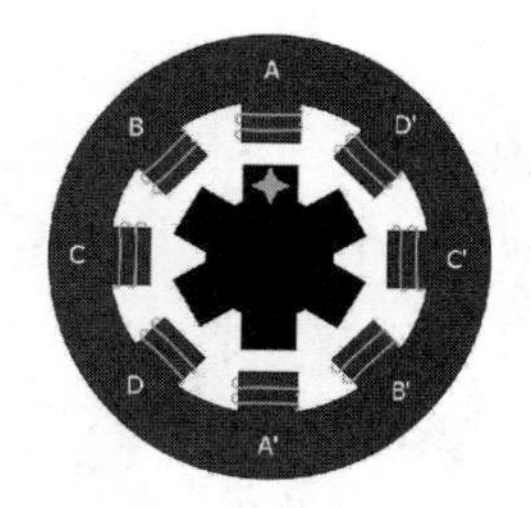

图 15.20　四相步进电机简易示意图

其中，中间活动的部件叫做转子，它每两个齿之间的角度是 60°；固定的部分叫做定子，每个齿之间的角度 45°。当定子的线圈通电时，最近的转子上的齿就会被吸引与定子上的齿对齐。下面分别对 3 种常见的通电方式进行介绍。

1. 单四拍

单四拍也叫一相励磁，也就是四对线圈依次通断电，即顺序为 A、B、C、D、A（或 A'），详细的动作过程如图 15.21 所示。

从图中可以看到，经过一个周期后，转子上带有标记的齿转过了 180°，也就是说以单四拍方式下的步长为 45°。单四拍方式的特点是功耗小、震动大，并且输出转矩小。

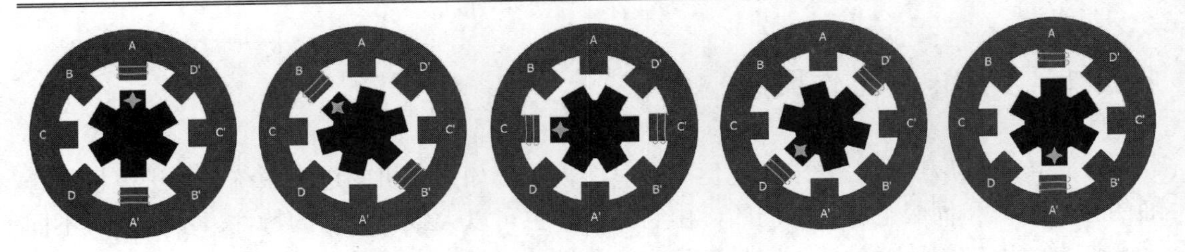

图 15.21　单四拍通电方式

2. 双四拍

双四拍也叫二相励磁，也就是一次有两对线圈同时通电，则顺序为 AB、BC、CD、DA（或 DA'），详细的动作过程如图 15.22 所示。

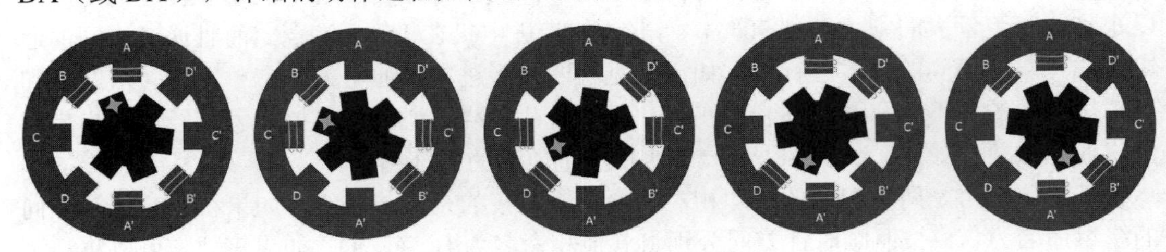

图 15.22　双四拍通电方式

从图中可以看到，经过一个周期后，转子依然转过了 180°，其步长也是 45°，只是每次通电的时候转子的齿是指向两个线圈中间的位置。虽然这种操作方式下其步长与单四拍是相同的，但是由于同时有两个线圈提供磁力，所以这种方式的输出转矩要比单四拍方式大并且振动小。当然，由于需要多接通一对线圈，所以它的功耗要比单四拍方式大。

3. 八拍

八拍也叫一二相励磁，这种通电顺序可以说是单四拍和双四拍方式的融合。其线圈通电顺序为 A、AB、B、BC、C、CD、D、DA、A（或 A'），对应的动作过程如图 15.23 所示。

图 15.23　八拍通电方式

可以看到，八拍通电方式一共用了 8 步来完成了 180° 的旋转，那么对应的步长是

22.5°。因此八拍通电方式的特点就是精度高、运转平滑、功耗介于单四拍和双四拍之间。

通过以上对 3 种通电方式的讲解后，我们应该可以推测出以下的结论：

- 可以通过增加线圈对提高步进电机的精度；
- 一二相励磁的步长是二相励磁的 1/2；
- 将通电顺序反向即可控制步进电机反转，如单四拍的顺序由 A、B、C、D、A 变为 A、D、C、B、A；
- 通过提高线圈切换速度可以提高步进电机的转速。

这里需要注意的是，由于现在的步进电机大都配备了齿轮组，所以输出的步长不一定与上面的分析对应，但是必然与分析的步长成固定的比例。

15.3.2　步进电机的类型

步进电机的工作原理大都是类似的，不过实际的步进电机主要有 3 种类型，它的使用方式还是有些许差别的，下面就分别介绍这 3 种类型。

1. 单极式步进电机

单极步进电机是市面上常见的一类步进电机，如图 15.24 所示为一个单极式步进电机的简单示意图。单极式步进电机最主要的特点就是每两对绕组都会连接到一个公共的连接头，这个连接头通常连接到电源，这也是它被叫做单极式步进电机的原因——它总是从这个公共接头供电。

单极式步进电机一般会接出 5 根（公共接头连一起）或者 6 根电线，由于电源总是从公共接头供应，所以单极式步进电机的控制非常简单——只需要将对应线圈的另一端接地就可以。

2. 双极式步进电机

双极式步进电机与单极式步进电机差别非常小，它只是没有将绕组连接到一个公共的接头，如图 15.25 所示。所以它会接出 8 条线，相应的控制方式也比单极式步进电机要复杂一些，因为需要保证每一对绕组的两端分别接电源和地（否则会造成短路）。

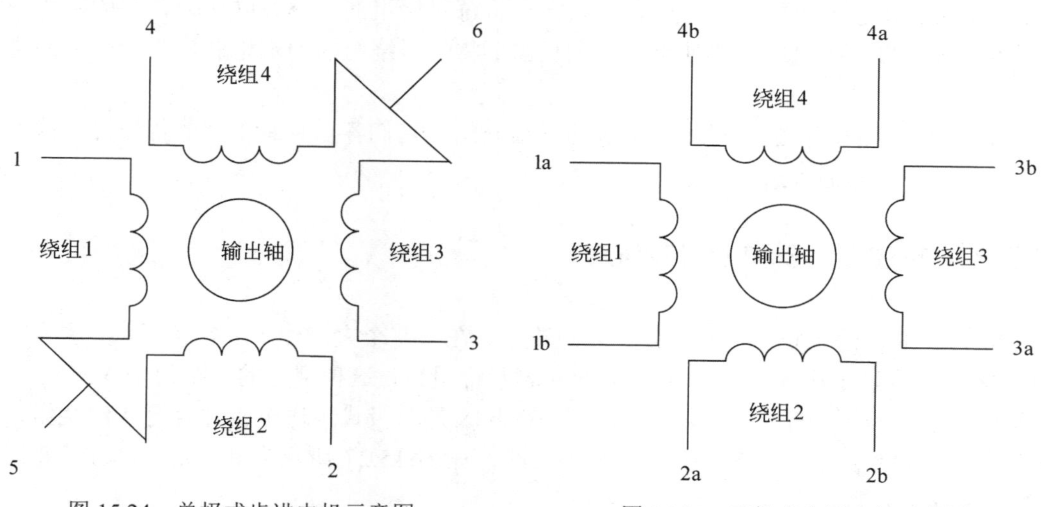

图 15.24　单极式步进电机示意图　　图 15.25　双极式步进电机示意图

虽然双极式步进电机需要更多的线和更复杂的控制方式，但是其绕组的应用效率要比单极式步进电机高，因为一个线圈中的电流可以以正反向流通，而单极步进电机大多数时间只使用一半线圈。

3. 通用步进电机

通用步进电机是单极式步进电机和双极式步进电机的结合。它既可以作为单极式步进电机电机使用，也可以作为双极式步进电机使用。图 15.26 为通用步进电机的示意图。

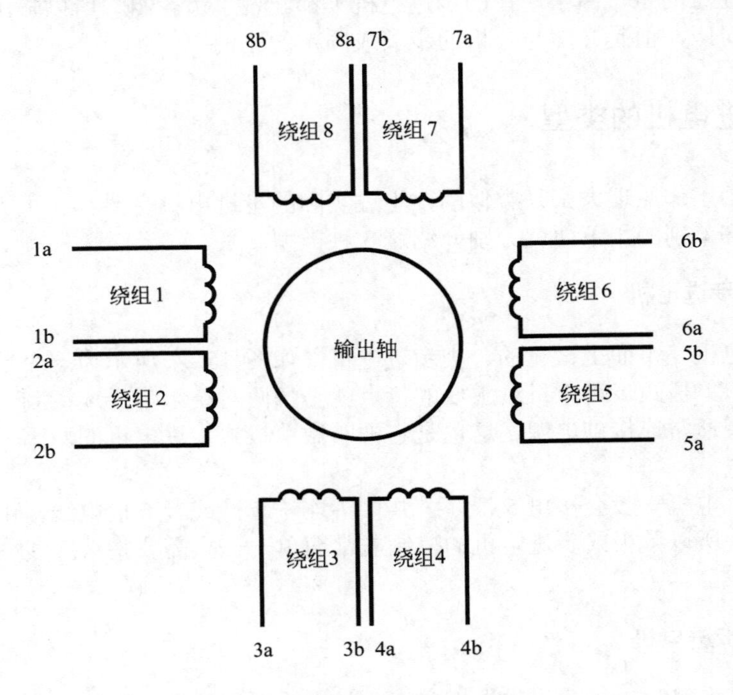

图 15.26 通用步进电机示意图

如图 15.26 所示，通用步进电机具有两两成对的绕组，因此外部接线达到 16 根，如果想要以单极式步进电机的方式使用它，只需要将每对绕组的一端并联作为公共的接头；如果要以双极式步进电机的方式使用它，则只需要将每对绕组的一端串联作为一个大的绕组即可。

以上就是对最常见的 3 类步进电机的详细介绍，它们各自具有不同的优缺点，读者可以根据自己的实际需求选择。

15.3.3 28BYJ-48 和 ULN2003

28BYJ-48 步进电机是一种普及型步进电机，在一些个人制作中非常常见，其型号命名中的 28 表示步进电机的外形尺寸，-后的 4 表示绕组数，这种型号的步距角是 5.625°，也就是说，转子旋转一圈最多需要 64 步。28BYJ-48 是单极式步进电机并且有 4 组绕组，并且公共接头并联后接出，所以它共有 5 条接线，如图 15.27 所示为其外形。图 15.28 所示为其电路简易示意图。

图 15.27　28BYJ-48 外形

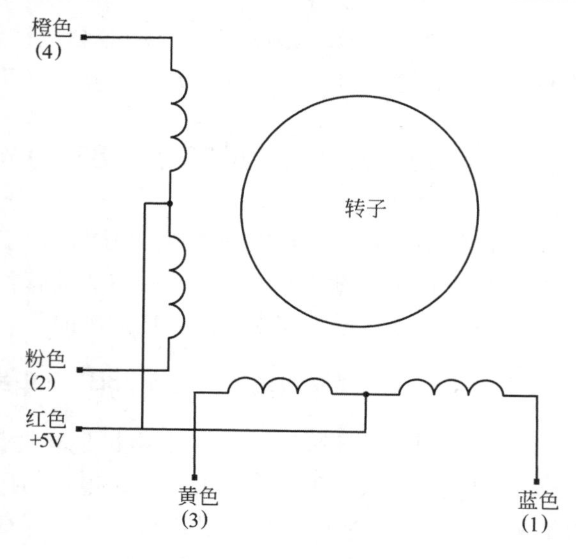

图 15.28　28BYJ-48 简易示意图

在图 15.28 中同时标注了每条线对应的颜色，它们分别对应于不同的绕组。如果不是使用对应的插座，则在接线时需要明确接线与绕组的对应关系，否则可能造成步进电机运行异常。

ULN2003 是由达林顿晶体管阵列组成的 IC。它的输出电压可以达到 50V，输出电流可以达到 500mA。ULN2003 的作用是驱动大功率系统，例如继电器、直流电机和白炽灯等。图 15.29 是 ULN2003 的引脚图。

其中，引脚 1~7 是脉冲输入端，与之对应的 16~10 是脉冲输出端；引脚 8 接地；引脚 9 在 ULN2003 用于驱动感性负载时实现续流作用，它接感性负载的电源正极。它的功能非常简单——将输入的电流放大后输出。

如图 15.30 所示是一个使用 ULN2003 的步进电机电路板，它在 ULN2003 的输出端连接了 4 个 LED，以便用户直观地了解输出情况，并且配备了与 28BYJ-48 对应的 5 针插座。

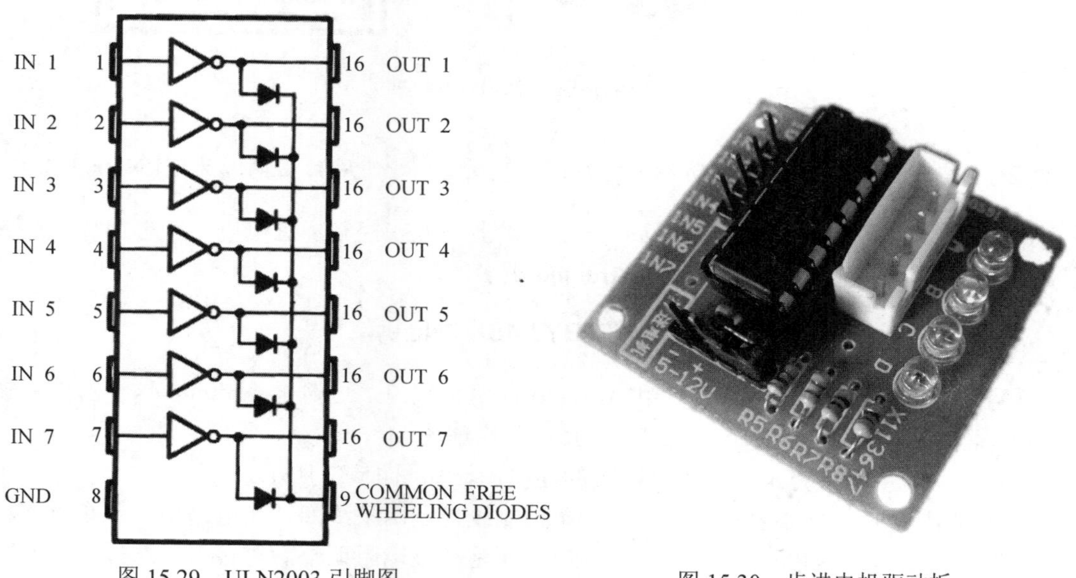

图 15.29　ULN2003 引脚图

图 15.30　步进电机驱动板

使用 ULN2003 电动机驱动板可以很容易地将步进电机与 Arduino 连接，并且由于配备了对应的插座，使得接线的错误率大大下降，所以这是一种非常实用的组合。

15.3.4　Arduino、ULN2003 和 28BYJ-48 连接

之所以将 Arduino、ULN2003 和 28BYJ-48 三者的连接单独作为一节来介绍，是由于它们之间主要有两种连接方式，这两种方式都有各自的优缺点。读者在清楚地了解这些信息后，就可以根据自己的需求做出最优的产品。

1. 使用Stepper库以四线方式控制28BYJ-48步进电机

使用 4 条线来控制一个四相伺服电机是非常容易的。如果有一个基于 ULN2003 或兼容的步进电机控制板，那么只需要将步进电机的插头插入对应的插座即可。如果只有单独的 ULN2003 或兼容的 IC，那也很容易，只需要按照如图 15.31 所示的方式连接它们即可。

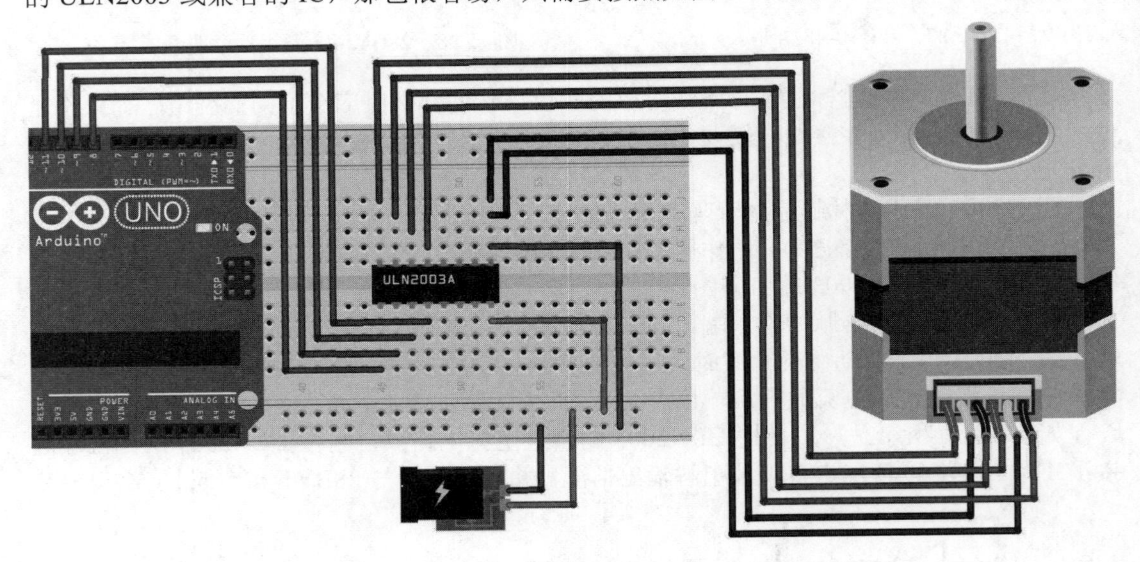

图 15.31　四线方式控制 28BYJ-48 步进电机

注意：Arduino 提供的电源驱动步进电机比较吃力，最好使用独立电源为 ULN2003 供电。

这种连接方式的优点是使用灵活——可以以多种方式控制步进电机（参见 15.2.1 节）；其缺点也是显而易见的——需要占用 Arduino 更多的端口。

2. 使用Stepper库以两线方式控制28BYJ-48步进电机

顾名思义，这种方式只需要占用 Arduino 的两个端口，这对于 Arduino 这种端口紧缺的控制器来说是非常有用的。图 15.32 为其电路原理图。

Arduino 使用这种方式控制步进电机的连接图，如图 15.33 所示。

这种实现模式的核心思想就是使用一条控制线控制两条线圈，在电路中并不是直接将一条控制线接到 ULN2003 的两个输入端口，而是经过电阻调整后再接入，这样做的原因

是防止损坏元器件。

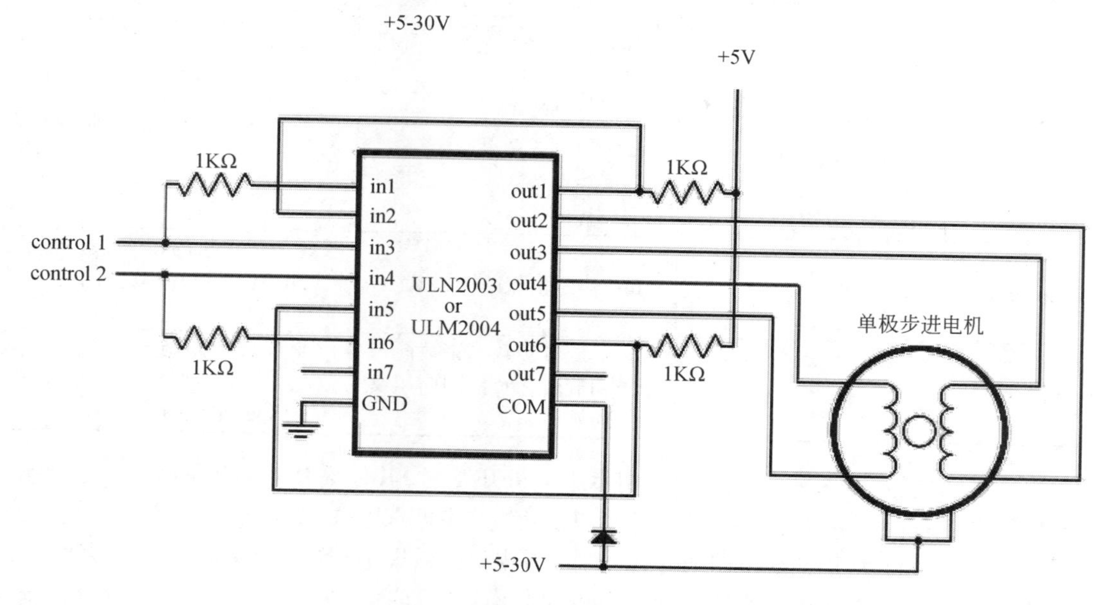

图 15.32　两线控制方式电路原理图

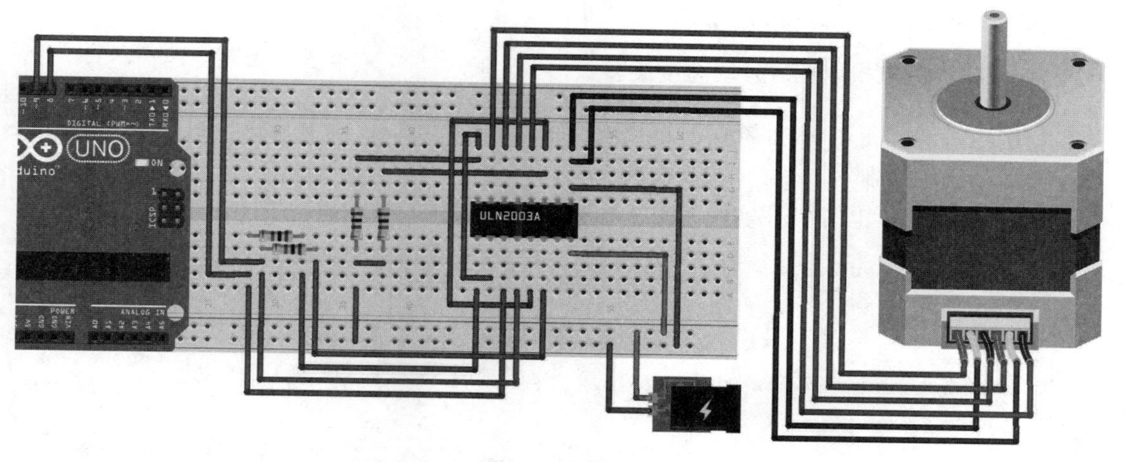

图 15.33　使用两线方式控制步进电机

以两线方式控制 28BYJ-48 步进电机的优点很明显——减少了 50%的端口占用；缺点就是它需要使用一些电路方面的技巧，所以电路逻辑并不是那么容易理解，并且只能以四拍的方式控制步进电机。

15.3.5　使用 Arduino 的官方库 Stepper

步进电机的实现原理虽然简单，但是要是自己实现的话，如果没有较好的逻辑分析能力也不是那么容易实现的。因此，Arduino 官方为我们提供了 Stepper 库。这个库非常轻巧，它只有 3 个函数，表 15.3 列出了这些函数。

表 15.3　Stepper库函数

函　　数	参 数 描 述	功 能 描 述
Stepper(steps,pin1,pin2) Stepper(steps, pin1, pin2, pin3, pin4)	steps：步进电机旋转一周所需要的步数 pin1：控制线 1 pin2：控制线 2 pin3：控制线 3 pin4：控制线 4	创建一个 Stepper 类的对象
setSpeed(rpm)	rpm：步进电机的转速	设置步进电机的转速单位是转/分钟，它只设置转速而不控制步进电机旋转
step(steps)	steps：旋转步数，正数向一个方向旋转，负数则向相反的方向旋转	控制步进电机旋转指定的步数，它的速度取决于最近调用的 setSpeed()函数

Stepper 库只是针对非常普及的四相步进电机开发的，其他高精度的步进电机则需要使用其他的库。Stepper()函数的两种形式分别用于两线或者四线方式（参见 15.2.4 节）控制步进电机。使用 Stepper 库以两线或四线方式控制步进电机的效果是一致的，不同的只是接线。

为了避免损坏器件和方便使用步进电机控制模块的读者，接下来的示例均以 4 线方式控制步进电机，需要用到两线方式的读者只需要按照图 15.33 所示的方式修改电路，并将对应代码的 Stepper()函数改为两线形式即可。

1. 控制步进电机以1转/分的速度旋转

伺服电机通常是不可以 360° 旋转的，而步进电机可以，而且步进电机的旋转速度也可以被较精确地控制。

【示例 15-13】　以下代码实现使用 Arduino 控制 28BYJ-48 步进电机输出轴实现 1 转/分。

```
#include <Stepper.h>                    //包含头文件

#define STEPS 32                        //定义步进电机转子转一周需要的步数

Stepper stepper(STEPS,8,10,9,11);       //实例化 Stepper 类的一个对象

void setup()
{
  stepper.setSpeed(32);                 //设置步进电机的转速
}
void loop()
{
  stepper.step(10);                     //每次控制步进电机运行 10 步
}
```

注意：stepper(STEPS,8,10,9,11)的参数顺序并不是连续的 4 个端口，这不是程序错误，而是由电路接线导致的，所以在实际使用时需要根据硬件连线修改代码，否则可能造成异常的输出结果。

确认电路正确连接后，将以上代码下载到 Arduino 开发板，就可以看到步进电机以非

常缓慢的速度旋转，其转速大约为 1 转/分。

该示例的代码实现非常简单——只需要依次使用参数调用指定的函数就可以了。但是多半读者会对调用函数的参数产生疑问：为什么预定义常量 STEPS 的值为 32；调用 setSpeed()的参数是 32？这其实是由于 Stepper 库为了兼容性而不能以 8 拍的方式运行。28BYJ-48 即使是四相八拍步进电机，但是在使用 Stepper 库控制的时候是以双四拍的方式运行的。

按照 stepper()函数的要求，STEPS 的值应该为 64，但是由于是以双四拍的方式运行所以值应为原值的一半，即 32。28BYJ-48 的减速比为 1:64，也就是说，转子转 64 圈后输出轴才转 1 圈，但是由于 28BYJ-48 实际是以双四拍的方式运行的，所以只需要原来一半的时间就可以使输出轴转 1 圈。要使输出轴以原来的时间转一周，那么就需要将速度减为原来的一半，所以调用 setSpeed()函数的值为 32（原来应该为 64）。

对于步进电机，还需要明白它的转速并不可以无限大，如果以超过规定的数值，则步进电机通常会停止转动，例如使用一个较大的数值调用 setSpeed()函数就可以看到效果。

2. 控制步进电机正反转

控制步进电机的转动方向非常容易，只需要将绕组的通电顺序反向即可，Stepper 库提供的实现方式也非常简单，只需要使用一个负值调用 step()函数即可。

【示例 15-14】 以下代码实现使用 Stepper 库的 step()函数控制步进电机按顺时针方向和逆时针方向往复旋转。

```
#include <Stepper.h>            //包含头文件

#define STEPS 32                //定义步进电机转子转一周需要的步数

Stepper stepper(STEPS,8,10,9,11);         //实例化 Stepper 类的一个对象

void setup()
{
  stepper.setSpeed(32);         //设置步进电机的转速
}
void loop()
{
  stepper.step(100);            //顺时针旋转 100 步
  delay(1000);                  //暂停 1s
  stepper.step(-100);           //逆时针旋转 100 步
  delay(1000);                  //暂停 1s
}
```

提示： 如果使用上面的代码控制步进电机时，发现步进电机只可以按一个方向旋转而不能反向旋转，这通常是由于接线与代码不匹配引起的。最简单的方式就是通过观察步进电机驱动板上的 LED 点亮顺序是否为 AB、BC、CD、DA，如果不是，就调整为这个顺序即可。没有使用步进电机驱动板的读者可以按照如图 15.34 所示的方式为每个输出端连接一个 LED。

正确连接电路并且将代码下载到 Arduino 开发板后，就可以看到步进电机先沿顺时针方向旋转一定角度，在暂停 1s 后再沿逆时针方向旋转。

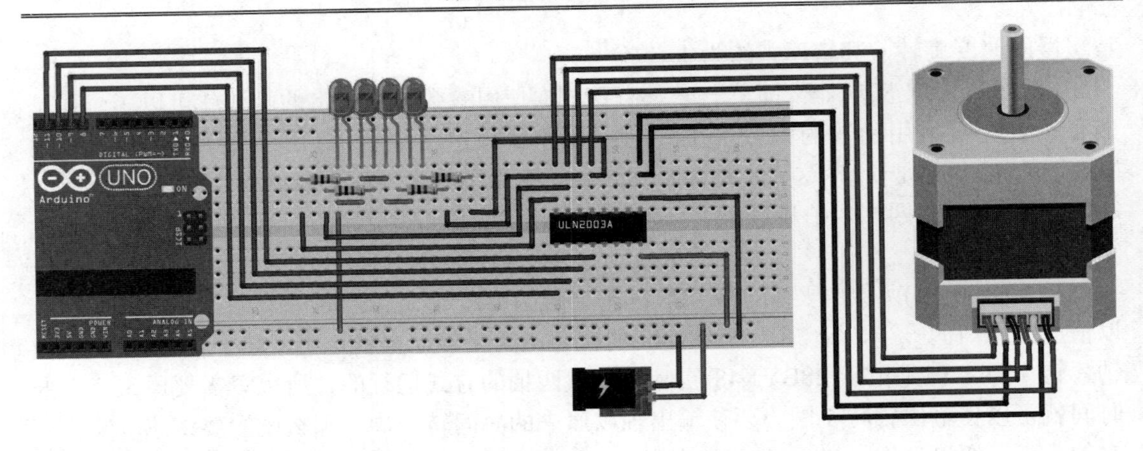

图 15.34　在电路中加入 LED 以观察绕组通电顺序

3. Stepper库的step()函数

Stepper 库的 step()函数非常好用，它可以很方便地控制步进电机旋转指定的步数和旋转方向。这里需要读者知道一个 step()函数的特性，它是一个阻塞函数。也就是说，如果使用一个比较大的值调用 step()函数，则程序直到 step()函数执行完成才会执行后续的操作。这在一些应用场合会显得比较笨拙，因为步进电机在执行过程中不能被暂停。所以最好的控制方式是使用一个较小的值多次调用 step()函数，而不是使用一个较大的值调用。

15.3.6　自己实现 28BYJ-48 的控制函数

Arduino 官方库 Stepper 为我们控制步进电机提供了方便，但是由于官方库追求的最大兼容性的目标，使得使用 Stepper 库控制的步进电机只可以以双绕组通电的方式运行。这就使得 28BYJ-48 只能以双四拍的方式运行。这种方式运行的 28BYJ-48 有更高的扭矩，但是精度有所下降，所以本节将自己实现一个 28BYJ-48 专用的控制函数，它可以控制 28BYJ-48 以八拍方式运行。

【示例 15-15】 以下代码参考 Stepper 库的代码实现简易的 28BYJ-48 专用函数，该函数可以控制步进电机以八拍的方式运行，并且可以控制运行的方向（该代码参考了官方库 Stepper 的实现）。

```
int motorPin1 = 8;
int motorPin2 = 9;
int motorPin3 = 10;
int motorPin4 = 11;
```

上面的代码定义步进电机与 Arduino 连接的端口。下面的代码实现控制函数 ctlstepper()的主要逻辑，其中，参数 whatSpeed 表示步进电机运行时的速度；steps 表示要运行的步数。

```
void ctlstepper(int whatSpeed,int steps)
{
 int direction;                                //保存步进电机旋转方向
 int stepNumber = 0;                           //保存运行到了八拍方式的第几步
 int stepsLeft = abs(steps);                   //保存需要运行的步数
 unsigned long stepDelay = 60L * 1000L / 64 / whatSpeed;
```

```
                                              //根据调用的速度计算等待时间
  long lastStepTime = 0;                      //保存两步之间的时间

  //根据参数的正负判断要输出的方向
  if (steps > 0) {
    direction = 1;
  }
  if (steps < 0) {
    direction = 0;
  }

  while(stepsLeft > 0) {                      //判断是否已经执行够指定的步数
    if (millis() - lastStepTime >= stepDelay) {      //判断等待时间是否已到
      lastStepTime = millis();                //更新时间变量的值
      //根据要运行的方向增加或者减少 stepNumber 的值
      if (direction == 1) {
        stepNumber++;
        if (stepNumber == 64) {
          stepNumber = 0;
        }
      }
      else {
        if (stepNumber == 0) {
          stepNumber = 64;
        }
        stepNumber--;
      }
      stepsLeft--;          //总步数递减
      stepMotor(stepNumber % 8);              //使用取余运算使得调用参数范围为 0~7
    }
  }
}
```

下面的代码是 stepMotor()函数的实现部分，该函数实现八拍运行方式的逻辑，根据不同的调用参数执行不同的步骤。

```
void stepMotor(int thisStep)
{
  switch (thisStep) {
  case 0:    // 1000
    digitalWrite(motorPin1, HIGH);
    digitalWrite(motorPin2, LOW);
    digitalWrite(motorPin3, LOW);
    digitalWrite(motorPin4, LOW);
    break;
  case 1:    // 1100
    digitalWrite(motorPin1, HIGH);
    digitalWrite(motorPin2, HIGH);
    digitalWrite(motorPin3, LOW);
    digitalWrite(motorPin4, LOW);
    break;
  case 2:    // 0100
    digitalWrite(motorPin1, LOW);
    digitalWrite(motorPin2, HIGH);
    digitalWrite(motorPin3, LOW);
    digitalWrite(motorPin4, LOW);
    break;
  case 3:    // 0110
    digitalWrite(motorPin1, LOW);
```

```
    digitalWrite(motorPin2, HIGH);
    digitalWrite(motorPin3, HIGH);
    digitalWrite(motorPin4, LOW);
    break;
  case 4:    // 0010
    digitalWrite(motorPin1, LOW);
    digitalWrite(motorPin2, LOW);
    digitalWrite(motorPin3, HIGH);
    digitalWrite(motorPin4, LOW);
    break;
  case 5:    // 0011
    digitalWrite(motorPin1, LOW);
    digitalWrite(motorPin2, LOW);
    digitalWrite(motorPin3, HIGH);
    digitalWrite(motorPin4, HIGH);
    break;
  case 6:    // 0001
    digitalWrite(motorPin1, LOW);
    digitalWrite(motorPin2, LOW);
    digitalWrite(motorPin3, LOW);
    digitalWrite(motorPin4, HIGH);
    break;
  case 7:    // 1001
    digitalWrite(motorPin1, HIGH);
    digitalWrite(motorPin2, LOW);
    digitalWrite(motorPin3, LOW);
    digitalWrite(motorPin4, HIGH);
    break;
  }
}
```

下面的代码是初始化部分和函数的调用部分，这里控制步进电机转子以 100 转/分的速度运行。

```
void setup()
{
  //将所有端口设置为输出
  pinMode(motorPin1,OUTPUT);
  pinMode(motorPin2,OUTPUT);
  pinMode(motorPin3,OUTPUT);
  pinMode(motorPin4,OUTPUT);
}

void loop()
{
  ctlstepper(100,35);        //调用 ctlstepper()函数
}
```

确保电路是以图 15.31 所示的四线方式连接，然后将以上代码下载到 Arduino 开发板，就可以看到步进电机以顺时针方向转动，并且比使用 Stepper 库控制时候运行平滑。

在该示例中，将控制函数的实现和使用写在了同一个文件中。如果读者有需要，可以将 ctlstepper()函数和 stepMotor()函数的实现放在单独的文件中，并适当修改代码，然后打包成一个库即可供以后的项目使用。

第 3 篇　Arduino 实战案例

第 16 章　用 Arduino 做游戏——打地鼠

从本章开始，就不再介绍新的硬件，而是使用前面章节中介绍的硬件组合起来实现一些综合的实例。本章将主要使用按钮矩阵和 8*8LED 矩阵实现一个打地鼠的游戏。打地鼠游戏的实现过程将分为 3 个步骤。首先，做出一个可以允许的雏形，之后再逐步添加功能进行完善。

16.1　需求分析

打地鼠是一款经久不衰的街机游戏，它在 1976 年就被发明了。现在这个游戏早已不限于街机，它出现在手机，以及网页游戏中已经很久了。在这里，我们将把它实现在 Arduino 上。在实现之前，首先需要分析一下它要实现的功能。这里我们打算通过 3 个大的过程来实现一个最终趋于完整的打地鼠游戏。

首先，需要介绍一下打地鼠的规则。打地鼠是一类敏捷类游戏，在指定的位置上（地鼠洞）会随机地出现地鼠，然后玩家需要使用锤子在一定的时间内打中对应地鼠的脑袋，此时玩家会获得积分。现在的打地鼠存在许多的变体，但是基本规则是不变的，即打中地鼠就可以得分。

1. 雏形

所谓雏形，就是一个实现最基本功能的模型。实现打地鼠的主要器件是一个 4*4 按钮矩阵和一个 8*8LED 点阵，如图 16.1 所示。

图 16.1　使用到的器件

实现原理是将 16 个按钮对应为 16 个鼠洞，64 个 LED 以 4 个为一组作为地鼠出现的位置。

雏形要实现的功能非常简单，就是实现最核心的部分，即关联按钮矩阵和 LED 矩阵。

在将它们关联在一起后，LED 矩阵负责随机点亮一个位置。当在指定的时间内按下对应的按钮，则对应位置 LED 熄灭，如果按下的不是对应按钮，则屏幕显示 X 符号，游戏结束。它的实现流程图如图 16.2 所示。

在实现中，将把等待时间设定为固定的 3 秒。在 3 秒内没有按下按钮或者按下错误的按钮都会导致游戏结束。

2. 升级——加入击中动画和随机速度

在实现了雏形版本后，我们就可以进行一些细节上的改进，这次改进主要是加入击中动画和随机速度。加入击中动画可以使玩家清楚自己击中的对应的地鼠。而随机速度可以提高游戏的挑战性。

3. 终极——将分数显示在LED上

在这个最终版本中，我们将为游戏加入积分系统，而且分数会显示在 LED 上。限于我们使用的是 8*8LED 点阵，所以可以显示的最高分数为 99，即一位数占用 4 列 LED。最终版本的打地鼠实现流程如图 16.3 所示。

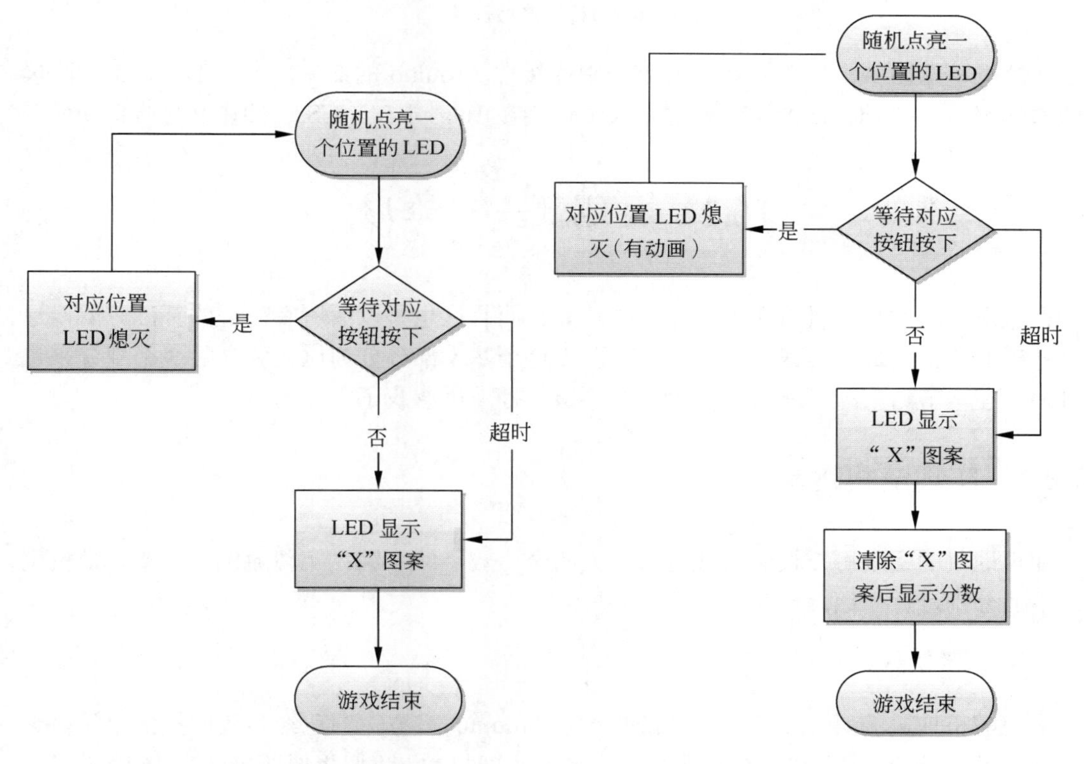

图 16.2　打地鼠游戏雏形流程图　　　　图 16.3　最终版打地鼠

4. 连接电路

打地鼠的实现反而比前面的理论更加简单，它只是简单地将 4*4 按钮矩阵和 8*8LED 点阵连接到 Arduino 而已，连接图如 16.4 所示。

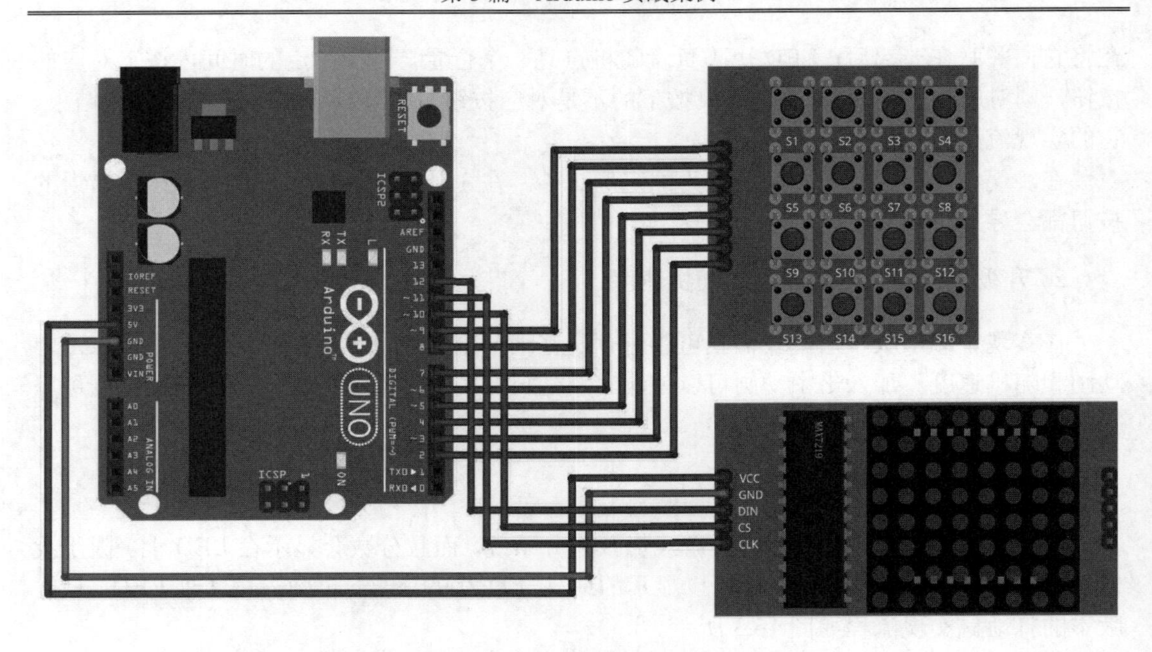

图 16.4　打地鼠连接图

在这个电路图中，按钮的 8 个针脚分别连接在 Arduino 的 2～9 号端口，LED 点阵模块的 DIN 连接在 Arduino 的 12 号端口，CS 连接在 10 号端口，CS 连接在 9 号端口。

16.2　打地鼠——雏形

在雏形阶段的打地鼠将实现最基本的功能，而且这也是以后所有改进的基础。所以这是最基础的，也是最难实现的一部分。下面将这个基本部分分为比较独立的 3 个部分来进行讲解。在本节结束时，就可以玩上一个不错的打地鼠游戏了。

16.2.1　实现随机地鼠

随机地鼠的实现可以按照实现逻辑分为两个比较小的步骤：实现随机数和实现随机位置。下面分别进行介绍。

1. 实现随机数

实现随机地鼠的第一步就是实现随机数。Arduino 官方库中已经为我们提供了随机数产生函数 random()，它可以产生一个范围内的非负随机数。我们想要随机产生 16 个随机的位置，所以使用下面的这条从逻辑上来看是可行的：

```
random(16)
```

但是为了以后与按钮的整合，使用坐标的形式会更加容易一些，即对应按钮的 4*4 坐标。那么，随机坐标就可以使用下面的代码生成：

```
int x=random(4);
int y=random(4);
```

然而在笔者实际测试过程中，发现在打地鼠这个负荷比较重的情况下，这个看似随机的坐标只会集中在特定的 9 个坐标上，无法随机到 16 个坐标。所以使用下面的语句更加合适：

```
int x=random()%4;
int y=random()%4;
```

上面的语句经笔者测试可以真正满足我们的需求。

2. 实现随机位置

在实现了满足需求的随机数后，接下来就需要实现在 LED 上显示随机的坐标。我们将使用 LedControl 库来控制 LED，这个库在第 6 章中做过详细的介绍。在这里使用的核心函数是 setLed()函数。

这里提示一下读者，我们生成的随机数是代表坐标，它们的值是 0～3。也就是说，将来随机的位置是如图 16.5 所示的 16 个位置。

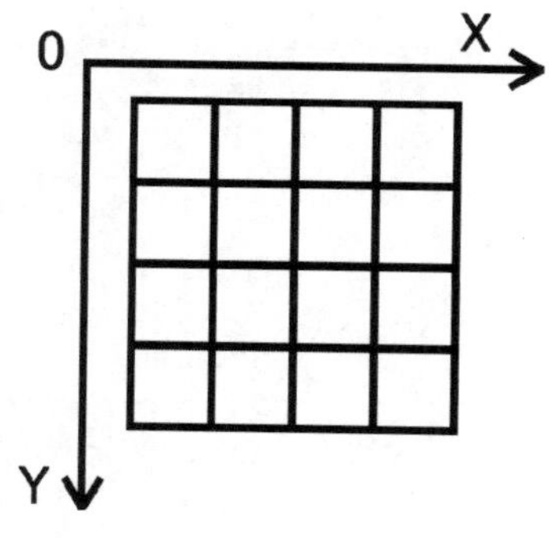

图 16.5 16 个随机位置

从这个坐标图可以看出，64 个 LED 应该是以 4 个为一组的。所以在实际生成随机位置的时候，坐标点之间应该相隔一个 LED。所以，使用下面的语句可以点亮 16 个区域中的一个 LED（左上角的 LED）：

```
lc.setLed(0,2*x,2*y,true);
```

然后我们就可以以这个坐标为参考，来点亮它右侧、下方、对角的其他 3 个 LED：

```
lc.setLed(0,2*x,2*y,true);          //点亮左上角
lc.setLed(0,2*x,2*y+1,true);        //点亮右上角
lc.setLed(0,2*x+1,2*y,true);        //点亮左下角
lc.setLed(0,2*x+1,2*y+1,true);      //点亮右下角
```

在击中对应的地鼠后，对应的 4 个 LED 将熄灭，那么对应的代码可以写成这样：

```
lc.setLed(0,2*x,2*y,false);         //熄灭左上角
lc.setLed(0,2*x,2*y+1,false);       //熄灭右上角
lc.setLed(0,2*x+1,2*y,false);       //熄灭左下角
lc.setLed(0,2*x+1,2*y+1,false);     //熄灭右下角
```

可以看到，点亮和熄灭 4 个 LED 的代码绝大部分是相同的，只是 setLed()函数的第 4 个参数不同，所以将点亮与熄灭对应位置 LED 的语句整合为一个通用函数是一个不错的选择：

```
void lightDot(int x,int y,boolean bl){
  lc.setLed(0,2*x,2*y,bl);
  lc.setLed(0,2*x,2*y+1,bl);
  lc.setLed(0,2*x+1,2*y,bl);
  lc.setLed(0,2*x+1,2*y+1,bl);
}
```

其中，参数 x 代表 X 坐标，y 代表 Y 坐标，bl 代表 LED 状态，true 为点亮，false 为熄灭。

3. 验证代码

前面分析的代码可以使用【示例 16-1】的代码验证。

【示例 16-1】 以下代码验证实现随机位置的代码。

```
#include "LedControl.h"                                   //包含头文件

LedControl lc=LedControl(12,11,10,1);                     //实例化 LedControl 类的对象

//点亮和熄灭指定位置 4 个 LED
void lightDot(int x,int y,boolean bl){
  lc.setLed(0,2*x,2*y,bl);
  lc.setLed(0,2*x,2*y+1,bl);
  lc.setLed(0,2*x+1,2*y,bl);
  lc.setLed(0,2*x+1,2*y+1,bl);
}

void setup() {
  lc.shutdown(0,false);                                   //关闭 Shutdown 模式
  lc.setIntensity(0,0);                                   //设置亮度
  lc.clearDisplay(0);                                     //清除显示
}

int x,y;                                                  //保存随机坐标

void loop(){
  lightDot(x=random()%4,y=random()%4,true);               //随机点亮一个位置的 4 个 LED
  delay(2000);                    //让 LED 保持点亮 2 秒
  lightDot(x,y,false);            //熄灭之前点亮的 4 个 LED
}
```

按照图 16.4 所示的连接图连接电路后，将上面的代码下载到 Arduino 开发板，就可以看到一个完美的随机地鼠产生了。当然，在真正实现的代码中，熄灭动作应该是由按下按钮来实现的。

16.2.2　按钮逻辑

按钮逻辑部分按照实现逻辑也可以分为两个部分：获取按钮值和解析按钮。下面分别做介绍。

1. 获取按钮值

在第 8 章中已经详细介绍过按钮的知识，获取按钮值的部分大部分来自于【示例 8-7】。在获取按钮值的实现代码中，使用第 8 章中介绍的 Keypad 库。由于 Keypad 库中没有获取按下按钮坐标的功能，所以只能为各个按钮映射一个对应的键值：

```
char hexaKeys[ROWS][COLS] = {
  {
    '0','1','2','3'                    }
  ,
  {
    '4','5','6','7'                    }
```

```
  ,
  {
    '8','9','A','B'                    }
  ,
  {
    'C','D','E','F'                    }
};
```

然后使用下面的代码来获取按下的对应按钮。

```
char customKey=customKeypad.getKey();
```

从上面的语句获取到的是按钮对应的映射值，即 0～9 以及 A～F。我们要做的是将它们重新映射到 0～15，这样做的原因是，可以和 LED 的 16 个位置更好地对应起来。这个映射其实只需要一行简单的代码就可以做到：

```
keys=customKey>='A'?customKey-55:customKey-48;
```

这段代码判断获取到的映射值（customKey）是否大于等于 A，即是否为 A～F 中的一个，如果是，就将它们的值减去 55，然后就将 A～F 映射到了 10～15。如果 customKey 小于 A，则将它们的值减去 48，然后就将它们的值映射到了 0～9。可以使用【示例 16-2】的代码验证这个算法是否奏效。

【示例 16-2】 下面的代码验证是否将按钮的值映射到 0～15。

```
#include <Keypad.h>

const byte ROWS = 4;                   //按钮矩阵的行数
const byte COLS = 4;                   //按钮矩阵的列

//按钮对应的符号
char hexaKeys[ROWS][COLS] = {
  {
    '0','1','2','3'                    }
  ,
  {
    '4','5','6','7'                    }
  ,
  {
    '8','9','A','B'                    }
  ,
  {
    'C','D','E','F'                    }
};

byte rowPins[ROWS] = {
  5, 4, 3, 2};                         //按钮矩阵行对应接入 Arduino 的端口
byte colPins[COLS] = {
  6, 7, 8, 9};                         //按钮矩阵列对应接入 Arduino 的端口

//初始化一个 Keypad 类的对象
Keypad customKeypad = Keypad( makeKeymap(hexaKeys), rowPins, colPins, ROWS,
COLS);

void setup() {
  Serial.begin(9600);
}
```

```
void loop(){
  char customKey=customKeypad.getKey();      //获取按下的按钮
  if(customKey)      //判断是否有按钮按下
    Serial.println(customKey>='A'?customKey-55:customKey-48);
                                              //将获取到的键值重新映射
}
```

正确连接电路，然后将上面的代码下载到 Arduino 开发板，依次按下矩阵上的各个按钮，应该可以看到它们被分别映射到了 0～15。如图 16.6 所示是一种执行结果。

2. 关联按钮值和LED位置

进过上面的分析，现在我们已经可以获取到重新映射后的按钮值。下面首先要做的就是将按钮的映射值和 LED 位置值关联起来。笔者使用了以下的简单方法来关联它们：

```
keys==4*x+y
```

其中，keys 为按钮重新映射的值，范围是 0～15。x 和 y 是随机产生的 LED 坐标值，它们的范围都是 0～3。我们可以来验证一下，假设现在点亮的 LED 位置如图 16.7 所示。

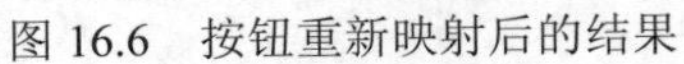
图 16.6　按钮重新映射后的结果

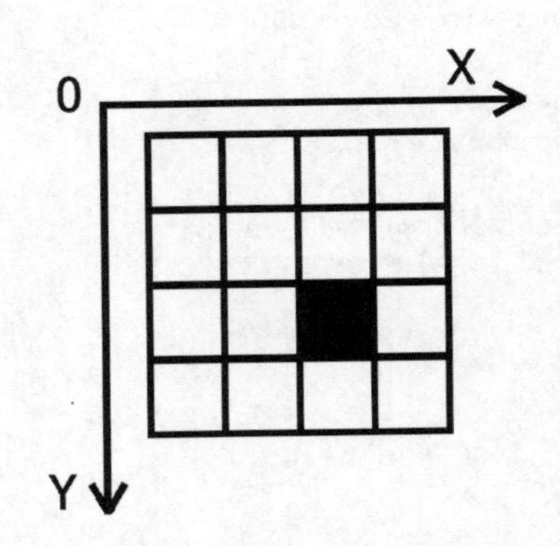

图 16.7　点亮的一个 LED 位置

这个位置 LED 的横坐标 X 是 2，纵坐标 Y 是 2，那么 4*2+2=10，正好对应映射值为 10 的按钮。

3. 打地鼠主要逻辑

主要逻辑部分是实现打地鼠的核心部分，这里需要对可能出现的所有状况都做对应的处理。首先是判断是否有按钮被按下，我们可以使用 if…else if 判断，初步形成的结构应该如下：

```
char customKey=customKeypad.getKey();        //获取按钮值

if(customKey){                                //有按钮被按下
  …                                           //对应的处理语句
}
else if(!customKey){                          //没有按钮被按下
```

```
  …                                         //对应的处理语句
}
```

在判断是否有按钮被按下的同时，应该判断是否超过地鼠出现的时间间隔。改进后的结构应该像这样：

```
char customKey=customKeypad.getKey();

if(customKey&&millis()-tmptime<=3000){          //有按钮被按下并且没有超时
  …          //对应的处理语句
}
else if(!customKey&&millis()-tmptime<=3000){ //没有按钮被按下并且没有超时
  …          //对应的处理语句
}
else{        //在指定的时间内没有按下按钮
  …          //对应的处理语句
}
```

以上就是程序的主要逻辑，它包含了按钮可能出现的所有情况。当然，在第一个 if 语句中应该还有一个判断。它判断按下的按钮是否与点亮的 LED 位置对应，代码可这样实现：

```
keys=customKey>='A'?customKey-55:customKey-48; //将获取到的键值重新映射

  if(keys==4*x+y){                          //如果按钮与 LED 位置对应
    lightDot(x,y,false);                    //则熄灭对应的 LED
  }
  else if(keys!=4*x+y){                     //如果按钮与 LED 位置不对应
    gameOver();                             //游戏结束，在 LED 输出 X 符号
    while(1);                               //程序进入死循环
  }
```

其中，gameOver()函数用于在游戏失败后在 LED 输出 X 符号，它的实现代码如下：

```
void gameOver(){
 for(int i=0;i<8;i++)
   lc.setLed(0,i,i,true);
 for(int j=7;j>=0;j--)
   lc.setLed(0,7-j,j,true);
}
```

综合以上的所有逻辑，然后完善对应的处理语句，核心的逻辑代码就可以这样完成了：

```
ag:
 char customKey=customKeypad.getKey();          //获取按钮键值

 if(customKey&&millis()-tmptime<=3000){         //如果按下按钮并且没有超时

keys=customKey>='A'?customKey-55:customKey-48; //重新映射键值

   if(keys==4*x+y){                            //按钮与 LED 位置对应
     lightDot(x,y,false);
   }
   else if(keys!=4*x+y){                       //按钮与 LED 位置不对应
     gameOver();
     while(1);
   }
 }
```

```
else if(!customKey&&millis()-tmptime<=3000){ //没有按下按钮并且没有超时
  goto ag;                                   //重新获取按钮并执行一系列判断
}
else{                                        //超时没有按下按钮则游戏结束
  gameOver();
  while(1);
}
```

16.2.3　整合代码

之前已经将整个打地鼠的实现细节做了详细的分析，整个框架已经搭建完成，下面的代码将整合并完善剩余的代码，从而完成一个完整可玩的打地鼠游戏。

【示例 16-3】 以下代码实现完整可玩的打地鼠游戏。

```
#include "LedControl.h"     //包含头文件
#include <Keypad.h>

const byte ROWS = 4;        //按钮矩阵的行数
const byte COLS = 4;        //按钮矩阵的列

//按钮对应的符号
char hexaKeys[ROWS][COLS] = {
  {
    '0','1','2','3'                 }
  ,
  {
    '4','5','6','7'                 }
  ,
  {
    '8','9','A','B'                 }
  ,
  {
    'C','D','E','F'                 }
};

byte rowPins[ROWS] = {
  5, 4, 3, 2};  //按钮矩阵行对应接入 Arduino 的端口
byte colPins[COLS] = {
  6, 7, 8, 9};  //按钮矩阵列对应接入 Arduino 的端口

//初始化一个 Keypad 类的对象
Keypad customKeypad = Keypad( makeKeymap(hexaKeys), rowPins, colPins, ROWS,
COLS);

LedControl lc=LedControl(12,11,10,1);      //实例化 LedControl 类的对象

void setup() {
  lc.shutdown(0,false);                    //关闭 Shutdown 模式
  lc.setIntensity(0,0);                    //设置亮度
  lc.clearDisplay(0);                      //清除显示
}

void lightDot(int x,int y,boolean bl){     //点亮和熄灭指定位置的 LED
  lc.setLed(0,2*x,2*y,bl);
  lc.setLed(0,2*x,2*y+1,bl);
  lc.setLed(0,2*x+1,2*y,bl);
```

```
  lc.setLed(0,2*x+1,2*y+1,bl);
}

void gameOver(){                                    //游戏结束，在 LED 画出 X 图案
  for(int i=0;i<8;i++)
    lc.setLed(0,i,i,true);
  for(int j=7;j>=0;j--)
    lc.setLed(0,7-j,j,true);
}

int x,y;                                            //保存 LED 位置的横纵坐标

void loop(){

  lightDot(x=random()%4,y=random()%4,true);
                                                    //随机点亮 LED，并保存 LED 坐标信息
  unsigned long tmptime=millis();                   //记录 LED 点亮的起始时间

  int keys;       //保存重新映射后的按钮值

ag:
  char customKey=customKeypad.getKey();             //获取按钮值

  //判断按钮的所有情况并做出响应
  if(customKey&&millis()-tmptime<=3000){
    keys=customKey>='A'?customKey-55:customKey-48;
    if(keys==4*x+y){
      lightDot(x,y,false);
    }
    else if(keys!=4*x+y){
      gameOver();
      while(1);
    }
  }
  else if(!customKey&&millis()-tmptime<=3000){
    goto ag;
  }
  else{
    gameOver();
    while(1);
  }
}
```

以上代码就是一个完整的打地鼠雏形。在这个雏形中，地鼠出现后可以供玩家击打的时间是固定的 3 秒，并且游戏也没有积分系统，会丧失部分游戏性，这将在后续的版本中逐步完善。在游戏失败后，需要通过 Arduino 上的重置按钮开始新游戏。

16.3　打地鼠——高级

在 16.2 节我们已经实现了一个完全可玩的打地鼠游戏，但是其中还有许多明显的不足。在本节中，将会做两处改进。第一处改进的是加入击中动画，第二改进的是加入随机速度。下面将分别介绍。

16.3.1　加入击中动画

实际玩过【示例 16-3】的读者应该可以发现，随机地鼠出现和被击中消失的过程是完全一样的。本节中就为击中加入一个消失的动画来增加观赏性。笔者首先想到的一个动画就是逐步消失：在指定位置的地鼠被击中后，亮起的 4 个 LED 逐步熄灭。这个动画可以说是笔者想到的最容易实现的，也比较美观的一个，它可以直接实现在之前的 lightLed()函数中：

```
void lightDot(int x,int y,boolean bl){
  if(bl){
    lc.setLed(0,2*x,2*y,bl);
    lc.setLed(0,2*x,2*y+1,bl);
    lc.setLed(0,2*x+1,2*y,bl);
    lc.setLed(0,2*x+1,2*y+1,bl);
  }
  else{
    lc.setLed(0,2*x,2*y,bl);
    delay(100);
    lc.setLed(0,2*x,2*y+1,bl);
    delay(100);
    lc.setLed(0,2*x+1,2*y,bl);
    delay(100);
    lc.setLed(0,2*x+1,2*y+1,bl);
  }
}
```

这段实现代码只是在之前的 lightDot()函数中加入了一个 if…else 判断。当判断到要熄灭代码时，则在熄灭两个 LED 之间加入 100 毫秒的延时。如果读者想要测试一下效果，则只需要将【示例 16-3】中的 lightDot()函数按照上面的代码修改之后下载到 Arduino 即可。

16.3.2　加入随机速度

之前实现的打地鼠中，地鼠被击中后，另一个地鼠会立刻出现。而且每个地鼠出现后，有固定的 3 秒时间供玩家击打。这对于许多反应迅速的玩家来说非常没有挑战性，所以这里为之前的打地鼠加入随机速度。可以加入的随机速度有两处：

- 地鼠被击中后出现新地鼠的时间间隔；
- 供玩家击打地鼠的时间。

新地鼠出现的时间间隔和供玩家击打地鼠的时间之间可以有联系，也可以相互独立。这里笔者推荐关联这两个时间，它们之间的关系是：

```
供玩家击打地鼠的时间=3000-地鼠被击中后出现新地鼠的时间间隔
```

这样，在玩家击中一个地鼠后，可以根据下一个地鼠出现所耗费的时间来推断可供自己击打地鼠的时间，这样就把挑战性提升了一个档次。一些资料表明，人类的极限反应时间是 0.1 秒，所以建议新地鼠出现的时间最好不要大于 2900。在代码中，我们可以加入一个 speeds 变量来保存新地鼠出现的时间间隔。代码的主体部分就可以这样实现：

```
void loop(){
  delay(speeds=random(2900));//延迟新地鼠出现的时间，并将结果保存在 speeds 变量中
```

```
  …
ag:
  char customKey=customKeypad.getKey();
  if(customKey&&millis()-tmptime<=3000-speeds){//玩家击打时间是 3000-speeds
    …
  }
  else if(!customKey&&millis()-tmptime<=3000-speeds){
    …
  }
  else{
    …
  }
}
```

16.3.3　整合代码

前面两个小节对打地鼠要升级的新功能做了详细介绍，本小节就将之前两章中实现的功能一起整合到我们的高级版打地鼠中。

【示例 16-4】 以下代码实现高级版打地鼠。

```
#include "LedControl.h"      //包含头文件
#include <Keypad.h>

const byte ROWS = 4;         //按钮矩阵的行数
const byte COLS = 4;         //按钮矩阵的列

//按钮对应的符号
char hexaKeys[ROWS][COLS] = {
  {
    '0','1','2','3'                  }
  ,
  {
    '4','5','6','7'                  }
  ,
  {
    '8','9','A','B'                  }
  ,
  {
    'C','D','E','F'                  }
};

byte rowPins[ROWS] = {
  5, 4, 3, 2};  //按钮矩阵行对应接入 Arduino 的端口
byte colPins[COLS] = {
  6, 7, 8, 9};  //按钮矩阵列对应接入 Arduino 的端口

//初始化一个 Keypad 类的对象
Keypad customKeypad = Keypad( makeKeymap(hexaKeys), rowPins, colPins, ROWS,
COLS);

LedControl lc=LedControl(12,11,10,1);       //实例化 LedControl 类的对象

void setup() {
  randomSeed(analogRead(A1));               //初始化随机种子
  lc.shutdown(0,false);                     //关闭 Shutdown 模式
  lc.setIntensity(0,0);                     //设置亮度
```

```
  lc.clearDisplay(0);                              //清除显示
}

void lightDot(int x,int y,boolean bl){
  if(bl){
    lc.setLed(0,2*x,2*y,bl);
    lc.setLed(0,2*x,2*y+1,bl);
    lc.setLed(0,2*x+1,2*y,bl);
    lc.setLed(0,2*x+1,2*y+1,bl);
  }
  else{
    lc.setLed(0,2*x,2*y,bl);
    delay(100);
    lc.setLed(0,2*x,2*y+1,bl);
    delay(100);
    lc.setLed(0,2*x+1,2*y,bl);
    delay(100);
    lc.setLed(0,2*x+1,2*y+1,bl);
  }
}

void gameOver(){
  for(int i=0;i<8;i++)
    lc.setLed(0,i,i,true);
  for(int j=7;j>=0;j--)
    lc.setLed(0,7-j,j,true);
}

int x,y;
int speeds;                                   //保存随机速度

void loop(){
  delay(speeds=random(2900));         //等待并记录一段随机的时间
  lightDot(x=random()%4,y=random()%4,true);
  unsigned long tmptime=millis();
  int keys;
ag:
  char customKey=customKeypad.getKey();
  if(customKey&&millis()-tmptime<=3000-speeds){
                                      //关联新地鼠出现的时间和供玩家击打的时间
    keys=customKey>='A'?customKey-55:customKey-48;
    if(keys==4*x+y){
      lightDot(x,y,false);
    }
    else if(keys!=4*x+y){
      gameOver();
      while(1);
    }
  }
  else if(!customKey&&millis()-tmptime<=3000-speeds){
                                 //关联新地鼠出现的时间和供玩家击打的时间
    goto ag;
  }
  else{
    gameOver();
    while(1);
  }
}
```

确保正确连接电路，然后将以上代码下载到 Arduino 开发板，就可以开始新的游戏了。

经笔者亲身测试，高级版的游戏已经具备了极大的挑战性。但是改进仍没有停止，下面的内容将实现终极版的打地鼠。

16.4　打地鼠——终极

从简陋的雏形版打地鼠，到极具挑战性和美观性的高级打地鼠，它在我们的手中逐步完善起来。但是改进永远不会结束，在本节中，我们将为打地鼠加入积分功能，这样不但可以挑战自己，而且可以挑战其他人，为游戏增加了许多娱乐性。

16.4.1　加入积分系统

为打地鼠加入积分系统可以使得打地鼠的娱乐性更上一层楼。加入积分系统的代码实现是非常简单的。我们将要实现的积分规则是打中一个地鼠，则分数加 1。由于只有打中地鼠才可以加分，所以只需要在打中地鼠的条件分支中添加代码即可，实现代码如下：

```
int score=0;          //保存分数的变量

if(customKey&&millis()-tmptime<=3000-speeds){
    keys=customKey>='A'?customKey-55:customKey-48;
    if(keys==4*x+y){
      lightDot(x,y,false);
      score++;          //打中地鼠则分数加 1
    }
    else if(keys!=4*x+y){
      gameOver();
      while(1);
    }
  }
```

当然读者也可以使用其他的积分规则，如未打中地鼠就扣 1 分等，但是实现起来要比上面的这个规则复杂一些。下面的代码实现将玩家获得的分数输出在串口监视器中，这是显示积分最简单的办法。

【示例 16-5】 下面的代码实现将玩家获得的积分输出在串口监视器中。

```
#include "LedControl.h"      //包含头文件
#include <Keypad.h>

const byte ROWS = 4;         //按钮矩阵的行数
const byte COLS = 4;         //按钮矩阵的列

//按钮对应的符号
char hexaKeys[ROWS][COLS] = {
  {
    '0','1','2','3'                    }
  ,
  {
    '4','5','6','7'                    }
  ,
  {
    '8','9','A','B'                    }
```

```
  ,
  {
    'C','D','E','F'                    }
};

byte rowPins[ROWS] = {
  5, 4, 3, 2};  //按钮矩阵行对应接入 Arduino 的端口
byte colPins[COLS] = {
  6, 7, 8, 9};  //按钮矩阵列对应接入 Arduino 的端口

//初始化一个 Keypad 类的对象
Keypad customKeypad = Keypad( makeKeymap(hexaKeys), rowPins, colPins, ROWS,
COLS);

LedControl lc=LedControl(12,11,10,1);        //实例化 LedControl 类的对象

void setup() {
  Serial.begin(9600);                        //初始化串口通信
  randomSeed(analogRead(A1));
  lc.shutdown(0,false);                      //关闭 Shutdown 模式
  lc.setIntensity(0,0);                      //设置亮度
  lc.clearDisplay(0);                        //清除显示
}

void lightDot(int x,int y,boolean bl){
  if(bl){
    lc.setLed(0,2*x,2*y,bl);
    lc.setLed(0,2*x,2*y+1,bl);
    lc.setLed(0,2*x+1,2*y,bl);
    lc.setLed(0,2*x+1,2*y+1,bl);
  }
  else{
    lc.setLed(0,2*x,2*y,bl);
    delay(100);
    lc.setLed(0,2*x,2*y+1,bl);
    delay(100);
    lc.setLed(0,2*x+1,2*y,bl);
    delay(100);
    lc.setLed(0,2*x+1,2*y+1,bl);
  }
}

void gameOver(){
  for(int i=0;i<8;i++)
    lc.setLed(0,i,i,true);
  for(int j=7;j>=0;j--)
    lc.setLed(0,7-j,j,true);
}

int x,y;
int score=0;                                 //记录分数的变量
int speeds;

void loop(){
  delay(speeds=random(2900));
  lightDot(x=random()%4,y=random()%4,true);
  unsigned long tmptime=millis();
  int keys;
ag:
```

```
  char customKey=customKeypad.getKey();
  if(customKey&&millis()-tmptime<=3000-speeds){
    keys=customKey>='A'?customKey-55:customKey-48;
    if(keys==4*x+y){
      lightDot(x,y,false);
      score++;                        //打中地鼠则分数加 1
    }
    else if(keys!=4*x+y){
      Serial.println(score);          //未打中地鼠则输出分数
      gameOver();
      while(1);
    }
  }
  else if(!customKey&&millis()-tmptime<=3000-speeds){
    goto ag;
  }
  else{
    Serial.println(score);            //指定时间内未按下按钮则游戏结束，输出分数
    gameOver();
    while(1);
  }
}
```

在将上面的代码下载到 Arduino 开发板后，需要打开串口监视器，然后进行游戏，在游戏结束后就可以看到分数。

16.4.2　将分数显示在 LED 上

上面的代码实现了积分系统，而积分需要借助串口监视器显示，这就导致了打地鼠游戏不能完全脱离主机运行。在本节中，就来实现在 8*8LED 上显示积分。经笔者测试，在 8*8LED 上显示两位数值还是比较理想的，如图 16.8 所示为实际效果。

也就是说，积分的上限是 99 分。下面就来逐步实现积分系统。

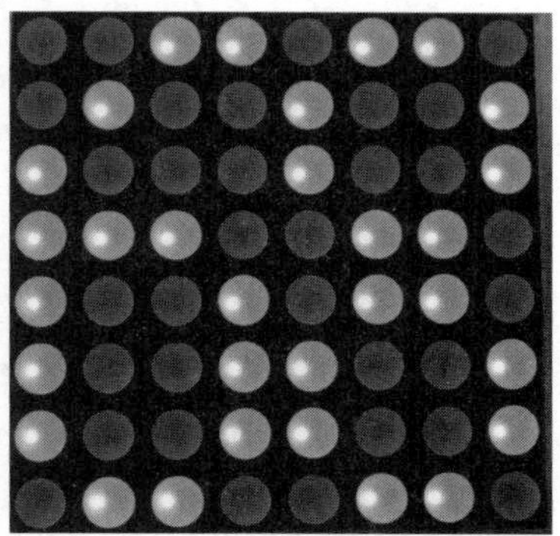

图 16.8　实际分数显示效果

1. 数字符号数组

在第 6 章介绍 LED 点阵的时候，我们已经可以实现各种复杂的图案，那么实现如图 16.8 所示的图案一定不在话下。当然，读者不能被表象所迷惑，图 16.8 中的数值虽然看起来是显示在一起的，但实际实现中只需要绘制出单个元素即可，即数字 0～9，而不是 0～99。

在实现过程中，使用到的是 LedControl 库中的 setRow() 函数，它会设置一行中 8 个 LED 的状态。我们的 LED 是 8*8 的，所以每个数字需要设置 8 行才可以显示一个完整的数字。将构成一个数字的各个行保存在一个数组中是一个不错的选择，如数字 0 可以使用下面的 8 行数字来表示：

```
B00000110,
B00001001,
B00001001,
B00001001,
B00001001,
B00001001,
```

```
   B00001001,
B00000110
```

数字 8 可以使用下面的数字来表示：

```
   B00000110,
   B00001001,
   B00001001,
   B00000110,
   B00000110,
   B00001001,
   B00001001,
   B00000110
```

其中，1 表示对应位置的 LED 点亮，0 则表示不点亮。所有的 1 就构成了要显示的数字的轮廓。而每条数据前面都有 4 个 0，这是为十位的数字空出的位置。然后，很容易就可以写出所有 10 个数字，将它们放在一个二维数组中，如下：

```
byte num[][8]={
  {
   B00000110,
   B00001001,
   B00001001,
   B00001001,            //数字 0
   B00001001,
   B00001001,
   B00001001,
   B00000110
  }
  ,
  {
   B00000010,
   B00000110,
   B00000010,
   B00000010,            //数字 1
   B00000010,
   B00000010,
   B00000010,
   B00000111
  }
  ,
  {
   B00000110,
   B00001001,
   B00000001,
   B00000010,            //数字 2
   B00000100,
   B00001000,
   B00001000,
   B00001111
  }
  ,
  {
   B00000110,
   B00001001,
   B00000001,
   B00000110,            //数字 3
   B00000110,
   B00000001,
   B00001001,
```

```
  B00000110
}
,
{
  B00000010,
  B00000110,
  B00001010,
  B00001010,              //数字 4
  B00001111,
  B00000010,
  B00000010,
  B00000010,
}
,
{
  B00001111,
  B00001000,
  B00001000,
  B00001110,              //数字 5
  B00000001,
  B00000001,
  B00001001,
  B00000110
}
,
{
  B00000011,
  B00000100,
  B00001000,
  B00001110,              //数字 6
  B00001001,
  B00001001,
  B00001001,
  B00000110
}
,
{
  B00001111,
  B00000001,
  B00000001,
  B00000010,              //数字 7
  B00000100,
  B00000100,
  B00000100,
  B00000100
}
,
{
  B00000110,
  B00001001,
  B00001001,
  B00000110,              //数字 8
  B00000110,
  B00001001,
  B00001001,
  B00000110
}
,
{
  B00000110,
```

```
    B00001001,
    B00001001,
    B00000111,              //数字 9
    B00000001,
    B00000010,
    B00000100,
    B00001000
  }
};
```

2. 显示个位数字

在 LED 上显示一位数字非常简单。前面提到过我们要使用的函数是 setRow()，它根据指定的参数设置一行中 8 个 LED 的状态。这个参数由我们前面完成的数组提供，然后使用循环分别设置所有 8 行 LED 即可，实现的代码如下：.

```
for(int i=0;i<8;i++){
    lc.setRow(0,i, num[val][i]);
```

其中的 val 就是要显示的数值，如图 16.9 所示为显示 1 位数字的效果。

3. 显示十位数字

显示一位数字非常简单，但是显示两位数字就需要一点技巧了。读者应该回忆一下第 6 章中滚动字幕的实现思路。以图 16.9 所示的结果作为基础，我们想要的效果就是在 LED 的左半部分显示另一个数字。如果读者注意到了 num 数组中每个元素前面有 4 个 0，那正是它在 LED 的左半侧留出了空隙，那么实现思路就有了，将对应数字数组元素的值统一向左移动 4 位，就可以将数字显示在十位上了，实现的代码如下：

```
for(int i=0;i<8;i++){
    lc.setRow(0,i, num[val][i]<<4);
```

其中，val 就是要显示的数值，如图 16.10 所示为显示的效果。

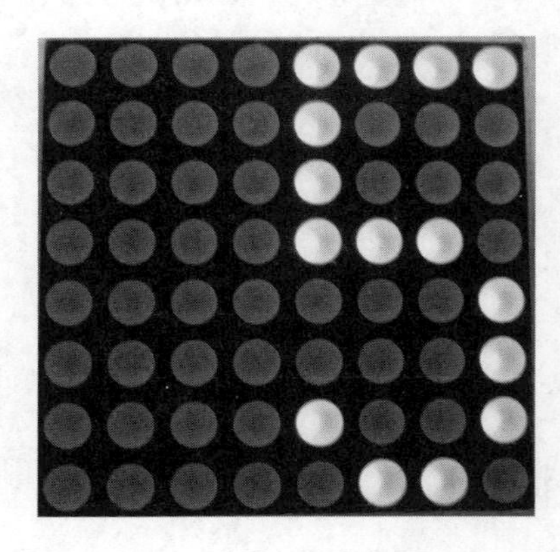

图 16.9　显示 1 位数字的效果

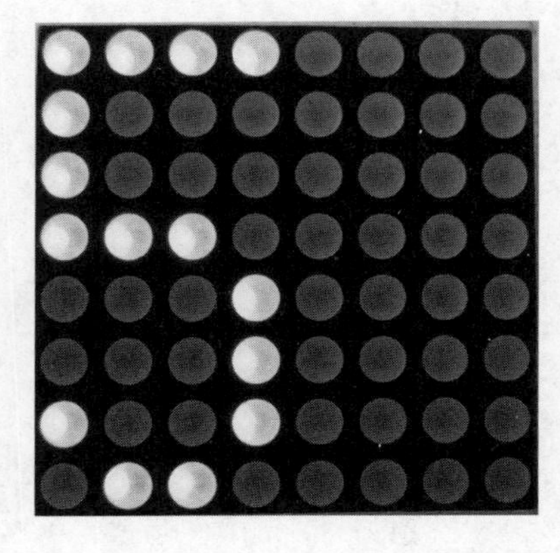

图 16.10　在十位显示数字的效果

4. 显示两位数字

前面的内容分别实现了在 8*8LED 上显示个位和十位数，这里就把它们整合成在 LED 上同时显示两位数。整合方式并不是简单地使用 setRow()函数输出个位数，然后再输出十位数，这样的结果还是显示一位数。正确的做法是，把显示在左右两侧的两个数字的位模式进行合并，最简单的做法就是使用按位与，实现的代码如下：

```
for(int i=0;i<8;i++)
  lc.setRow(0,i,num[val/10][i]<<4 | num[val%10][i]);
```

这样，当 val 的值为两位数的时候，就可以正确地显示在 8*8LED 上，显示效果如图 16.11 所示。

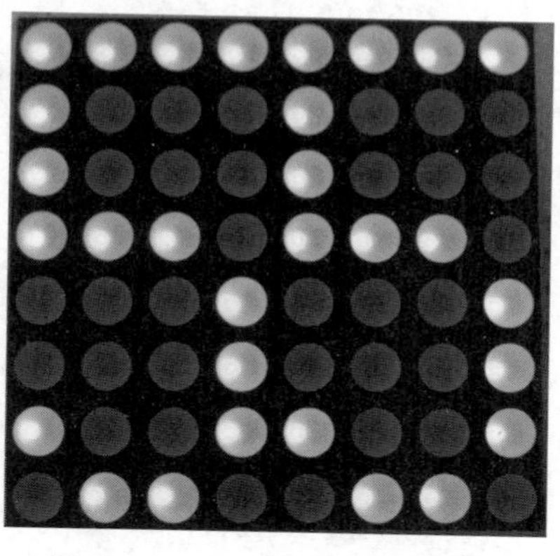

图 16.11　显示两位数字的效果

5. 最终函数

这里将前面实现的功能作为一个函数来实现，以便整合进打地鼠游戏。这个函数的实现需要解决的问题是一位数和两位数显示。我们知道在打地鼠的实现代码中，分数是从 0 开始递增的。所以 0～9 之间的参数需要特殊处理，处理方式也非常简单，只需要一个 if…else 判断即可。最终实现的代码如下：

```
void displayScore(int val){
  for(int i=0;i<8;i++){
    if(val<10)
      lc.setRow(0,i,num[0][i]<<4|num[val][i]);  //显示 0～9 之间的数，有前导 0
    else{
      lc.setRow(0,i,num[val/10][i]<<4|num[val%10][i]);  //显示大于 9 的数
    }
  }
}
```

为了分数的显示更加一致，在显示一位分数的时候会加入前导 0。下面的测试代码调用上面实现的 displayScore()函数，在 8*8LED 上输出 00～99。

【示例 16-6】 下面的代码实现在 8*8LED 上输出 00～99。

```
#include <LedControl.h>

LedControl lc=LedControl(12,11,10,1);        //实例化 LedControl 类的对象

//保存 0～9 各个数的构成数据
byte num[][8]={
  {
    B00000110,
    B00001001,
    B00001001,
    B00001001,
    B00001001,
    B00001001,
    B00001001,
    B00000110
  }
  ,
  {
    B00000010,
    B00000110,
    B00000010,
    B00000010,
    B00000010,
```

```
  B00000010,
  B00000010,
  B00000111
}
,
{
  B00000110,
  B00001001,
  B00000001,
  B00000010,
  B00000100,
  B00001000,
  B00001000,
  B00001111
}
,
{
  B00000110,
  B00001001,
  B00000001,
  B00000110,
  B00000110,
  B00000001,
  B00001001,
  B00000110
}
,
{
  B00000010,
  B00000110,
  B00001010,
  B00001010,
  B00001111,
  B00000010,
  B00000010,
  B00000010,
}
,
{
  B00001111,
  B00001000,
  B00001000,
  B00001110,
  B00000001,
  B00000001,
  B00001001,
  B00000110
}
,
{
  B00000011,
  B00000100,
  B00001000,
  B00001110,
  B00001001,
  B00001001,
  B00001001,
  B00000110
}
,
{
```

```
    B00001111,
    B00000001,
    B00000001,
    B00000010,
    B00000100,
    B00000100,
    B00000100,
    B00000100
  }
  ,
  {
    B00000110,
    B00001001,
    B00001001,
    B00000110,
    B00000110,
    B00001001,
    B00001001,
    B00000110
  }
  ,
  {
    B00000110,
    B00001001,
    B00001001,
    B00000111,
    B00000001,
    B00000010,
    B00000100,
    B00001000
  }
};

void setup() {
  lc.shutdown(0,false);           //关闭 Shutdown 模式
  lc.setIntensity(0,0);           //设置亮度
  lc.clearDisplay(0);             //清除显示
}

void displayScore(int val){       //用来在 LED 点阵上输出两位数
  for(int i=0;i<8;i++){
    if(val<10)
      lc.setRow(0,i,num[0][i]<<4|num[val][i]);
    else{
      lc.setRow(0,i,num[val/10][i]<<4|num[val%10][i]);
    }
  }
}

void loop(){
  for(int i=0;i<100;i++){         //循环显示 00～99
    displayScore(i);
    delay(500);
  }
}
```

使用之前的连接电路，然后将上面的代码下载到 Arduino 开发板，就可以看到 LED 点阵上的数字从 00 以 0.5 秒的间隔增加到 99。

16.4.3 整合代码

至此，终于要实现我们的终极打地鼠游戏了。本节的内容就是将积分系统整合到之前的高级打地鼠中。但是，整合过程并不是简单地将对应代码复制到一个文件中，虽然大部分确实是复制文件。除了复制文件之外，我们需要做的是修改 gameOver()函数。之前的 gameOver()函数会在游戏结束后在 8*8LED 上画出 X 符号，而我们要做的改进是在画出 X 符号之后再显示得分，这就需要在 gameOver()函数中清除一次图像，所以修改后的代码如下：

```
void gameOver(){
 for(int i=0;i<8;i++)
  lc.setLed(0,i,i,true);
 for(int j=7;j>=0;j--)
  lc.setLed(0,7-j,j,true);
 delay(1000);              //使 X 符号显示 1 秒钟
 lc.clearDisplay(0);       //清除屏幕
}
```

然后，我们就可以放心地整合代码了。

【示例 16-7】 下面的代码实现终极打地鼠。

```
#include "LedControl.h"     //包含头文件
#include <Keypad.h>

const byte ROWS = 4;        //按钮矩阵的行数
const byte COLS = 4;        //按钮矩阵的列

//按钮对应的符号
char hexaKeys[ROWS][COLS] = {
  {
    '0','1','2','3'                }
  ,
  {
    '4','5','6','7'                }
  ,
  {
    '8','9','A','B'                }
  ,
  {
    'C','D','E','F'                }
};

byte num[][8]={
  {
    B00000110,
    B00001001,
    B00001001,
    B00001001,
    B00001001,
    B00001001,
    B00001001,
    B00000110
  }
  ,
```

```
{
  B00000010,
  B00000110,
  B00000010,
  B00000010,
  B00000010,
  B00000010,
  B00000010,
  B00000111
}
,
{
  B00000110,
  B00001001,
  B00000001,
  B00000010,
  B00000100,
  B00001000,
  B00001000,
  B00001111
}
,
{
  B00000110,
  B00001001,
  B00000001,
  B00000110,
  B00000110,
  B00000001,
  B00001001,
  B00000110
}
,
{
  B00000010,
  B00000110,
  B00001010,
  B00001010,
  B00001111,
  B00000010,
  B00000010,
  B00000010,
}
,
{
  B00001111,
  B00001000,
  B00001000,
  B00001110,
  B00000001,
  B00000001,
  B00001001,
  B00000110
}
,
{
  B00000011,
  B00000100,
  B00001000,
  B00001110,
  B00001001,
```

```
    B00001001,
    B00001001,
    B00000110
  }
  ,
  {
    B00001111,
    B00000001,
    B00000001,
    B00000010,
    B00000100,
    B00000100,
    B00000100,
    B00000100
  }
  ,
  {
    B00000110,
    B00001001,
    B00001001,
    B00000110,
    B00000110,
    B00001001,
    B00001001,
    B00000110
  }
  ,
  {
    B00000110,
    B00001001,
    B00001001,
    B00000111,
    B00000001,
    B00000010,
    B00000100,
    B00001000
  }
};

byte rowPins[ROWS] = {
  5, 4, 3, 2};  //按钮矩阵行对应接入 Arduino 的端口
byte colPins[COLS] = {
  6, 7, 8, 9};  //按钮矩阵列对应接入 Arduino 的端口
```

上面的代码是文件包含和变量定义部分。

```
//初始化一个 Keypad 类的对象
Keypad customKeypad = Keypad( makeKeymap(hexaKeys), rowPins, colPins, ROWS, COLS);

LedControl lc=LedControl(12,11,10,1);       //实例化 LedControl 类的对象
```

上面这段代码实例化 LED 控制库和按钮矩阵控制库的对象。

```
void setup() {
  randomSeed(analogRead(A1));
  lc.shutdown(0,false);     //关闭 Shutdown 模式
  lc.setIntensity(0,0);     //设置亮度
  lc.clearDisplay(0);       //清除显示
}
```

上面的代码是初始化部分，主要初始化了随机数种子和 LED 点阵模块。

```
void lightDot(int x,int y,boolean bl){
  if(bl){
    lc.setLed(0,2*x,2*y,bl);
    lc.setLed(0,2*x,2*y+1,bl);
    lc.setLed(0,2*x+1,2*y,bl);
    lc.setLed(0,2*x+1,2*y+1,bl);
  }
  else{
    lc.setLed(0,2*x,2*y,bl);
    delay(100);
    lc.setLed(0,2*x,2*y+1,bl);
    delay(100);
    lc.setLed(0,2*x+1,2*y,bl);
    delay(100);
    lc.setLed(0,2*x+1,2*y+1,bl);
  }
}

void gameOver(){
  for(int i=0;i<8;i++)
    lc.setLed(0,i,i,true);
  for(int j=7;j>=0;j--)
    lc.setLed(0,7-j,j,true);
  delay(1000);
  lc.clearDisplay(0);
}

void displayScore(int val){
  for(int i=0;i<8;i++){
    if(val<10)
      lc.setRow(0,i,num[0][i]<<4|num[val][i]);
    else{
      lc.setRow(0,i,num[val/10][i]<<4|num[val%10][i]);
    }
  }
}
```

上面的代码定义了在主循环中需要用到的函数，分别是点亮指定位置 LED 的 lighDot()函数、绘制出 X 符号的 gameOver()函数和显示得分的 displayScore()函数。

```
int x,y;
int score=0;
int speeds;
```

上面的代码声明和定义了在主循环中使用的变量，采取了接近定义原则。下面剩余的全部代码是打地鼠的主要逻辑实现。

```
void loop(){
  delay(speeds=random(2900));
  lightDot(x=random()%4,y=random()%4,true);
  unsigned long tmptime=millis();
  int keys;
ag:
  char customKey=customKeypad.getKey();
  if(customKey&&millis()-tmptime<=3000-speeds){
    keys=customKey>='A'?customKey-55:customKey-48;
    if(keys==4*x+y){
      lightDot(x,y,false);
```

```
      score++;
    }
    else if(keys!=4*x+y){
      gameOver();
      displayScore(score);
      while(1);
    }
  }
  else if(!customKey&&millis()-tmptime<=3000-speeds){
    goto ag;
  }
  else{
    gameOver();
    displayScore(score);
    while(1);
  }
}
```

连接好电路，然后将上面的代码下载到 Arduino 开发板，就可以体验到终极版的打地鼠了。我们从最初只有基本功能的雏形打地鼠到集挑战性和美观性于一体的终极打地鼠，这一路走来，相信有许多读者可以体会到编程和思考的乐趣。但是，项目的改进永远不会停止，终极打地鼠还有非常大的提升余地，这就交给读者自己发挥了。最后，提醒读者，重新开始游戏需要按 Arduino 的重置按钮。